アグリビジネス特論

岸川 善光〔編著〕
KISHIKAWA Zenko

朴 慶心〔編著補〕
PARK Kyeong Sim

学文社

執　筆　者 ＜横浜市立大学大学院　特論タスクフォース＞
岸川善光　横浜市立大学大学院国際マネジメント研究科教授（第1章）
朴　慶心　横浜市立大学大学院国際マネジメント研究科（第2・3・4・5章）
長村知幸　横浜市立大学大学院国際マネジメント研究科（第6・7・8章）
山下誠矢　横浜市立大学大学院国際マネジメント研究科（第9章）
中野皓太　横浜市立大学大学院国際総合科学研究科（第10章）

執筆協力者 ＜横浜市立大学国際総合科学部　岸川ゼミ＞
摩庭光紗（第1章）／橋本勇亮（第2章）／安永倫子（第3章）／山崎清香（第4・5章）／服部直紀（第6・7章）／小林由香利（第8・9章）／大嶋大（第10章）

── ◆ はじめに ◆ ──

　21世紀初頭の現在，企業を取巻く環境は，高度情報社会の進展，地球環境問題の深刻化，グローバル化の進展など，歴史上でも稀な激変期に遭遇している。
　環境の激変に伴って，ビジネスもマネジメント（経営管理）も激変していることはいうまでもない。
　本書は，このような環境の激変に対応するために企画された「特論シリーズ」の第2巻として刊行される。ちなみに，「特論シリーズ」のテーマとして，エコビジネス，アグリビジネス，コンテンツビジネス，サービス・ビジネス，スポーツビジネスの5つを選択した。選択した理由は，従来のビジネス論，マネジメント（経営管理）理論では，この5つのテーマについてうまく説明することができないと思われるからである。これら5つのテーマには，①無形財の重視，②今後の成長ビジネス，③社会性の追求など，いくつかの共通項がある。
　本書で取り上げるアグリビジネスは，近年，食料自給率の低下，食の安全性の問題など，国防に匹敵する国民生活上極めて重要なテーマとして，すでに社会的合意が得られつつある。ビジネスとしても，米国等の多国籍アグリビジネス企業の動向に見られるように，国際ビジネスのレベルを超えて，すでにグローバル・ビジネスの水準に到達しつつある。わが国においても，商社などアグリビジネスに対する企業参入の動きが加速してきた。
　本書は，大学（経営学部，商学部，経済学部，工学部等）における「アグリビジネス論」，「農業経営論」等，大学院における「アグリビジネス特論」，「農業経営特論」等の教科書・参考書として活用されることを意図している。また，アグリビジネスに関係のある実務家が，自らの実務を体系的に整理する際の自己啓発書として活用されることも十分に考慮されている。
　本書は，3つの特徴をもっている。第一の特徴は，アグリビジネス，農業経営などの関連分野における内外の先行研究をほぼ網羅して，論点のもれを極力防止したことである。そして，体系的な総論（第1章～第3章）に基づいて，アグリビジネスの各論（第4章～第9章）として重要なテーマを6つ選定した。第10章は，まだ独立した章のテーマにはなりにくいものの，それに次ぐ重要なテーマを選択し，今日的課題としてまとめた。これらの総論，各論について，各章10枚，合計100枚の図表を用いて，視覚イメージを重視しつつ，文章による説明と併せて理解するという立体的な記述スタイルを採用した。記述内容は基本項目に絞り込んだため，応用項目・発展項目についてさらに研究したい人

は，巻末の詳細な参考文献を参照して頂きたい。

第二の特徴は，アグリビジネスに関する「理論と実践の融合」を目指して，理論については「産業組織を構成する各部門の関連性」の追求など，一定の法則性を常に意識しつつ考察し，実践についてはアグリビジネスに関する現実的な動向に常に言及するなど，類書と比較して明確な特徴を有している。また，「理論と実践の融合」を目指して，各論（第4章～第9章）の第5節において，簡潔なケーススタディを行った。理論がどのように実践に応用されるのか，逆に，実践から理論がどのように産出されるのか，ケーススタディによって，融合の瞬間をあるいは体感できるかも知れない。

第三の特徴は，アグリビジネスについて，伝統的なビジネス論，マネジメント（経営管理）論に加えて，① 無形財の重視にいかに対応するか，② 今後の成長ビジネスとしていかに具現化するか，③ 社会性の追求が本当に利益を生むかなど，現実のソリューション（問題解決）について言及したことである。今後のビジネス論，マネジメント（経営管理）論は，ソリューション（問題解決）にいかに貢献するかが第一義になるべきである。よい理論とは，ソリューション（問題解決）においてパワフルでなければならない。そのためには，今後アグリビジネス論の幅と深さがより求められるであろう。

上述した3つの特徴は，実は編著者のキャリアに起因する。編著者はシンクタンク（日本総合研究所等）において，四半世紀にわたる経営コンサルタント活動の一環として，キリンビール，カゴメなど数多くのクライアントに対して，アグリビジネスに関連するソリューションの支援に従事してきた。その後，大学および大学院でアグリビジネスに関する授業や討議の場を経験する中で，理論と実践のバランスのとれた教科書・参考書の必要性を痛感したのが本書を刊行する動機となった。

本書は，横浜市立大学大学院の特論タスクフォースのメンバーによる毎週の討議から生まれた。より正確にいえば，特論タスクフォースのメンバーによる毎週の討議の前に，学部ゼミ生（執筆協力者）による300冊を超える先行文献の要約，ケースの収集，草稿の作成という作業があり，これら全員の協働によって本書は生まれた。協働メンバーにこの場を借りて感謝したい。

最後に，学文社田中千津子社長には，「特論シリーズ」の構想・企画段階から参加してくださり，多大なご尽力を頂いた。「最初の読者」でもあるプロの編集スタッフのコメントは，執筆メンバーにとって極めて有益であった。記して格段の謝意を表したい。

2010年2月

岸川　善光

── ◆ 目　　次 ◆ ──

【第1章】　アグリビジネスの意義　　1

第1節　アグリビジネスの定義 …………………………2
① 先行研究の概略レビュー　2
② 本書における農業の位置づけ　3
③ 本書におけるアグリビジネスの定義　5

第2節　アグリビジネスの特性 …………………………6
① 文化的要因　7
② 経済的要因　8
③ 国際的要因　10

第3節　アグリビジネスをめぐる環境 …………………11
① アグリビジネスの主な環境要因　11
② 産・官・農の関係性　13
③ アグリビジネスの経営資源　14

第4節　アグリビジネスの目的 …………………………16
① 持続的な食料供給　16
② 食の安全性の提供　17
③ サスティナビリティの追求　19

第5節　アグリビジネスの課題 …………………………21
① 食料自給率の向上　21
② 環境保全型農業システムの構築　22
③ グリーン・ツーリズムの促進　24

【第2章】 アグリビジネス論の生成と発展　27

第1節　アグリビジネスと農業政策 ……………28
- ①　農業基本法の成立　28
- ②　新基本法　29
- ③　現代農政の動向　31

第2節　アグリビジネスと農地問題 ……………33
- ①　農地法の改正　33
- ②　農地法と環境変化　35
- ③　平成の大農地改革の動向　36

第3節　アグリビジネスの発展プロセス ……………38
- ①　アグリビジネス市場の拡大　38
- ②　需要構造の変化　39
- ③　供給構造の変化　41

第4節　アグリビジネスと国際貿易 ……………42
- ①　日米貿易摩擦　42
- ②　プラザ合意　44
- ③　ガット・ウルグアイ・ラウンド　45

第5節　アグリビジネスと技術革新 ……………47
- ①　農業における技術革新　47
- ②　農業技術の変遷　48
- ③　技術革新の課題　49

【第3章】 アグリビジネスの体系　　53

第1節　伝統的農業とアグリビジネス　　54
　① 伝統的農業　54
　② 農業の外部化　55
　③ 食文化の変化　57

第2節　アグリビジネスの関連団体　　59
　① JA　59
　② 省庁・独立行政法人　60
　③ 多国籍アグリビジネス企業　62

第3節　アグリビジネスの構造変化　　63
　① 経済構造の変化　63
　② 産業構造の変化　65
　③ 社会構造の変化　67

第4節　アグリビジネスの業界　　68
　① 農業部門　68
　② 加工部門　69
　③ 物流部門　71

第5節　アグリビジネス論の位置づけ　　72
　① 食の安定供給としてのアグリビジネス論　72
　② 新事業展開としてのアグリビジネス論　74
　③ 地域再生としてのアグリビジネス論　74

【第4章】 アグリビジネスの経営戦略　　79

第1節　経営戦略の意義 ……………………………80
① 経営戦略とは　80
② アグリビジネスにおける多角化戦略　82
③ アグリビジネスにおける競争優位　84

第2節　技術戦略の意義 ……………………………85
① 技術戦略とは　85
② アグリビジネスと環境技術　87
③ アグリビジネスと地域社会の共生　88

第3節　ブランド戦略の意義 ………………………90
① ブランド戦略とは　90
② 産学官連携と地域ブランドの形成　92
③ 地域振興を目的としたブランド戦略　93

第4節　新規事業戦略の意義 ………………………95
① 新規事業戦略とは　95
② プロジェクトマネジメントの概念　96
③ 創造性を活かしたイノベーションの実践　97

第5節　三井物産のケーススタディ ………………98
① ケース　98
② 問題点　100
③ 課題　101

【第5章】 アグリビジネスの経営管理　105

第1節　経営管理の意義　………………………………………106
① 経営管理とは　106
② 経営者の役割と環境変化　107
③ 経営資源の調達と管理　109

第2節　人的資源管理の意義　…………………………………111
① 人的資源管理とは　111
② 人材育成の課題と必要性　112
③ 産学官連携に向けた動向　114

第3節　財務管理の意義　………………………………………115
① 財務管理とは　115
② 営農活動の支援と持続的発展　117
③ 財務安定化の課題　119

第4節　情報管理の意義　………………………………………120
① 情報管理とは　120
② 食の安全・安心に向けた動向　121
③ IT活用による販売促進と課題　122

第5節　伊藤園のケーススタディ　……………………………125
① ケース　125
② 問題点　127
③ 課題　127

【第6章】 アグリビジネスのビジネス・システム　131

第1節　技術開発の意義 …………………………………………… 132
① 技術開発の重要性　132
② 技術開発の動向　133
③ 遺伝子組換え　134

第2節　マーケティングの意義 ………………………………… 136
① マーケティングの重要性　136
② 農業問題とマーケティング　138
③ アグリマーケティングの可能性　140

第3節　ロジスティクス ………………………………………… 141
① ロジスティクスの現状　141
② ロジスティクスが抱える課題　143
③ 今後の展望　144

第4節　供給連鎖の意義 ………………………………………… 146
① 供給連鎖の重要性　146
② 消費者志向の供給連鎖　147
③ 社会性を意識した供給連鎖　149

第5節　米沢郷牧場のケーススタディ ………………………… 150
① ケース　150
② 問題点　152
③ 課題　153

【第7章】 アグリビジネスと企業参入　157

第1節　農業の根本的問題　……………………………………158
① 伝統的農業の欠陥　158
② 農地問題　159
③ 担い手の育成・確保　161

第2節　企業参入の意義　………………………………………163
① 拡大するビジネスチャンス　163
② 台頭する参入企業　164
③ 地域ブランドの確立に向けた動向　166

第3節　研究開発の意義　………………………………………168
① 研究開発の動向　168
② バイオマスの供給加速化　169
③ 地球環境への貢献　171

第4節　食料の安定供給の確保　………………………………172
① 食料供給に対する取組み　172
② 6次産業化を支える食と農の連携　174
③ 食料自給率向上に関する動向　175

第5節　ユニクロのケーススタディ　…………………………177
① ケース　177
② 問題点　178
③ 課題　179

【第8章】 コメとアグリビジネス　　183

第1節　日本人とコメ　………………………………………184
① 先行研究のレビュー　184
② コメビジネスの諸要因　185
③ コメビジネスの成長性　187

第2節　国内視点でみるコメ　………………………………189
① 政府食管と旧食糧法の成立　189
② 農協食管と新食糧法の成立　191
③ 政党とコメ生産　192

第3節　国際視点でみるコメ　………………………………194
① ガット・ウルグアイ・ラウンドの枠組み　194
② 市場開放に向けたコメの動向　196
③ 変わり始めたコメの価値　197

第4節　コメが抱える問題と展望　…………………………198
① 稲作経営の構造改革　198
② 顔の見えるコメづくりの推進　199
③ 環境保全としてのコメ　201

第5節　キリンビールのケーススタディ　…………………202
① ケース　202
② 問題点　204
③ 課題　205

目次

【第9章】 アグリビジネスの国際比較　209

第1節　米国のアグリビジネス ……………………………… 210
① 先行研究のレビュー　210
② ガット・ウルグアイ・ラウンドによる変化　211
③ 課題と展望　213

第2節　中国のアグリビジネス ……………………………… 215
① 先行研究のレビュー　215
② 市場化するアグリビジネスの台頭　216
③ 課題と展望　217

第3節　東南アジア諸国のアグリビジネス ………………… 219
① 先行研究のレビュー　219
② 緑の革命による功罪　221
③ 課題と展望　223

第4節　アフリカのアグリビジネス ………………………… 225
① 先行研究のレビュー　225
② アフリカにおける二重構造問題　227
③ 課題と展望　228

第5節　ネスレのケーススタディ …………………………… 229
① ケース　229
② 問題点　231
③ 課題　232

【第10章】 アグリビジネスの今日的課題　235

第1節　グローバル経済と日本型アグリビジネス　236
① グローバル経済下における貿易課題　236
② 日本におけるアグリビジネス戦略の展望　237
③ グローバル経済下におけるアグリビジネスの対策　238

第2節　アグリビジネスにおけるCSRの実践　240
① 拡大するアグリビジネスの弊害　240
② アグリビジネスにおけるCSRとは　241
③ アグリビジネスとフェアトレード　242

第3節　農商工連携とアグリビジネス　244
① 農商工連携の現状　244
② 食料産業クラスターとナレッジマネジメント　246
③ 農商工連携とフードバレー　248

第4節　地域活性化手段としてのアグリビジネス　249
① 農村社会の衰退の現状　249
② 農村社会の発展とコミュニティ・ビジネス　251
③ グリーン・ツーリズムの取組み事例　253

第5節　環境保全機能に注目したアグリビジネス　254
① 農業の多面的機能と環境保全　254
② 環境保全を実践するNPOの動向　256
③ 行政・NPOによるアグリビジネスと環境保全　256

参考文献　261
索　引　279

◆ 図表目次 ◆

図表1-1　アグリビジネスと農業の関係　4
図表1-2　アグリビジネスの領域と産業組織　6
図表1-3　食文化の分類　8
図表1-4　生産から消費までの各段階における付加価値の例　9
図表1-5　アグリビジネスの主な環境要因　12
図表1-6　経営資源の分類　15
図表1-7　アグリビジネスの多面性　17
図表1-8　食料の世代間トレード・オフ　20
図表1-9　食料自給率の推移　22
図表1-10　稲の作付規模と環境保全型農業の取組み割合(2000年)　23

図表2-1　新基本法が目指すもの　30
図表2-2　農業所得と製造業賃金の推移　32
図表2-3　戦後の農地政策の展開過程（農地関連法制の動向）　34
図表2-4　農地（農耕）面積の推移　37
図表2-5　農業資材産業の動向（国内生産額）　39
図表2-6　食の外部化と食料支出費率推移　41
図表2-7　主要国の農産物輸出入額（2003年）　45
図表2-8　米の関税化とミニマム・アクセス　46
図表2-9　農業技術の変遷　49
図表2-10　遺伝子組換え作物別農地面積　50

図表3-1　家族経営の利点と欠点　55
図表3-2　伝統的農業と利潤追求型農業　56
図表3-3　総農家戸数の推移　60
図表3-4　日本の食料品多国籍企業の企業内貿易　63

図表3-5	農業・食料関連産業の経済計算　64
図表3-6	アグリビジネスの領域と産業組織　66
図表3-7	わが国の農業・食料関連産業の国内総生産額の推移　69
図表3-8	加工食品および国内製品加工食品の原料構成　70
図表3-9	世界のアグリビジネスの規模，推移と予測　73
図表3-10	農業へ参入する理由　75

図表4-1	成長ベクトル　81
図表4-2	多角化の動機と多角化の類型の関係　83
図表4-3	トレーサビリティにおける役割分担　87
図表4-4	外食企業売上高上位10社（2001年）　89
図表4-5	ブランド戦略のソーシャルインタラクション　91
図表4-6	ブランド戦略と顧客との結びつき　94
図表4-7	知価社会の農業とアグリビジネス　96
図表4-8	プロジェクトマネジメントの概念図　97
図表4-9	町おこし前後における経済効果の差異　100
図表4-10	三井物産が抱える問題点と解決策のフローチャート　102

図表5-1	アグリビジネスを取り巻く主要因　106
図表5-2	経営目的・目標達成へ向けて必要な経営者機能　108
図表5-3	アグリビジネスにおける経営資源の分類　110
図表5-4	第一次産業における中核的人材の減少傾向　113
図表5-5	アグリビジネスにおけるコスト管理　116
図表5-6	情報の共有化　121
図表5-7	食の安全・表示をめぐる主な事件(2000年6月〜2003年5月)　122
図表5-8	情報化の基本3要素　124
図表5-9	「お〜いお茶」のブランド展開　126
図表5-10	伊藤園が抱える問題点と解決策のフローチャート　128

図表6－1	アグリビジネスの構造と種子産業の位置 133
図表6－2	日本における遺伝子組換え農産物の開発から商品化までの流れ 135
図表6－3	農産物マーケティングの基本戦略 138
図表6－4	問題解決のための分析フレーム 139
図表6－5	ロジスティクス・システムの進展と領域の拡大 142
図表6－6	生産部門（農業・漁業・食品工業）と流通部門の割合 144
図表6－7	食料・食品のトータル連鎖 147
図表6－8	信頼のフード・セーフティ・チェーン 148
図表6－9	自然循環農業集団リサイクルシステム 151
図表6－10	トレーサビリティ・システムの流通経路履歴 154

図表7－1	日本の行政価格導入，基準価格の引き上げ・据え置き・引き上げ，行政価格の廃止 159
図表7－2	農家の形態耕作放棄地面積の推移 160
図表7－3	地産地消の主たる担い手に基づく類型区分と特徴 162
図表7－4	企業参入の意義 165
図表7－5	京都産農林水産物に関するブランド認証の概要 167
図表7－6	農林水産省とバイオ燃料製造事業者による取組みの推進 170
図表7－7	食品トレーサビリティの実現効果 174
図表7－8	企業参入による総合産業化 176
図表7－9	ユニクロのビジネス・システム 179
図表7－10	マネジリアル・マーケティングと関係性マーケティング 180

図表8－1	コメの流通 184
図表8－2	コメの消費量推移 188
図表8－3	旧食糧法と新食糧法の比較 192
図表8－4	食管改革に対する自民・社会党と与党合意案 193
図表8－5	ガット・ウルグアイ・ラウンド農業合意の概要 195

図表8－6	冷凍食品売上高上位10社（2002年）	196
図表8－7	大手総合商社によるコメビジネスの関連図	198
図表8－8	JA新潟におけるRICE戦略の概要	199
図表8－9	キリンアグリバイオ株式会社における事業沿革	205
図表8－10	キリンビールが抱える問題点と解決策のフローチャート	206

図表9－1	1996年米国農業法の概要	212
図表9－2	米国の食品会社上位10社	213
図表9－3	中国における市場化のベクトル	217
図表9－4	中国における地域コミュニティ構造の変遷	218
図表9－5	CPグループの事業拡大	221
図表9－6	緑の革命による功罪	222
図表9－7	アフリカの主要国における米の生産状況	226
図表9－8	生豆取扱量のシェアでみる世界の大手コーヒー貿易業者・焙煎業者	227
図表9－9	世界の食品・飲料製造企業上位20社（2001年度）	230
図表9－10	ネスレが抱える問題点と解決策のフローチャート	233

図表10－1	世界の農産物ルールの概要	237
図表10－2	グローバル化の中での日本農業の総合戦略	238
図表10－3	インド農業を崩壊させる要因	241
図表10－4	世界フェアトレード認証製品市場の推移	243
図表10－5	農商工連携の意義	245
図表10－6	ナレッジマネジメントにおける4つの知識変換モード	247
図表10－7	多くの集落で発生している問題や現象	250
図表10－8	コミュニティ・ビジネスの事業化フロー	252
図表10－9	農業，森林，水産業の多面的機能	254
図表10－10	横浜市内の農地面積の推移	257

第1章
アグリビジネスの意義

　本章では，アグリビジネスの意義について考察する。近年，食料自給率の低下，食の安全性の問題など，わが国では，食に関する多くの深刻な問題を抱えている。食に関する問題解決（ソリューション）を図るためには，アグリビジネスの概念が必要であり，多面的な取組みが欠かせない。

　第一に，アグリビジネスの定義について考察する。まず，国内外の先行研究に関する概略レビューを行い，アグリビジネスの特性を理解する。また，農業とアグリビジネスの関係性についてその概念を区別する。さらに，本書におけるアグリビジネスの定義を提示する。

　第二に，アグリビジネスの特性について考察する。具体的には，文化的要因，経済的要因，国際的要因，の3つの視点からアグリビジネスの特性について理解を深める。

　第三に，アグリビジネスをめぐる環境について考察する。まず，アグリビジネスの主な環境要因を7つ選定する。また，アグリビジネスの業際性に対応するために，産・官・農の関係性について理解を深める。さらに，アグリビジネスの経営資源について考察する。

　第四に，アグリビジネスの目的について考察する。まず，持続的な食料供給について理解を深める。また，食の安全性の提供について言及する。さらに，サスティナビリティの追求について考察する。

　第五に，アグリビジネスの課題について考察する。具体的には，食料自給率の向上，環境保全型農業システムの構築，グリーン・ツーリズムの促進，の3つのテーマを取り上げて，アグリビジネスを学ぶための起点とする。

第1節　アグリビジネスの定義

❶　先行研究の概略レビュー

　わが国では，高度経済成長期以降，農業生産力の劣弱化や食料自給率の低下，農業後継者問題，食の安全性の問題など，「食」に関する問題が深刻さを増している。このような現代社会における「食」に関する多様な問題を包括的に捉えるためには，アグリビジネス（agribusiness）という概念が必要であり，広い視野での研究が必要とされる。

　「食」は人間が生活する上で必要不可欠であり，国の将来にも重大な影響を与えるため，アグリビジネスに関する研究は非常に重要である。従来，アグリビジネスとは，農業と食料に関連するすべての産業部門を包括的に捉えた概念である。アグリビジネスの語源は，農業（agriculture）と商工業（business）から発展したものであり，1950年代後半，ハーバード・ビジネススクールのデービス＝ゴールドバーグ（Davis, J. H. ＝ Goldberg, R. A.）[1964]が発表した文献に用いられたことに由来する[1]。以下，アグリビジネスの定義に関する先行研究の中からいくつかを選択し，その概略について簡単なレビューを行うことにする。

　デービス＝ゴールドバーグ[1964]は，アグリビジネスを「農業への供給物の製造と分配を含むすべての活動，農場における生産活動，諸品目の貯蔵・加工・分配など，すべてに含まれる諸経済活動を総計したもの」と定義した[2]。このように，デービス＝ゴールドバーグ[1964]は，アグリビジネスの概念として農業関連産業の各部門に着目し，各部門の経済的な関連と統合化を本質としている。

　荏開津典生＝樋口貞三[1995]は，アグリビジネスを「農業資材・サービス供給産業，食品加工産業，飲食産業そして関連する流通産業等を総称したものである」と提示した[3]。また，アグリビジネスの領域を河川の流れに喩え，「川

上に位置する資材産業と，川下に位置する食品産業とに大別される」と述べている[4]。具体的には，産業組織論によるアグリビジネスの分析に重点を置いており，産業組織を構成する各部門の関連性を重視している。

大塚茂＝松原豊彦編[2004]は，アグリビジネスを「資材産業や食品加工産業などを含んだ食関連産業，あるいはそこで活動する企業」と定義し，食ビジネスの広がりとグローバルな視野の重要性を主張した上で，食関連産業の重要性について述べている[5]。

稲本志良＝桂瑛一＝河合明宣[2006]は，アグリビジネスを「農業，及び，生産資材産業，食品産業，食品流通業，外食産業などの関連産業の全体を含めて理解するものであり，広義には，これらの産業がその本来的事業を効率的に遂行していくうえで必要となる，民間企業や公的機関などの支援産業も含めたものである」と定義した[6]。また，アグリビジネスの領域を河川の流れに喩え，「川上産業については飼料・有機質肥料製造業，農薬製造業，農業用機器製造業，農業用機械製造業，川中産業については農業，川下産業については食品製造業，飲料品卸売業，飲食料品小売業に各々限定されている」と述べた[7]。アグリビジネスの使命として，農業の基礎産業としての位置づけと，食料供給の持続的維持・発展が必要不可欠である。

❷ 本書における農業の位置づけ

農業は，土地を利用し，食料となる作物の栽培と家畜を飼育するなど，自給自足を目的に行われてきた産業といえる。食料を生産することは，人間が生きていくために必要不可欠であることはいうまでもない。

経済が発展するにつれ，農の営みは自給自足経済から商品生産・販売を行う商業的農業へ進化することになる。これまでの単純な農・商・工といった産業区分から，相互関連性を重視するアグリビジネス（農業関連産業）が形成されるようになった[8]。

時子山ひろみ＝荏開津典生[2005]は，「自給自足的な農業は食料経済発展の第一段階に相当し，生産者がそのまま消費者となり，生産物もほとんどそのまま食料として消費された」と述べている[9]。しかし，時代の流れとともに，画

図表1-1 アグリビジネスと農業の関係

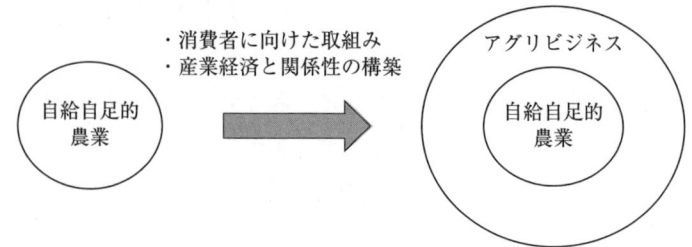

(出所) 筆者作成

期的な農耕具の普及や技術開発が進展し，単なる自給自足的な意味での農業に変化が現れるようになった。このような変化によって効率的な生産が可能となり，自給自足的な農業に従事する者も利益追求に目を向けるようになった。その結果，自給自足的な農業は，消費者に向けた取組みを行うようになり，産業経済の多くの部門と関係性を構築するようになったのである。

本書では，図表1-1に示されるように，農業を自給自足的なものと捉え，アグリビジネスという概念に含まれるものとして議論をすすめることにする。

前述したように，自給自足的な農業が利益追求によって消費者に目を向け，産業経済の多くの部門と関係性を構築するようになった。すなわち，アグリビジネスは，農業と商業という異なる要素を含んでいるのである。わが国において，農業と商業は別の枠組みとして形成されてきた。例えば，農林水産省と経済産業省が別々に存在するように，農業と商業は各々の概念を持って確立・発展してきた。このように，農と商の要素を含む新しい概念であるため，一概に理解することは難しいと思われる。

また，アグリビジネスは，自給自足的な農業が産業経済と関係性を構築するようになったものであるが，その拡大を正確に捉えることは困難である。したがって，時代や人によってアグリビジネスの理解が多種多様であることは当然であり，これらを踏まえてアグリビジネスの定義を検討することが重要である。

❸ 本書におけるアグリビジネスの定義

アグリビジネス（agribusiness）とは，農業資材産業，農業生産などの「川上」，「川中」から，農産物の加工，流通，さらにフードサービス（外食および中食）などの「川下」に至る幅広い裾野を形成する各部門のことを指し，これらの部門間相互の経済関連と統合化を表す概念として提唱された[10]。また，農業と農業関連産業における企業的な活動を総称したものである。

アグリビジネスを構成する要素と領域について，多種多様な研究が行われてきた。しかし，前述した先行研究の定義を整理すると，いくつかの共通する分野に分類することができる。

① 資材産業：種苗，肥料，飼料，農薬，農機具など，生産の基礎となる材料に関する分野[11]。資材産業は，食料生産の起点となるため，ほとんどのアグリビジネスの研究者が，資材産業はアグリビジネスの要素に含まれると考えている。

② 生産業：農業，畜産，水産業など，生産活動に関する分野。アグリビジネスの重要な部分であるため，生産に主眼をおいたアグリビジネス論を展開する研究者もいる。

③ 食品加工業：乳製品，肉製品，パン類，酒類，冷凍食品など，原材料に手を加えたものに関する分野[12]。自給的農業では，多くが「生産物＝消費」であったため，食品の加工は，アグリビジネスの特徴の1つと考えられる。

④ 食品流通業：卸売業，小売業，運輸業，倉庫業などに関する分野。食品加工同様，自給自足的な農業とは異なる点で，アグリビジネスの特徴の1つと考えられる。

⑤ 外食・中食産業：ファミリーレストランやファストフード店などの外食産業や，持ち帰り弁当や総菜などの調理食品を家や職場で食べる中食産業に関する分野。食品加工，流通産業と同様，アグリビジネスの特徴の1つと考えられる。また，外食と中食の定義は，境界領域が曖昧であるという問題がある[13]。そのため，ここでは類似する産業として1つにまとめる。

⑥ 支援産業：国や地方自治体，農協，民間企業など，食関連産業の支援を行

図表1-2　アグリビジネスの領域と産業組織

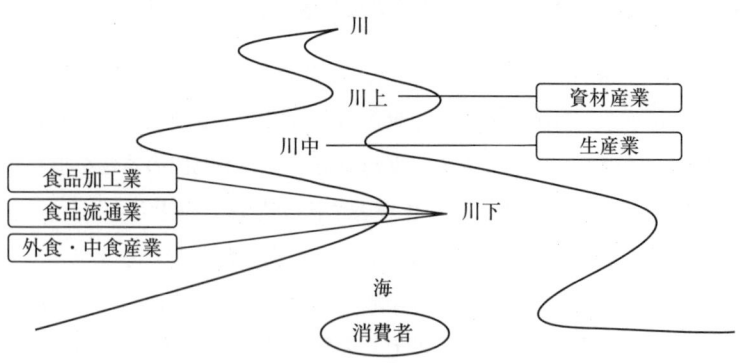

（出所）稲本志良＝桂瑛一＝河合明宣[2006]14頁を筆者が一部修正

う分野[14]）。様々な食関連産業にかかわってくるため，アグリビジネスには欠かせない産業の1つである。

アグリビジネスは，図表1-2に示されるように，アグリビジネスを河川に喩えると，川上は資材産業，川中は生産業，川下は食品加工業，食品流通業，外食・中食産業という構成要素によって構成される。なお，支援産業は，川上・川中・川下のすべての領域と関係しているため，図表1-2では省略している。

本書では，アグリビジネスについて「自給自足的な農業を起源とし，資材産業，生産業，食品加工業，流通業，外食・中食産業，および，これらと関係性を有する支援産業を含んだ，食料供給に関係する各種産業の総称」と定義して議論をすすめることにする。

第2節　アグリビジネスの特性

アグリビジネスについて理解するには，アグリビジネスの特性を理解することが重要である。そこで本節では，アグリビジネスの特性として，①文化的

要因，②経済的要因，③国際的要因，の3点を取り上げて考察する。

❶ 文化的要因

　まず，わが国における食文化の崩壊の要因と，消費者ニーズによる食生活の変化について考察する。時子山＝荏開津[2005]は，日本の食生活は，所得や価格という経済的要因によって規定されるのではなく，社会的・文化的な要因によって規定されるようになったと述べた[15]。

　アグリビジネスの文化的要因とは，アグリビジネスが時代の変化や情勢によって多くの影響を受けるという性質から成り立っている。具体的には，食生活の変化があげられる。多くのアグリビジネスの先行研究をもとに食生活の変化の流れを分析すると，主に，①洋風化，②高級化，③簡便化，④健康安全指向，の4つに分類することができる。

① 洋風化：パン，肉，乳製品，など食の嗜好が欧米色を帯びていること。1960年代から始まったとされる[16]。

② 高級化：質よりも量を求めていた時代から，量よりも質を求めるようになったこと。満足のいく量を食べられるようになり，より高価で質が高く，産地や銘柄などにこだわった食材を求めるようになった。高度経済成長期による所得の急上昇によってもたらされた変化である[17]。

③ 簡便化：カップ麺，冷凍食品，レトルト食品，ファストフード，などのように，調理時間を省き食品の長期保存を可能にしたこと。技術革新，社会情勢の変化による影響が大きい[18]。

④ 健康安全指向：有機栽培，無農薬・低農薬栽培，低脂肪食品，低カロリー食品[19]，などのように自身の健康や安全を意識した食の嗜好のこと。生活習慣病，食品事故，高齢化，などの影響を受け，近年みられる傾向である。

　図表1－3は，上記の①～④を図表したものである。現在，①～④の要因がすべて重要かというと必ずしもそうではない。図表1－3に示されるように，所得の増加により生活水準が向上したため，洋風化と高級化は，ほとんど影響力がなくなってきている[20]。具体的には，生活水準の向上は他国の食材を簡単に手に入れることが可能になり，現在では，ほとんど不自由することなく，

図表1－3　食文化の分類

	洋風化	高級化	簡便化	健康安全指向
背景	戦後の国際化	高度経済成長	技術発展 女性の社会進出	食品事故 高齢化
特徴	・米からパン食へ ・魚より肉 ・高脂質高カロリー	・量より質 ・高脂質高カロリー ・産地，銘柄などブランドへのこだわり	・調理時間の短縮 ・保存可能 ・外食や中食の増加	・安心安全性の追求 ・無農薬，有機栽培野菜の需要増加 ・情報開示の重要性

（出所）　時子山ひろみ＝荏開津典生[2005]52頁に基づいて筆者作成

あらゆる食料を選択できるようになった。したがって，洋風化や高級化の影響力は早い段階で成熟したといえる。

　簡便化と健康指向は，今後，さらに影響力が増すと考えられる。その理由として，現在の食生活は，簡便化によって成り立っている部分が大きいことがあげられる。また，高齢化によって健康指向もますます重要視され，健康や安全に関心を持つ消費者が増加すると考えられる。

　このような食生活の変化に伴い，消費者ニーズはますます多様化してきている。単に，簡便化や健康指向といっても，消費者によって求めるものは異なるため，供給側は柔軟な対応が求められるといえよう。したがって，高度に多様化する消費者ニーズに対応するためには，アグリビジネスの存在が不可欠である。このような意味で，アグリビジネスにおける文化的要因は，非常に重要な位置づけを占めている。

❷　経済的要因

　アグリビジネスの経済的要因とは，アグリビジネスが一国の経済や食関連産業の利益に結び付くという経済的な性質から成り立っていることを指す。従来の食料経済では，原材料を作る農水産業を中心におき，そこから食品加工業，食品流通業を経て消費者へという一方的な捉え方をしていた。アグリビジネス

を構成する農業は，川上関連産業，川下関連産業にまたがっているが，産業構成は年次的に変化しつつある。その中で，アグリビジネスを構成する川上関連農業の相対的地位は低下している[21]。

従来，自給自足的な農業は，生産者と消費者が同一であったため，生産段階での消費が付加価値の合計であった。この付加価値とは，マクロ経済学の基本となる概念であり，付加価値の合計は国内総生産（GDP）を指す[22]。したがって，付加価値は経済効果を生み，国の経済に影響を及ぼすのである。

ところが，技術発展の影響を受け，加工・流通・消費が複雑多岐にわたり広がりをみせるようになると，生産から消費までの各段階において付加価値が創造されるようになった。具体的には，素材としての農水産物に加工や調理などのサービスを加えるに伴って，それに新しく経済的な価値が生まれるということである[23]。

これを示したものが図表1－4であり，加工や流通の促進は，もともとの生産物に付加価値を創造する。なお，図表中色のついた部分がそれぞれの段階での付加価値を示している。このように，アグリビジネスは付加価値の創造により，経済発展に大きな影響を及ぼした。また，付加価値の創造は，アグリビジネスの範囲の拡大と比例して増大すると考えられる。したがって，情報技術の発展や新たなアグリビジネスの創造によって範囲を拡大し，今後も付加価値の創造を追求することが重要である。

図表1－4　生産から消費までの各段階における付加価値の例

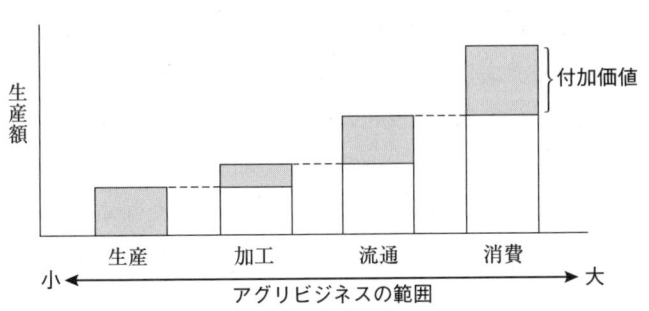

（出所）　福田慎一＝照山博司［2005］4頁を筆者が一部修正

3 国際的要因

日本のアグリビジネスの発展を牽引したのは，米国に拠点を置く多国籍アグリビジネスであった。1980年代後半，消費者の多様なニーズの高まりを背景に，加工・外食向けの生鮮品および最終製品の輸入が増加[24]したのが国際的要因の増加のきっかけである。

今日，アグリビジネスは，世界中の広範囲にわたって発展しており，国際的な特質から成り立っている。したがって，アグリビジネスが国際化および広域化を続けていく要因と特性について考察することは極めて重要なことである。

アグリビジネスの国際的要因として，第一に，食料の安定的な確保があげられる。わが国で生産することができない食料について，輸入によって補うことができる。また，悪天候や自然災害などによって，食料供給不足に陥った場合も同様の方法で克服することができる。すなわち，国際的要因には，補完性が存在する。

第二に，製造コストの削減があげられる。稲本＝桂＝河合［2006］によれば，80年代後半以降，製造コストを削減して利潤を増大するために，海外原料調達を本格化した。具体的には，農業資材を海外から安く手に入れ，製品の加工を海外で行うことによってコストを削減し，利益を生み出そうとすることである[25]。また，海外での安価な労働力も，コスト削減の要因となっている。

このように，アグリビジネスの国際的要因には大きなメリットがある。しかし他方では，アグリビジネスの国際化が進むことによって，次の4つの問題点を指摘することができる。

第一に，伝統的な食文化の崩壊があげられる。わが国に存在しないような食文化の浸透により，伝統的な食文化の嗜好は希薄化することになった。具体的には，海外からのファストフードの参入や洋風化の代表ともいえるワインなど，新しい食文化の構築により，わが国の食文化が崩壊した部分は多い。しかしながら，伝統的な食文化について，近年の健康指向の影響により見直されつつある。

第二に，国内農業の衰退があげられる。具体的には，安価な製品や労働力を

追求した結果，食料の生産や加工を海外に依存したため，国内農業は軽視され，弱体化を余儀なくされたのである。

　第三に，食料分配の不均衡があげられる。具体的には，先進国では十分な食料摂取が可能である一方，発展途上国では，食料難や栄養不足に悩まされている。すなわち，食料の輸出入によって，このような食料分配の不均衡が存在する[26]。

　第四に，食料の安全性の問題があげられる。例えば，わが国と食料輸入相手国との間では，食料の安全性の基準や考えが異なる場合がある。もちろん，ISO (International Organization for Standardization：国際標準化機構) やHACCP (Hazard Analysis Critical Control Points：危機分析重要管理制度) のように，国際的な規格に関する標準化は進んでいる。しかし，標準化の整備は極めて困難であり，生産や加工現場の安全への配慮も透明性に欠けるため，国際的要因における安全性の問題は，今後の重要な課題である。

第3節　アグリビジネスをめぐる環境

　近年，アグリビジネスをめぐる環境は，変化の真っ只中にある。具体的には，新たな法制度や規制，企業の農業参入などがあげられる。これらはアグリビジネスに大きな影響を与えている。本節では，アグリビジネスが置かれている環境について考察する。

❶　アグリビジネスの主な環境要因

　アグリビジネスの主な環境要因として，図表1－5に示されるように，① 経済環境，② 政治環境，③ 社会環境，④ 自然環境，⑤ 市場環境，⑥ 競争環境，⑦ 技術環境，の7つがあげられる[27]。

① 　経済環境：多種多様な食料供給関連産業から構成されているアグリビジネスは，経済環境次第で大きく左右される。具体的には，景気や為替レー

トなどがあげられる。
② 政治環境：法による規制や制度が及ぼす影響のことである。近年，農地制度の規制緩和が行われ，アグリビジネスに大きな影響を与えている。このように，政治環境がアグリビジネスに与える影響は極めて大きい。
③ 社会環境：人口比率の変化，価値観，行動様式の変化が及ぼす影響のことである[28]。例えば，農業従事者の高齢化や後継者不足，食の健康・安全志向，外食・中食の増加，などは社会環境の変化に該当し，社会環境の要因の重要性を見出すことができる。
④ 自然環境：気候条件や地域特有の自然条件が及ぼす影響のことである。アグリビジネスは食を扱うため，特に気候や自然による影響を受ける。また近年，環境に配慮した政策が国際的に推進されていることから，自然環境への適切な対応が求められる。
⑤ 市場環境：市場の変化が及ぼす影響のことである[29]。例えば，消費者が食料の量よりも質を求めるようになり，ニーズが細分化されているという現状がある。このような市場の変化は，アグリビジネスにとって極めて重要な環境要因であり，大きな影響を与える。
⑥ 競争環境：競合企業や，新規参入が及ぼす影響のことである。企業の農業参入と市場環境の変化が重なる現状において，競争環境の重要性は増大して

図表1－5　アグリビジネスの主な環境要因

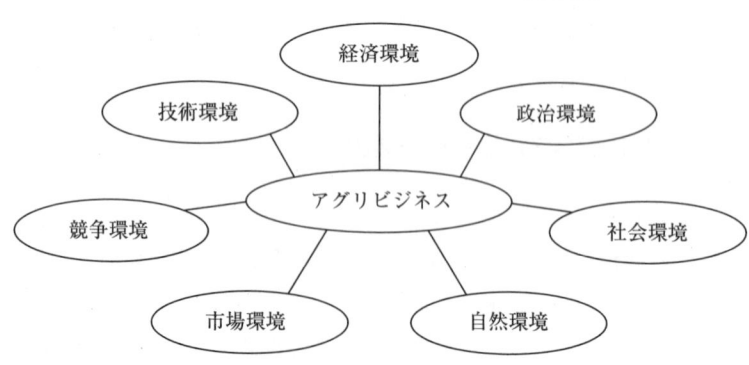

（出所）　岸川善光[2006] 3頁を一部修正

いる。そのため，わが国のみならず，多国籍アグリビジネスを含めた国際的視野で捉えることが重要である。
⑦ 技術環境：技術革新が及ぼす影響のことである。アグリビジネスの場合，化学肥料，農薬，品種改良などの技術革新に支えられているという側面がある。また，高度な技術や機械による生産性の向上は，生産・加工・流通の各段階に多大な影響を及ぼす。

❷ 産・官・農の関係性

1999年，市町村合併特例法の改正に伴って，都道府県の行政組織が大きく変わり，地域農業の現場での行政の支援体制が大きく変化した。「小泉構造改革」の中で，市町村合併政策と並行して推進された「三位一体改革」は，結果的に国から地方自治体への財政支出を，地方交付税と補助金を中心に削減した[30]。

日本の農業が抱える様々な問題に対して，ここでは，アグリビジネスの主体である「産・官・農」の関連性について考察する。

第一に，「産」とは，主に産業界や民間企業のことである。アグリビジネスの発展の背景には「産」の役割が大きい。食文化の変遷により食料の加工・流通産業が多様化したことや企業の農業参入を考えると，「産」の存在は今後も重要であり，アグリビジネスの発展に大きく貢献すると考えられる。

第二に，「官」とは，政府や自治体のことである。先にアグリビジネスの主な環境要因として政治環境をあげたが，法制度の整備や規制による影響は非常に大きい。具体的には，今日の食料自給率問題や企業参入など，貿易規制や農政の変化によるところが大きく，政府の取組みはアグリビジネス発展の契機となっている。また，樫原正澄＝江尻彰[2006]によれば，農業政策には，農業生産の確立と同時に，公共性の確保と社会福祉の増進が求められている[31]。このように，政府や自治体といった「官」には，アグリビジネスの多様性を支える機能が存在する。

第三に，「農」とは，農業のことである。アグリビジネスにおいて，加工産業や流通産業が多様化を進めているが，その中心には農作物の生産が欠かせな

い。近年，地産地消を推進する動きが活発化し，農村による地域活性化が注目されていることからも，「農」の役割は重要である。

このように，産・官・農は，アグリビジネスにおいて重要な主体であるといえる。また，産・官・農はそれぞれ独立した存在ではなく，密接な関係性がある。例えば，民間企業を含む「産」の場合，技術開発や販売網の構築に有利な可能性があり，農産物に関する知識は「農」に劣る部分があると考えられる。また，「官」の場合，政策の決定が「産」・「農」に及ぼす影響は多大であり，価格や安全面など広範囲にわたって関係性を持っている。「農」の場合，高齢化に伴う労働力の低下や後継者問題などがあげられる。これは，政府による働きかけが必要となる部分が大きい。したがって，産・官・農はそれぞれ密接な関係にあり，相互連携をとることが重要である。

❸ アグリビジネスの経営資源

経営資源とは，企業活動を行う上で必要な資源や能力のことである。一般的に，①ヒト，②モノ，③カネ，④情報，の4つに区分される[32]。アグリビジネスは他の産業と異なり，食料や土地を中心とした経営資源を用いるため，その特徴を理解することが重要である。そこで，アグリビジネスの経営資源について概観することにしよう。

アグリビジネスの主な経営資源として，第一に「食料」があげられる。アグリビジネスの場合，主に動植物などの生き物を経営資源として扱うため，機械とは異なった管理の難しさがある。また，食料生産は自然の影響によって大きく左右され，台風・干ばつ・冷害などの気候条件によって十分な収穫ができない年もあれば，逆に豊作になる年もある。

このような自然の影響は，われわれの技術では操ることは困難であるため，食料供給量や価格に大きな影響を及ぼす。すなわち，食品という経営資源は，自然からの影響に大きく左右されるという特殊性を備えている。

経営資源の第二に「土地」があげられる。荏開津典生[2008]によれば，農業の経済学を研究するためには，生産要素として土地を無視するわけにはいかないと述べている[33]。具体的には，他の産業では建物の建設地や敷地として利

図表1-6　経営資源の分類

```
           ┌ 可変的資源：外部から調達することが可能な経営資源
           │      ∧  ┌──────┐
経営資源  ─┤     / \ │ 重要度 │
           │    /   \└──────┘
           │
           └ 固定的資源：外部から調達することが困難であり，蓄積することに
                        よって得られる経営資源
```

（出所）　岸川[2006]141頁を一部修正

用するくらいで，土地に対してそれ以上の意味を見出すことは少ないが，アグリビジネスの場合はそうはいかない。土地は地域性を有しており，その土地ごとに生産に適した生産物は異なる。

　また，化学肥料や農薬の使用，農地拡大のための森林伐採など，環境に配慮した土地利用が欠かせない。このように，土地の地域性や環境への配慮という視点から，土地はアグリビジネスの経営資源として極めて重要である。

　以上，アグリビジネスの主な経営資源として，食料と土地について概観した。両者とも重要な経営資源であり，特に，土地については外部から獲得することが難しい経営資源である。外部から調達することが困難な経営資源は，図表1-6に示されるように，固定的資源と呼ばれ，可変的資源と比較すると固定的資源の方が重要度は高いとされている。ちなみに，ブランドや文化といった目に見えない資源も固定的資源に含まれる。

　近年，アグリビジネスでは，産地ブランドをアピールした商品や，自社で作成した野菜を使用する飲食店の展開など，固定的資源を売りにしたビジネスが台頭している。アグリビジネスの経営資源の中でも，土地や産地ブランドといった外部からの調達が困難な固定的資源が極めて重要な位置づけを占めるといえよう。

第4節　アグリビジネスの目的

❶ 持続的な食料供給

　1990年～2000年の10年間における世界穀物生産量は，ほとんど停滞したままであり，人口一人当たり年間穀物生産量は，370kgから340kgへと低下している。21世紀における穀物生産の「持続可能性」についても，様々な不安要因が指摘されている[34]。われわれが今後も快適な生活を送るためには，食料摂取が不可欠であり，持続的な食料供給を追求することが重要な課題である。持続的な食料供給のためには，それを支えるアグリビジネスの多面性について考察する必要がある。

　荏開津[2008]は，1998年のOECD (Organization for Economic Cooperation and Development：経済協力開発機構) 農業大臣会合において，農業・農村の多面的機能の議論にはじめて着手したと述べている。多面的機能とは，農業活動が景観の保護や国土保全といった環境便益を提供し，農村地域の存続に貢献し得ることを意味する[35]。また，大澤信一[2000]は，アグリビジネスは，食料問題，環境問題，地方分権，医療問題など，諸課題に対して大きな役割を果たすと述べ，多面的機能の可能性について論じている[36]。

　アグリビジネスの多面的機能とは，図表1－7に示されるように，食料供給によって様々な分野に貢献することであり，持続的な食料供給は多面性によって支えられている[37]。アグリビジネスの多面性として，主に5つの要因があげられる。

① 食料：人々の原動力確保のための食料摂取のこと。食料供給の基本として欠かせない要素であり，食料自給率や安定供給を考慮しても，アグリビジネスの多面的機能の中で最も重要である。

② 環境：農業による景観の保護や土づくりなどによって，食料供給が環境保全に役立つということ。しかし，食品の加工に使用する容器のごみ問題や，

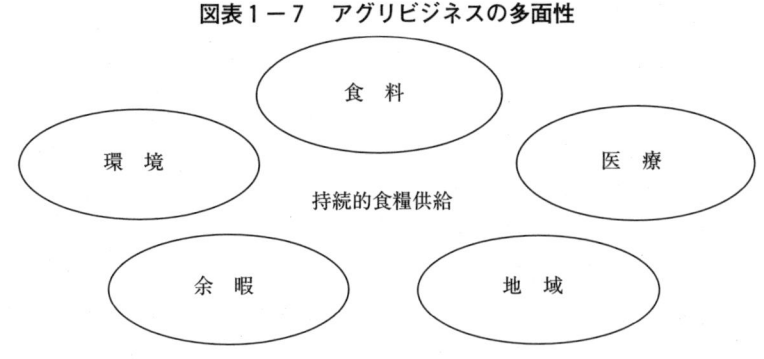

図表1-7　アグリビジネスの多面性

　　　　　　　　　食　料
　環　境　　　　　　　　　　　　　医　療
　　　　　　　　持続的食糧供給
　　　余　暇　　　　　　　地　域

（出所）　大澤信一[2000]261頁を参考にして筆者作成

　化学肥料による環境汚染など，食料供給が環境に悪影響を及ぼすことも多く，アグリビジネスと環境は複雑な関係にあるといえる。
③　医療：健康によい安心で安全な食料の供給が，食生活の乱れからくる病気の予防や健康な体作りに役立つこと。医療費負担の増加や高齢化を考慮すると，食料供給が担う役割は医療の面においても重要である。
④　余暇：農村での余暇活動はアグリビジネス特有の機能である。代表的なものとして，グリーン・ツーリズムがあげられる。その他，農業者との交流の促進，営農活動を通じた地域環境保全なども余暇活動に含まれる。
⑤　地域：アグリビジネスは，地域振興や伝統の継承という機能を持つこと。地域ブランドの推進や農業と観光の融合施設で村おこしをするなど，食料の供給が地域の活性化につながる。

　従来，食料供給とは，人々にとって必要不可欠な原動力の供給を意味した。しかし，現代において食料の供給は多様化し，様々な分野と関わりを持つようになった。すなわち，持続的な食料供給とは，多面性に支えられており，アグリビジネスが担う大きな役割である。

❷　食の安全性の提供

　2002年，食の「安全・安心」に対する消費者の意識の高まりを背景として，消費者が自己判断で商品を選択できるように，食品の表示・規格制度を農林水

産省が実施した。食料の供給が安定し，量よりも質が重視されるとともに，人々の食の安全性に対する関心が一層高まりつつある。

　稲本＝桂＝河合[2006]は，「生物由来の食品を食べ続ける限り危害からは無縁にはなり得ず，農業生産者や食品従事者にとって，食の安全確保は避けることのできない課題である」と述べている[38]。このような状況を踏まえて，農業従事者や食品従事者は，単なる食料供給のみならず，消費者の安全に配慮した食の提供を行うことが重要である。

　食の安全性を提供する場合，重要な要素の1つとして，「トレーサビリティ・システムの構築」があげられる。松田友義＝田中好雄編[2004]によれば，トレーサビリティとは，英語の「trace（追跡する）」と「ability（可能性）」を合成した言葉であり，誰がどのように作ったかという生産工程と，どのような経路で運ばれてきたかという流通経路を把握し，商品の履歴をたどることである[39]。また，食品とその情報の追跡，遡及のためのシステムを，トレーサビリティ・システムと呼んでいる。

　トレーサビリティ・システムは，農林水産省の「食品のトレーサビリティ導入ガイドライン策定委員会」のガイドラインで示されており，国際的にはISOやCODEXにおいて定義されている。規格について国際的な標準化が進む中で，トレーサビリティ・システムは，食品の安全性や信頼性の提供を行う仕組みとなることが期待されているのである。

　しかし，トレーサビリティ・システムが，食の安全確保に向けて期待される反面，いくつかの問題点がある。第一に，必ずしも消費者ニーズではないことがあげられる。新宮和裕＝吉田俊子編[2006]によれば，消費者が公開を望む情報として最も多いのは，「原材料の内容」についてである[40]。現実に，消費者は食品の流通経路全体を把握することよりも，原材料として何が使われているかのほうが気になるため，トレーサビリティ・システムに対してニーズがあるのかどうかは疑問であるという論者も多い。

　第二に，トレーサビリティ・システムの構築は，必ずしも利益につながるとは言い難い。「飲・食・店」新聞フードリンクニュース編[2003]によれば，消費者は値段の安さを第一の基準として食品を購入しており，トレーサビリ

ティ・システムを構築することによって，直ちに売上げが増加することはない[41]。

また，山本謙治[2006]は，トレーサビリティ・システムは信頼性を生むが，大きな差別化になるわけではなく，はっきりとした利益にはならないと述べている[42]。トレーサビリティ・システムは，安全性や信頼性こそ提供するものの，利益に貢献するとは言い難いため，導入に踏み切ることが難しいとされている。

しかし，今日では，食品の利潤追求のみでは生き残れないのが現状である。食品事故の発生や健康志向の高まりによって，消費者は食品に安全性を求めるようになった。トレーサビリティ・システムは，必ずしも消費者のニーズではないかもしれないが，食の安全性の提供につながる仕組みであることは間違いない。また，供給者側にとっても，トレーサビリティ・システムは，ブランド価値を創造し，食品事故等の問題発生時に迅速に対応できる保護機能として役立つことが考えられる。すなわち，食の安全性を提供する一つの手段として，トレーサビリティ・システムの構築は重要な課題であるといえる。

❸ サスティナビリティの追求

現在，生態系破壊の問題や地球の限られた資源と環境のもとで，食料の持続的生産をするための重要な要因として，サスティナビリティ（sustainability）の追求があげられる。三橋規宏[2006]によれば，サスティナビリティという考え方は，1987年に国連のブルントラント委員会（環境と開発に関する世界委員会）が出した報告書に由来し，日本語の訳では，「持続可能性」を指す[43]。サスティナビリティの定義は抽象的で，人によって様々な解釈が成り立つとされるが，サスティナビリティの実現のためには，①地球の有限性の認識，②生態系の全体的保全，③将来世代の利益配慮，という3つの条件をあげることができる[44]。

① 地球の有限性の認識：水や土はある程度の浄化能力を持っており，再生可能な資源である。しかし，土壌劣化や化学肥料による水質汚染が深刻化し，資源の再生能力を過剰に上回った消費が続くことによって，環境破壊が進行

図表1-8　食料の世代間トレード・オフ

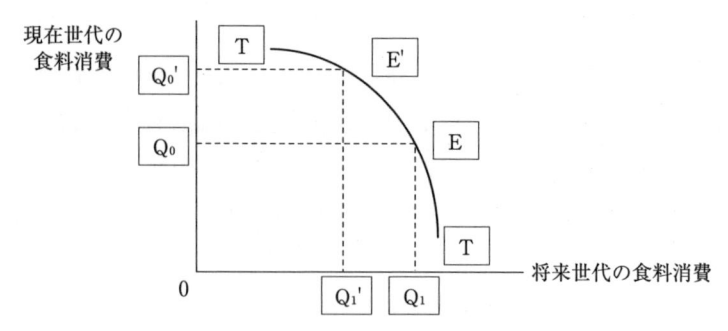

（縦軸：現在世代の食料消費　Q_0', Q_0／横軸：将来世代の食料消費　Q_1', Q_1／曲線上に点T, E', E, T）

（出所）　荏開津典生［2008］178頁

し資源は失われていく。したがって，サスティナビリティの追求には，地球の有限性の認識が欠かせない。

② 生態系の全体的保全：動植物は，水や土と相互依存関係にあるため，過剰な森林伐採や化学肥料などの不適切な処理により環境へ悪影響を与えると，生態系はバランスを保てなくなる。動植物，水，土，などを主に扱うアグリビジネスにとって，サスティナビリティの追求のためには，生態系の全体的保全が重要である。

③ 将来世代の利益配慮：図表1-8は，食料の技術的生産可能性を示すトレード・オフ（trade-off）曲線であり，縦軸の現代世代の食料消費が大きくなると，横軸の将来世代の食料消費が小さくなることを示す[45]。例えば，現在世代がEを選択し Q_0 の分だけ消費すると，将来世代は Q_1 の分だけ消費できる。しかし，現在世代がE'を選択し Q_0' の分だけ消費すると，将来世代は Q_1' の分しか消費できない。

将来世代の食料消費量は現在世代によって決められるため，将来世代が現在世代と同じように食料を生産・消費することが可能かどうかは，現在世代にかかっている。将来においても望ましい状態を維持するために，現在世代は将来世代の利益に配慮する必要があるといえる。

上述したように，食料供給において環境問題や将来世代への配慮が必要不可欠である。現在世代は資源の有限性を認識し，環境への負担を軽減することが

不可欠であり，将来においても，現在と同様の状態を保てるように努めなければならない。しかし，世界の食料分配の不均衡により，サスティナビリティの追求に力を注ぐことができる主体は限られている。したがって，食料事情の厳しい国の人々ではなく，優位に立つ豊かな国の人々が，サスティナビリティの追求に積極的に働きかけることが必要である。

第5節　アグリビジネスの課題

　本節では，特に着目すべき課題として，① 食料自給率の向上，② 環境保全型の農業システムの構築，③ グリーンツーリズムの促進，の3つについて考察する。

❶　食料自給率の向上

　現在，わが国の食料自給率は47%（2008年，カロリーベース）にすぎず，しかもそれは低下の一途をたどっている。さらに，輸入農産物の増大によって食料自給率が低下しただけでなく，農産物の安全性に対する消費者の不安が一層高まっている[46]。政府・農林水産省は，国内農業の再生・活性化をはかりながら，多様化した食生活のもとで食料自給率を引き上げなければならない。

　図表1-9に示されるように，食料自給率は1960年の79%，1974年55%から1984年53%へ減少し，1995年は43%へと10年間で大きく低下した。これは，主な先進国と比較すると最低水準であり，わが国は食料の半分以上を海外に依存[47]していることを指している。

　食料自給率の低下には，いくつかの要因があげられる。第一に，食料消費構造の変化である。これは，高度経済成長による国民所得の増加が影響している。国内で補うことができない食料に対しては，輸入に頼らざるを得ない。コメの消費が減少し，小麦や畜産物消費の増加など，食生活の変化による影響は非常に大きい。また，食生活の変化に伴い，畜産物の消費が増えたため飼料穀物の

図表1－9　食料自給率の推移

(%)

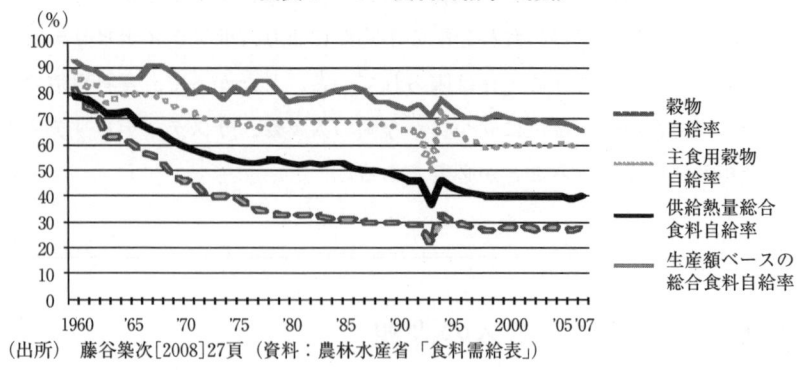

凡例：
― 穀物自給率
― 主食用穀物自給率
― 供給熱量総合食料自給率
― 生産額ベースの総合食料自給率

1960　'65　'70　'75　'80　'85　'90　'95　2000　'05 '07

(出所)　藤谷築次［2008］27頁（資料：農林水産省「食料需給表」）

輸入が増加したことなどが，食料自給率の低下の要因の一つと考えられる。

　第二に，労働力・農用地面積の減少があげられる。わが国の農業従事者は高齢化の傾向にあり，昭和一桁世代が大半を占めている。また，日本は面積が小さく，農地利用率が低下していることもあり，海外からの輸入に依存しなければならない側面がある。

　上述したように，食料自給率の減少の要因には，食料消費構造の変化と労働力・農用地面積の減少があげられる。しかし，必ずしも自給率の低さが問題であるとは限らない。なぜならば，国内生産が困難な食料は輸入によって調達可能となるからである。したがって，食料自給率の向上は課題ではあるものの，100％に近づけることが必ずしもよいというものでもない。国を維持していくためには，安定した食料供給を行い，緊急時にも自国の力で国民を守ることができる程度の食料自給率の向上に努めることが重要である。

❷　環境保全型農業システムの構築

　アグリビジネスの第二の課題として，環境保全型農業システムの構築があげられる。農林水産省によれば，環境保全型農業とは，「農業の持つ物質循環機能を活かし，生産性との調和などに留意しつつ，土づくり等を通じて化学肥料，農薬の使用等による環境負荷の軽減に配慮した持続的な農業」と定義されている[48]。

第1章　アグリビジネスの意義

　環境保全型農業は，農薬や化学肥料による環境汚染を契機として，1990年代から欧米諸国を中心に積極的に展開されてきた。わが国でも環境汚染が問題となり，環境に配慮した農業政策が2000年以降実施されている。しかし，欧米と比較すると対策の遅れは明らかであり，わが国でも欧米諸国に匹敵する環境保全型農業システムを早急に確立する必要性に迫られている。

　山下一仁[2009]によれば，主業農家の規模拡大は，環境にやさしい農業を実現する契機になると述べている[49]。図表1－10に示されるように，稲の作付け規模が大きいほど環境保全型農業へ取組む割合が多く，10ヘクタール以上では50％を超えている。これは，規模の小さい農家は週末にのみ農業を行うことが多く，化学肥料や農薬によって労働力を節約しているため，環境保全型農業の割合が低いということに他ならない。

　一方，規模の大きい農家は，制限なく労働力を農業に注ぐことができる主業農家が多いため，化学肥料や農薬の使用を自らの労働によって補う傾向にある。つまり，農業に力を注ぐことができる生産者が，環境保全型農業へ取組みやすいと考えられ，特に，大規模な農業には期待できる部分が大きい。

　また，環境保全型農業と類似する概念として，循環型農業が存在する。稲本＝桂＝河合[2006]によれば，循環型農業とは，「稲わらや家畜排せつ物などを堆肥として農地に還元することに代表されるものであり，これにより農業生産

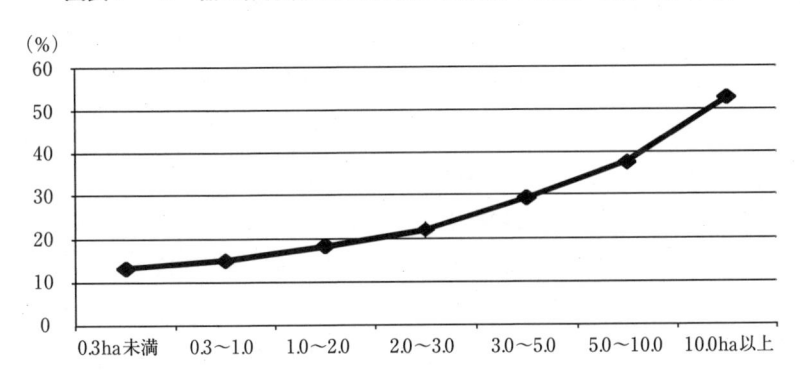

図表1－10　稲の作付規模と環境保全型農業の取組み割合（2000年）

（出所）　農林水産省[2000]「農業センサス　2000年版」

活動がそもそも有する自然循環機能の維持増進が図られることになること」と述べている[50]。

　農薬や化学肥料の使用を軽減した環境保全型農業も重要であるが，資源の有効利用を目的とした循環型農業を展開し，自然と共生しながら食料供給の安定化を図ることを検討する必要がある。このように，食料供給と環境の間には極めて重要な関係性が存在する。持続的な食料供給を行うためには，自然と共生していた時代を振り返り，環境保全を重視した政策を行うことが重要である。

❸　グリーン・ツーリズムの促進

　近年，国民のライフスタイルや価値観の変化に伴って，消費者や都市住民の間で広がっている農業・農村に対する多様なニーズと結びついて，需要創造型のアグリビジネスが成長しつつある。そこで，アグリビジネスの第三の課題として，グリーン・ツーリズムの促進について考察する。グリーン・ツーリズム（green tourism）とは，「農山漁村地域において，自然・文化・人々との交流を楽しむ滞在型の余暇活動」を指し，わが国では，1993年に農林水産省が提唱した[51]。

　藤谷[2008]によれば，グリーン・ツーリズムは，生き物調査などを通じた農業者と消費者との交流の促進など，営農活動を通じた地域環境の保全といった観点から，農業者と消費者双方の意識啓発を図ることが提起されている。

　グリーン・ツーリズムは，ヨーロッパやアジアなど様々な地域で国際的に推進され，ヨーロッパでは農村に滞在しバカンスを過ごすという余暇の過ごし方が普及している。わが国では，地域経営中心の農業体験型が多く，社会情勢の影響から滞在時間の短い日帰り型が多いという特徴がある[52]。

　グリーン・ツーリズムの主な目的として，地域活性化，景観の維持，環境保全，土地利用率の上昇，文化の継承，農村での交流，余暇活動，教育機能，などがあげられる。これらは，グリーン・ツーリズムの多面的機能であると同時に，重要な資源としても位置づけられる。多面性を含んだ資源をサービスとして提供し利益を得ることが，アグリビジネスにおけるグリーン・ツーリズムとして注目を浴びている。

宮崎猛編[2006]は，グリーン・ツーリズムは，心の豊かな社会に向けて国民のライフスタイルを誘導することにつながると述べている。また，物質的に不自由することが少なくなった現代において，われわれは心の豊かさを求める[53]ようになりつつある。地域ごとの美しい景観や自然の中で余暇を過ごすことは心に安らぎを与え，豊かな心を育むという役割を担っており，社会への貢献が期待される。すなわち，グリーン・ツーリズムは，心の豊かな社会を提供するビジネスであるといえよう。

このように，グリーン・ツーリズムは良い効果をもたらすことが想定される。しかし，わが国におけるグリーン・ツーリズムの認知度はまだ低いため，その分普及の余地があり，ニーズも未知数であることから，グリーン・ツーリズムの発展の余地は大きいと思われる。

注）
1) 稲本志良＝河合明宣[2002]11頁
2) Davis, J. H. ＝ Goldberg, R. A.[1964]訳書6頁
3) 荏開津典生＝樋口貞三編[1995] i 頁
4) 同上書2頁
5) 大塚茂＝松原豊彦編[2004]13頁
6) 稲本志良＝桂瑛一＝河合明宣[2006]12-15頁
7) 同上書16頁
8) 稲本＝河合[2002]11頁
9) 時子山ひろみ＝荏開津典生[2005] 1 頁
10) 大塚＝松原編[2004]62頁
11) 稲本＝桂＝河合[2006]15頁
12) 同上書15頁
13) 同上書143頁
14) 稲本＝河合[2002]15頁
15) 時子山＝荏開津[2005]58頁
16) 稲本＝桂＝河合[2006]205頁
17) 時子山＝荏開津[2005]52頁
18) 同上書59頁
19) 同上書52頁
20) 同上書51-54頁
21) 荏開津典生＝時子山ひろみ[2003]107頁

22）荏開津典生［2008］142頁
23）同上書139頁
24）時子山＝荏開津［2005］140頁
25）稲本＝桂＝河合［2006］263頁
26）大塚＝松原編［2004］53頁
27）岸川善光［2006］3頁
28）同上書4頁
29）同上書5頁
30）藤谷築次［2008］210頁
31）樫原正澄＝江尻彰［2006］27頁
32）岸川［2006］140頁
33）荏開津［2008］2頁
34）橋本卓爾＝大西利夫＝藤田武弘＝内藤重之編［2004］45頁
35）荏開津［2008］112頁
36）大澤信一［2000］260頁
37）同上書36頁
38）稲本＝桂＝河合［2006］249頁
39）松田友義＝田中好雄編［2004］3頁
40）新宮和裕＝吉田俊子編［2006］12頁
41）「飲・食・店」新聞フードリンクニュース編［2003］204頁
42）山本譲治［2006］55頁
43）三橋規宏［2006］34-36頁
44）荏開津＝時子山［2003］183頁
45）荏開津［2008］180頁
46）橋本＝大西＝藤田＝内藤編［2004］57頁
47）藤谷［2008］27頁
48）農林水産省ホームページ〈http://www.maff.go.jp/〉を参照
49）山下一仁［2009］211頁
50）稲本＝桂＝河合［2006］83頁
51）農林水産省ホームページ〈http://www.maff.go.jp/〉を参照
52）藤谷［2008］76頁
53）宮崎猛編［2006］194頁

第2章
アグリビジネス論の生成と発展

　本章では，アグリビジネス論の生成と発展について考察する。アグリビジネス論は，まだ確立された学問分野とはいえないので，農業政策，農地問題，アグリビジネス市場，国際貿易，技術革新の5つの近接テーマを選定し，アグリビジネス論を確立する上で，必要な学際的な視座を探ることにする。

　第一に，アグリビジネスと農業政策について考察する。まず，農業基本法（旧基本法）の目的および問題点について理解を深める。次いで，食料・農業・農村基本法（新基本法）の目的および重点課題について考察する。さらに，現代農政の動向について言及する。

　第二に，アグリビジネスと農地問題について考察する。まず，農業の基本的な生産手段である土地について理解を深めるために，農地法の改正の歴史について考察する。また，環境変化と農地法の改正の関連性について理解を深める。さらに，本格的な農地管理システムの必要性について言及する。

　第三に，アグリビジネスの発展プロセスについて考察する。まず，アグリビジネスの市場について理解する。次いで，需要構造の変化について理解を深める。さらに，供給構造の変化について言及する。

　第四に，アグリビジネスと国際貿易について考察する。まず，日米貿易摩擦について理解する。次いで，プラザ合意について，さらに，ガット・ウルグアイ・ラウンドについて理解を深める。

　第五に，アグリビジネスと技術開発について考察する。まず，農業における技術革新について理解する。また，農業技術の変遷に言及する。さらに，技術革新の課題について理解を深める。

第1節　アグリビジネスと農業政策

❶　農業基本法の成立

　本節では，日本農業における農業基本法・農業政策に関する諸問題が，アグリビジネスの発展過程に与える影響および今後の課題について考察する。

　1946年以降の農地改革によって，小作地を自作地化するプロセスが促進され，日本の農業構造はさらに零細化が進展した。この構造が，農業における過剰な労働人口の滞留や生産性の低さの原因となっており，農業の発展を阻害する要因となった。そのため，農業は他産業の成長と比べて遅れをとっており，農工間の所得格差が問題となった。

　このような状況の下，高度経済成長期，1960年に池田内閣によって所得倍増計画が打ち出され，工業等の産業における労働者需要が向上することになる[1]。工業化を推進するために，多くの労働者が必要になり，農村を変革するために生まれたのが1961年に施行された農業基本法（以下，旧基本法）である[2]。

　旧基本法の目的は，農業の発展と農業従業者の地位向上であった[3]。旧基本法の主な政策として，第一に，選択的拡大による農業生産の増進があげられる。高度成長の中で国民所得は増大し，食生活におけるニーズは多様化した。農業は，食生活の変化がもたらす農産物需要の変化に対応できるように，需要動向に即した選択的拡大を農業生産政策の基本にすべきであるとされた[4]。

　第二に，自立経営の育成があげられる。旧基本法は，選択的拡大を担う生産主体にも着目した。「農業従事者の自由な意志と創意工夫の尊重」，「農業従事者が所得を増大して他産業従事者と均衡する生活を営むこと」などを強調しており，これを担うことができるのは，大規模な自立経営農家であると位置づけている。非農業に労働人口を流出し，農業就業人口を減少させ，規模を拡大させることによって，自立経営農家の育成を図ったのである。

　農家の経営機能を重視したこの旧基本法は，零細な農業構造の改善と，アグ

リビジネスの発展に，極めて直接的に働きかけたようにみえる。しかし，この旧基本法は想定通りには機能せず，2つの主な政策は，それぞれ新たな問題を生むこととなった。

第一に，選択的生産拡大政策に関する問題があげられる。需要動向に応じて，農業経営者が自ら作目を決めることを基本とするこの政策は，作物の過剰と不足を生む結果となった。需要拡大が見込まれる作目の生産量は増加したが，需要縮小が見込まれる作目や，需要が拡大しても，輸入農産物との競争に負けると見込まれる作目は減少し，これが米の過剰，穀物自給率の低さにつながったといえよう[5]。

第二に，自立経営の育成に関する諸問題があげられる。旧基本法制定後の自立経営農家の動向は，その戸数や生産額など各項目のシェアが停滞しており，自立経営の育成は実を結ばなかったといえる。その大きな原因の1つが，兼業化の拡大である。機械化などによって労働生産性が高くなり，浮いた労働力が兼業化に回るため，専業経営による規模の拡大が進展しなかったのである[6]。

❷ 新基本法

このような問題を踏まえ，政策の再構築の道筋として，食料・農業・農村基本法（以下，新基本法）が1999年に制定された。その主な課題は，食料自給率の向上を支える積極的な取組みである[7]。新基本法の目的は，農民に対する新たな期待と食料・農業・農村の位置づけを明確にするための農政であり，農業における生産性の向上を図ることである。また，自立経営農家を育成し，食料自給率の向上が重視された。このように，農工間の所得格差の是正を試みたが，その農政は実を結ばず，むしろ新たな問題を生むことになる[8]。

旧基本法と新基本法では，法律としての根本が変更されている。第一に，法律の目的が異なる。旧基本法が「農業の発展と農業従事者の地位向上」であったのに対し，新基本法は，生産者優先の農政から，消費者重視の農政への転換がその目的とされた。

第二に，公共の福祉の実現から，市場原理の重視へという根本理念の転換があげられる。旧基本法では，公共の福祉のために，農業従事者の地位向上を目

図表 2－1　新基本法が目指すもの

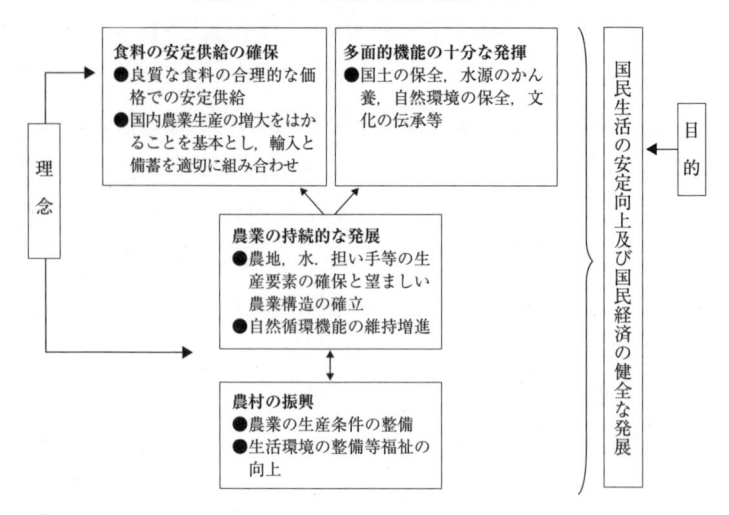

```
        ┌─────────────────────┐  ┌─────────────────────┐
        │ 食料の安定供給の確保    │  │ 多面的機能の十分な発揮 │
        │●良質な食料の合理的な価  │  │●国土の保全，水源のかん│
        │　格での安定供給        │  │　養，自然環境の保全，文│
        │●国内農業生産の増大をは  │  │　化の伝承等          │
        │　ることを基本とし，輸入と│  └─────────────────────┘
  理念  │　備蓄を適切に組み合わせ │
        └─────────────────────┘
                    ↕        ↕
                 ┌─────────────────────┐
                 │ 農業の持続的な発展      │
                 │●農地，水，担い手等の生  │
                 │　産要素の確保と望ましい │
                 │　農業構造の確立        │
                 │●自然循環機能の維持増進 │
                 └─────────────────────┘
                           ↓
                 ┌─────────────────────┐
                 │ 農村の振興            │
                 │●農業の生産条件の整備   │
                 │●生活環境の整備等福祉の │
                 │　向上                │
                 └─────────────────────┘
```

目的：国民生活の安定向上及び国民経済の健全な発展

（出所）　橋本卓爾他編［2004］75頁を筆者が一部修正

指していた。これに対して，新基本法では，消費者の需要に即した供給体制の確立のために，市場原理を重視した価格形成を実現しようとしている[9]。

　新基本法の基本理念は，図表2－1に示されるように，「国民生活の安定向上及び国民経済の健全発展」の達成のために，①食料の安定供給の確保，②多面的機能の十分な発揮，③農業の持続的な発展，④農村の振興，が農政理念とされている。

　これらの理念に基づいて，5年ごとに基本計画が策定され，具体的施策が実施されている。例えば，2005年に策定された基本計画では，「食料として国民に供給される熱量の5割以上を国内生産で賄うことを目指す」とされている。

　先述したように，旧基本法では，農業の担い手を「自立経営農家」とし，その育成を目標としていた。しかし，新基本法では，これを「効率的かつ安定的な農業経営」に改め，その担い手を幅広く確保することを目指した。

　新基本法における農政改革の中心にあるのが，水田・畑作経営所得安定対策，米政策改革推進対策，農地・水・環境保全向上対策からなる経営所得安定対策である。2007年の新農業政策から，これら一連の農政改革が実行されてい

る[10]。

　新基本法が制定されると，環境保全関係の制度として，農業環境3法（持続農業法，家畜排せつ物法，改正肥料取締法）と，日本初の直接支払制度である中山間地域直接支払制度が制定された。そして，2005年の経営所得安定対策大綱で，中山間地域直接支払制度に続き，環境直接支払制度を含む農地・水・環境保全向上対策が導入された。これら2つの資源・環境保全直接支払が導入されたことの意義は大きい。しかし，支援対象が限定的過ぎるなど制度の欠陥・問題点が多く，体系的かつ整合性のある政策体系の構築が求められている[11]。

　上述したように，農業政策の様々な面から具体的施策が推進されている。日本農業の再生・活性化，自給率向上は，新基本法の農政で達成されなければならないが，その複雑さゆえに，政策内容や体系に見直すべき点が多く見受けられる。

❸ 現代農政の動向

　旧基本法以来，農政は，自立経営や中核農家などの個別経営の規模拡大と，協業など集団的生産組織化の2つの方向を目指してきた。農家レベルでは，稲作農家所得や生活面での安定化が重視された[12]。現行の農政は，多様な要請に応えるために，その体系がさらに複雑化している。

　そのため，市場原理を重視した価格形成を始めとする「効率性」と，環境保全型農業などによる自然循環機能の維持増進や，多面的機能の発揮をはじめとする「持続性」に関する政策体系に，様々な矛盾が見受けられる。

　今後は，「持続性の確保の範囲の中での効率性の実現」という明確な認識を前提として，2つの理念の実現を目指すべきである。2008年に農林水産省が発表した「21世紀新農政2008」では，特に食料についての問題への対応を重視しており，「世界の食料事情の変化に対応し，国民の期待に応える食料の安定供給体制を確立する」としている。その具体的施策として，消費者のニーズを的確に把握し，応えること，そのための能力を有する担い手を確保することに，重点が置かれている[13]。

　食料の安全供給体制を実現するためには，異なる地域や環境，需要に応じて，

図表2－2 農業所得と製造業賃金の推移

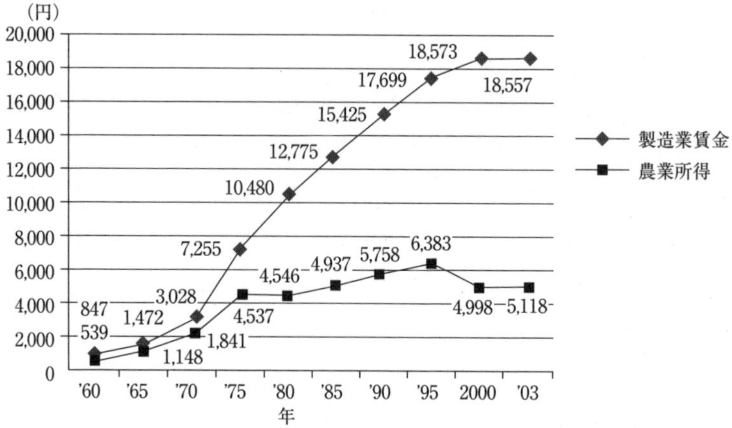

(円)
製造業賃金: '60: 847, '65: 1,472, '70: 3,028, '75: 7,255, '80: 10,480, '85: 12,775, '90: 15,425, '95: 17,699, 2000: 18,573, '03: 18,557
農業所得: '60: 539, '65: 1,148, '70: 1,841, '75: 4,537, '80: 4,546, '85: 4,937, '90: 5,758, '95: 6,383, 2000: 4,998, '03: 5,118

(出所) 筑波君枝［2006］23頁

様々な形態での農業，アグリビジネスの経営が，効率的かつ持続的に行われることが必要である。

しかし，日本において，農業に参入する人材や企業を確保することは，極めて難しい状況にある。その大きな原因は，未だ縮小しない農業と他産業との所得格差である。図表2－2に示されるように，農業所得と製造業賃金の差は歴然としている。これでは，専業による効率的経営を目指す農家の増加など望めるはずもない。農業の産業としての魅力を創造するためにも，多様化する農業の役割や国際化を加味しながら，農家の意欲をそがないような，市場条件，土地価格所得支持政策などを行うことが必要である[14]。

特に，高度経済成長期以降は，社会情勢が大きく変化した。多様化する消費者のニーズ，またガット・ウルグアイ・ラウンド合意からWTO体制への移行によって高まった外圧への対応が求められ，多くの法制が改廃された[15]。

現在，農業を近代的な産業として発展・確立する主体として，農業経営体が提起されている。その具体的事例として，オムロンやユニクロが参入したものの，黒字の目処が立たずに撤退する結果となった。いずれのケースも，もともと農業と関わりの薄い業種であったため，専門外である農業の知識が薄いまま

参入したことが，失敗の原因である。つまり，経営能力の高い大企業が，農業に参入したからといっても，必ずしも成功するわけではない[16]。

しかし，新基本法により農業の多様な役割が示唆され，その担い手として，法人の参入が促進されるようになったことは，アグリビジネスの発展のきっかけとなっている。

第2節　アグリビジネスと農地問題

❶　農地法の改正

農地は，農業の基本的な生産手段であり，ほとんどの農作物は農地を媒介にして栽培されている。わが国の農地法は，農地を「耕作の用に供される土地」と規定し，農業生産力の増進を図るものとした[17]。

1952年に制定された農地法では，農地の権利移動（売買および賃貸借）は，各市町村の農業委員会または都道府県知事の許可を要するものであり，非農家の農地取得は不可能になった[18]。農地法は，「農地はその耕作者自らが所有することを最も適当であると認めて，耕作者の農地の収得を促進し，およびその権利を保護し，並びに土地の農業上の効率的な利用を図るためその利用関係を調整し，耕作者の地位の安定と農業生産力の増進とを図ることを目的」（第1条）としている[19]。

ここで，わが国における戦後の農地政策の展開過程をみてみよう。図表2－3に示されるように，1960年代，旧基本法における農地流動化の促進は，「自立経営」の育成をねらったものである。また，1970年に農地法が改正され，その目的は土地の農業上の効率的な利用を図ることに変わった。1980年以降，農業への新規参入と農業をめぐる環境が変わり，農業経営における自由度が高まると，企業でも，個人でも，農業にビジネス・チャンスを見出そうというものが現れた。

図表2－3　戦後の農地政策の展開過程（農地関連法制の動向）

年　度	名　　称	主な内容
1945～50年	農地改革	・政府による地主所有地の直接買収と小作人への売り渡しなど
1952年	農地法制定	・農地の権利移動統制・小作地の所有制限など
1962年	農地法改正	・農業生産法人制度の導入，農地取得の上限の緩和など
1970年	農地法改正	・農地の賃貸借の規制緩和，小作料規制緩和など
1980年	農地法改正	・農地流動化への規制緩和など
1993年	農業経営基盤強化促進制定農（地法改正）	・認定農業者制度など，新政策実現への関連法の整備，改正
2000年	農地法改正	・農業生産法人制度の要件緩和（株式会社の参入可能に）
2002年	構造改革特別区域法制定	・農地リース方式による農業生産法人以外の法人の農業参入を認める
2003年	農業経営基盤強化促進改正	・耕作放棄所有者の利用計画の届出など
2005年	「経営所得安定対策など大網」発表	・農地・水などの資源や環境の保全向上を図るための対策創設 ・品目横断的経営安定対策の創設

（出所）　橋本他編[2004]113頁を筆者が一部抜粋・作成

　そして，「農業生産法人制度」が設けられ，2000年の農地法改正で，それまでは農事組合法人や有限会社などに限られていた法人の中に株式会社も加えられた[20]。このように，農地法の改正によって農地を自由に取得できれば，新規参入者による農地の活用が容易になる。また，農業に携わる人が増え，担い手も確保できるので，日本農業の活性化と日本農業を守ることができるであろう。

❷ 農地法と環境変化

　1960年代，農地政策と高度経済成長に伴う農工間格差に対応するために，1968年に「都市計画法」が公布された。いわゆる都市側の線引きに対応した「農業の領土宣言」である。それは，農業振興地域を指定して，農業投資を集中させることを意図したものである[21]。この対策として，1970年に，旧基本法において農地の宅地化を推進することが政策化された。

　しかし，農地の宅地化は，農地として税を免れながら，実際は農業としての活動を行わず，農地の値上がりを待ち，転売の機会をうかがう者が多かった，このことによって仮装農地に対する批判が生じた。これをきっかけとして，具体的施策として，市街化区域内農地に宅地並み課税が試みられた。これは，農地の保有コストを上げることによって，宅地化の推進を目指したものである。1992年の生産緑地法改正によって，宅地化する農地と保全する農地が線引きされ，市街化区域内農地の宅地化が進んだ[22]。

　高度経済成長期以降，大都市への一極集中が進み，東京を始めとする大都市への資本や資源の集積度は，世界に類を見ないほど高まった。人口過剰が顕在化する中，異常な高まりを見せた宅地需要を背景に，1960年代に地価高騰が発生し，特に大都市で著しい高騰が見られた。この地価高騰によって，住宅入手難が生じてくると，その原因は宅地供給の不足，そして，市街化区域内農地の存在に帰された[23]。

　そのうえ，市街化区域内の農地が宅地利用に侵食された。これが郊外の農地にも拡大し，虫食い状に住宅地が形成され，スプロール化が進展し，営農環境に悪影響をもたらした[24]。

　農地改革は，図表2－3に示されるように，2000年の農地法改正によって，農業生産法人制度の要件緩和を図った。2002年には，構造改革特別区域法制定によって，農地リース方式による農業生産法人以外の法人の農業参入が可能になった。2003年には，農業経営基盤強化促進法改正によって，耕作放棄所有者の利用計画の届出などが規定された。農業的土地利用を維持することは，自らの食を支え環境や地域社会の維持などの面で重要であり，そのような価値を担

う地域の公共財としての農地に対する地域的なコントロールは最低限確保されねばならない[25]。

わが国の農業を基幹産業として位置づけて，政府は，食料供給の主体となる企業の農業参入を支援・奨励し，アグリビジネスの発展および活性化のために農業政策の規制および改革を明確にすべきである。

❸ 平成の大農地改革の動向

旧基本法の改正によって，小規模な自作農の存立基盤は，社会の変化の中で失われ，それとともに，農地法の存在意義が問われるようになった。1998年の農政改革大綱では，幅広い担い手の確保が目指され，法人や企業の農業参入の促進が本格化し，さらなる農地の流動化が求められた。こうした状況の中で，農林水産省の農地制度改革の基本的方向は，担い手への農地集積の加速化と地域農業の再編・活性化を目指したものである[26]。

このように，経済成長を始めとする社会の変化に応じて，求められる農業経営の形態が大規模な経営体に変容していった。農業経営体を確立するためには，長期にわたる人的投資や資本投下が不可欠であり，それを可能にするためには，農地が農地として守られることが必要である[27]。

また，耕地放棄地の拡大によって起きている農地減少と，農地の利用主体である担い手の弱体化・農村の高齢化が問題である。この農地減少は，日本の食料自給率の低下に大きな影響を与えることはいうまでもない。

図表2－4に示されるように，都市化・工業化が進む中，1960年から2005年の間で，609万haから467万haへと日本の農地は減少している。日本農業が社会から求められる役割を果たすための大前提となる土地が，合理的に確保されていないのが現状である。

農林水産省によれば，農地は，農用地開発や干拓などで1960年以降，約105万ha拡張されたが，一方，住宅・道路用地などの転用など，2005年463万haまで減少している（農林水産省，2009年）。

農地減少は，輸入農産物の急増による農産物価格の低迷のもとでの農業収益性の悪化，高齢化や担い手の不足が原因である。2004年のわが国の穀物自給率

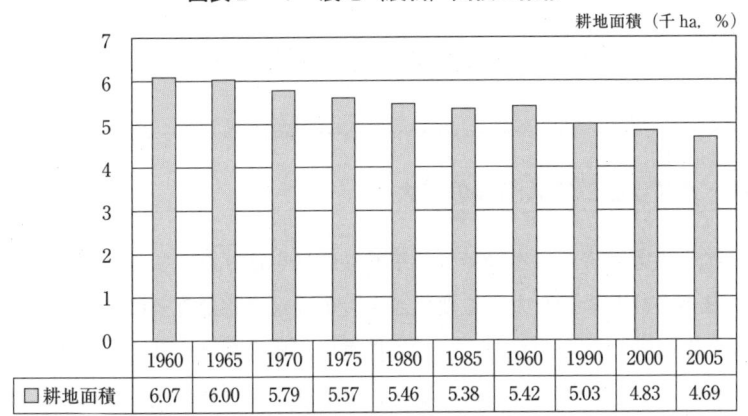

図表2−4　農地（農耕）面積の推移

耕地面積（千 ha，%）

	1960	1965	1970	1975	1980	1985	1960	1990	2000	2005
耕地面積	6.07	6.00	5.79	5.57	5.46	5.38	5.42	5.03	4.83	4.69

（出所）　橋本他編[2004]110頁を筆者が一部修正

　は，28%という低水準である。国民食料の安全供給を実現するためには，農地を確保・保全し有効利用し，農地が農業生活を通じて果たす多面的な機能・役割を果たすことが必要不可欠である[28]。

　また，農地の確保は，食料確保のためであり，地域の不作付け地の縮減・解消による生産所得の向上と，遊休化による生産条件の悪化防止および環境・景観の保存[29]のためである。アグリビジネスに求められる役割は増大しているにも関わらず，このように日本国内の農地は，都市の膨張・侵食によって減少している。土地が市場競争の下に置かれると，面積あたりの利益率の低い農地としての利用は避けられ，宅地などの非農業への利用が増加する。

　そして，農地の転用売却による減少は，新たな農業の担い手への資源集約の進展を遅らせ，アグリビジネスの発展の妨げとなっている。農業とアグリビジネスの土台である土地の現状は，国内では複雑な状況にあることを理解しなければならない。アグリビジネスの発展を促すような，大規模経営の確立に必要な環境を整備するために，農地としての土地を集積・保全し，新たな担い手に分配するための，本格的な農地管理システムが必要である。

第3節　アグリビジネスの発展プロセス

❶　アグリビジネス市場の拡大

　第二次世界大戦後，日本経済は飛躍的な成長を遂げた。この経済の大きな成長は，日本の社会構造を大きく変化させ，市場経済化は農業にも大きな影響を及ぼすことになる。そのため，日本の農業は，他産業と比べて市場経済の適応が遅れた。しかし，市場経済の深まりによる社会構造の変化によって，日本農業の構造は改善せざるを得ない状況となった[30]。

　1970年代以降，世界的にみて食料の流れは大きく変化した。特に，農業の工業化と国境を越えた多国籍企業による直接投資や事業活動の国際的配置が農産物貿易に大きく影響を与えることになる。農業への資本と技術の適用のレベルが高度化する中で，生産過程が再編成され，生産と流通の各段階が工業化された食料システムが統合化されることに伴って，高付加価値製品の市場が拡大した。農業の工業化とは，現代の工業的製造業の生産，調達，流通および調整の概念を食料および工業化された加工品の連鎖に適応することである[31]。

　1995年，わが国の農工間の生産性・所得格差が重要な経済問題となり，農業の構造革新（改善）が重要な農業問題になった[32]。経済が高度成長するに伴って，所得の伸びとともに，食料への需要が贅沢な食事や嗜好品などを求めるようになった。さらに，女性の社会進出や単身世帯の増加，高齢化の進展，生活の様式の多様化を背景として，食料消費の形態も変化してきた。

　これらの変化を要因として，広く食料産業の付加価値生産の割合が高められることになった。つまり，加工，貯蔵，輸送，そして複雑な流通機能とサービス機能が付加され，それらを経由して消費がなされるようになってきた[33]。アグリビジネスは，農業自体と産業全体での変革と発展により，農業と密接に関連する産業の総称であり，これまでの単純な農・商・工といった産業区分から，これらの相互関連性を重視するアグリビジネスが形成されるようになっ

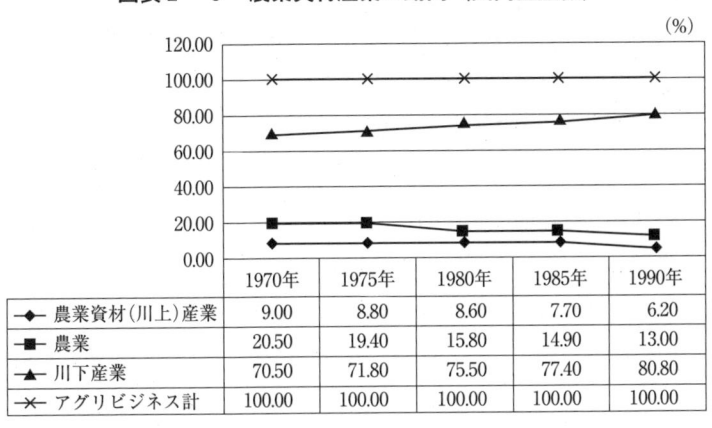

図表2-5　農業資材産業の動向（国内生産額）

	1970年	1975年	1980年	1985年	1990年
農業資材(川上)産業	9.00	8.80	8.60	7.70	6.20
農業	20.50	19.40	15.80	14.90	13.00
川下産業	70.50	71.80	75.50	77.40	80.80
アグリビジネス計	100.00	100.00	100.00	100.00	100.00

（出所）荏開津典生＝樋口貞三編[1995]10頁に基づき筆者作成

た[34]。

　図表2-5に示されるように，農業資材産業，農業そして川下産業の順に農業資材産業，農業，そして，食品工業・飲食店・関連流通産業からなる川下産業の生産額が示されている。「川上」から「川下」に移行するに伴って，数値は大きくなっていることが分かる。また，アグリビジネスは，2003年国内総生産約500兆円の一割強（約50兆円）を占める一大産業である[35]。今日，アグリビジネスは食産業に関連するあらゆる分野に浸透し，その影響力はますます強大となりつつある。

❷　需要構造の変化

　世界の人口爆発に伴って，様々な工業製品の購入・所有という物的欲望も爆発した。つまり，食欲の充足の次には，持てば持つほど欲望はふくらみ，先行する物的欲望を追って新たな工業生産物が生み出され，高度工業化社会が出現した[36]。この高度工業化社会が穀物消費から肉の消費へと，食の需要構造の変化をもたらした。

　マズロー（Maslow, A. H.）[1954]は，人間の基本的欲求は階層を成し，その最も高次の階層における「自己実現の欲求」の顕在化によって完結するという

「欲求階層説（hierarchical theory）」を提唱した[37]。そして，人間の欲求を，①生理的欲求，②安全の欲求，③社会的な欲求，④尊厳の欲求，⑤自己実現の欲求，の5つに分類し，次のように説明している[38]。

① 生理的欲求：喉の渇きを癒したいという欲求および食欲，性欲などのことである。
② 安全の欲求：身体的，精神的安全を求めるものであり，そのために衣類や家を欲する。
③ 社会的な欲求：人は何らかの組織に所属したいものである。人は1人では生きていけない。そして，人はいつも誰かに愛されたいし，愛したいのである。
④ 尊厳の欲求：有名になりたい，世間から注目されたい，社会的な地位を欲しいという欲求である。お金持ちになりたい，出世したいという欲求も尊厳の欲求である。
⑤ 自己実現の欲求：自分のしたいことをしたい。①～④の欲求をすべて満たしたら，人間は自己実現の欲求を満たすように行動する欲求のことである。

高度経済成長期を通じた生活水準の向上によって，生活必需品が揃い，消費における欲求の①～②は充足されたといえる。物質的欲求が，高度経済成長の中である程度満たされるようになると，消費者は精神生活の満足を求めるようになる[39]。

高度経済成長によって国民の所得が増加し，生活水準は著しく向上した。「三種の神器」や「3C」と呼ばれた家電製品や自家用車は，1960年代には国民生活全般に浸透し，最低限度の生活の豊かさが当たり前の水準に達した。生活の水準が向上し，心身ともに余裕が生まれると，それぞれの価値観で「自分」の欲しいものを求めるようになった。これが個人消費の成熟化・多様化である。

このように，多様化・複雑化する食生活に対するニーズを充足するものとして，外食・中食産業が発展した。特に，不況に置かれている現代社会では，よりリーズナブルな中食が注目されている。中食とは，持ち帰りタイプの調理食品のことである[40]。

図表2－6に示されるように，外食産業に対する支出は，1990年から拡大を

第 2 章　アグリビジネス論の生成と発展

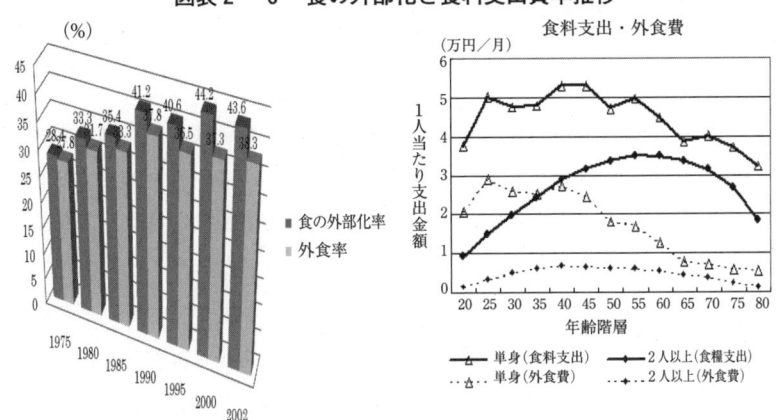

図表 2－6　食の外部化と食料支出費率推移

(出所)　農林水産省［2005］(資料：外食産業総合調査研究センター)

続けている。この外食・中食の増加は，家事労働の外部化による社会的分業の拡大であり，市場経済の進展の結果であるといえよう[41]。

❸　供給構造の変化

　外食産業の発展による食生活の環境は，大きく変化し，食の外部化の進展とともに，食料・食品の供給ルートはより複雑化するようになる。供給ルートは，加工食品や調理食品を提供する食品産業の側に委ねられるようになった。

　高度経済成長による市場経済化まで，農業の供給は自給自足かあるいは小規模な小売店向けのものなど，零細な構造であった。しかし，個人消費の成熟化によって，ニーズが多様化し，付加価値の需要が拡大した。外食産業全体は，1979年以降一貫して成長が続いており，特に，1990年代初めまで前年比で 7 ～ 9 ％の増加を続けた[42]。それに対応して，食品産業において外食・中食産業が大きく拡大した。また，市場経済化による競争の激化によって，スーパーマーケットなどの大手小売店が登場し，農産物を低価格かつ数量を安定的に確保しようとした[43]。

　これらの食の外部化を担う食材の供給は，食品産業の市場規模として，中食領域で 6 兆609億円，外食領域で26兆9,118億円とされている[44]。

食の外部化によって，農業需要を伴うアグリビジネスが大規模に増加した。大量で安価な農産物の需要に応えるためには，供給側も大規模な農業経営であることが求められた。

　1960年代以降，農産物の輸入自由化によって，日本農業は，安価な輸入農産物との競争を強いられた。安価な農産物を生産するには，効率的で大規模な農業経営であることが求められた。流通においても変化が見られた。安価な農産物を供給するには，コストの削減が必要不可欠であった。その一環として，中間コストの節約を図るため，流通経路の短縮化傾向が生じている。産地直送と呼ばれる産地から直接，小売業者や消費者に販売される方式も一般的になっている[45]。また，大手小売店が中央卸売市場を介さずに，農家から直接大量に仕入れるケースが多くなり，そのためにも大規模農家であることが求められた。需要構造は，一次加工業者や商社など，原材料産地と直接交渉して調達するか，取引先と長期契約を結ぶ場合が多く，外食向け規格や品質，下処理[46]などが指定される。食材の供給において，国内の原材料の調達ができない場合は，輸入食材を供給することになる。

　以上のように，需要構造の変化に対応するには，企業的な大規模経営農家が有利である。この変化は，戦後の農地改革以降，零細であった日本農業の構造改善を促した。市場経済の浸透は，社会構造の変化を起こし，小規模な家族経営であった日本農業の在り方を大きく変えた。市場経済化が進展し，産業内外で競争が激化し，社会構造が変化する中小企業的性格を持った農業，アグリビジネスの需要が拡大している。

第4節　アグリビジネスと国際貿易

❶　日米貿易摩擦

　本節では，日米貿易摩擦を発端として始まった日本の農産物輸入自由化およ

第 2 章　アグリビジネス論の生成と発展

び農産物貿易構造の変遷について考察する。

　今日，世界の国際貿易は，世界貿易機関（以下，WTO）の制度的枠組みのもとにある。1995年に，WTOは，ガット・ウルグアイ・ラウンドの合意による協定を基礎にして，ガットに代わる世界の貿易機関として，1995年に発足した。ちなみに，ガットの基本理念は，自由貿易（free trade）を世界各国へ無差別に適用し，共通の経済的繁栄を目指すという原則であった[47]。

　日本の経済は，明治以降，農業および非農業両部門の懸命の努力により，大きな経常収支の黒字を持つ世界有数の所得国になった。日本経済の国際競争力は増し，日本の輸出は増加した。特に，米国への輸出は大幅に増加した。1950年代の米国経済は，過剰消費が顕著になっており，同時期の日本の内需不足があいまって，輸出は大きく拡大していった[48]。そして，貿易摩擦が極めて大きな問題となり，日本農業は，この影響をまともに受けるようになった。

　1960年代後半に入ると，日本の貿易収支の黒字と，米国の赤字が定着し，日米の貿易収支の不均衡が浮き彫りになった。そして，1950年代の繊維製品の不均衡を発端として顕在化した日米間の貿易摩擦は，その後，さらに深刻な問題に発展した。貿易収支の不均衡が貿易摩擦に発展した背景として，まず，米国経済の競争力が低下し，日本経済の競争力が向上したことがあげられる。また，日本の輸出主導型発展や市場閉鎖性，為替レートの問題により収支不均衡が生じたとされている[49]。

　この貿易摩擦において，日本の市場閉鎖性が特に指摘されたのは，農産物市場である。国内農業を保護する目的で，多くの品目において農産物の輸入制限を行っていた。農産物の輸入を自由化すれば，日米貿易摩擦がすべて解消されるというわけではない。日本の農業が内外価格差の観点から過保護であるとされ，米国がこの市場閉鎖性を批判・指摘した。これをきっかけに，日本の農産物の自由化への圧力が強まっていったのである[50]。

　そして，多額の貿易黒字を抱えるわが国に対して，一層の市場開放の圧力がかかった。具体的には，ドル高是正を決めた1985年のプラザ合意で円高になり，内外格差が拡大したことによって，安価な輸入農産物に対する需要が増大すると同時に，海外への委託加工や日本企業による海外直接投資も進展した[51]。

また，急速で大幅な円高は，食品製造業の生産拠点の海外移転を推進し，冷凍野菜などの農産物の逆輸入の増加をもたらした。特に，生産コストが安い東南アジアで生産された加工食品の輸入が大きく伸び始めた[52]。

わが国の中食・外食産業では，もともと食材の輸入依存度が高いため，食の外部化の進展は農産物輸入の増加をもたらした大きな原因となった。

❷ プラザ合意

プラザ合意とは，1985年9月22日，ニューヨークのプラザ・ホテルで開催されたG5（米国，英国，西ドイツ，フランス，日本）の5カ国蔵相会議で交わされた当時の米国のドル高是正のための合意のことである。その内容として，

① 主要通貨の米ドルに対する秩序ある上昇が望ましいこと，

② 為替相場は対外不均衡調整のための役割を果たす必要があること，

③ 5カ国はそうした調整を促進するためにいっそう緊密に協力する用意があること，などを合意した。

1980年代，米国のレーガン政権による「強いドル」を目指すドル高政策は，米国貿易収支の大幅な入超を招く結果となり，米国は，膨大な貿易赤字に見舞われることになった。プラザ合意は，米国のドル高と貿易赤字を解消する目的で交わされたもので，日本政府はこの合意に従って，円高容認と内需拡大の政策を目指すようになった。具体的には，各国中央銀行と協調して外国為替市場に介入してドル安に誘導し，国内では公定歩合を短期間に5％から2.5％に引き下げて内需を刺激した[53]。

1985年のプラザ合意以降の規制緩和措置と円高進行のもとで，農産物の大量輸入が国内農業を圧迫し，さらに，WTO農業合意受け入れと農産物輸入の全面的自由化がそれを一層促進した。1985年まで増大傾向を示してきた国内農業産出額は，図表2-7に示されるように，わが国の輸出額は一貫して低落傾向を示している。

農業生産の落ち込みは，農業で必要とする農業用資材の購買力の低下をもたらしている。

1985年のプラザ合意後，農産物の輸入量は急激に大幅増加した。また，1990

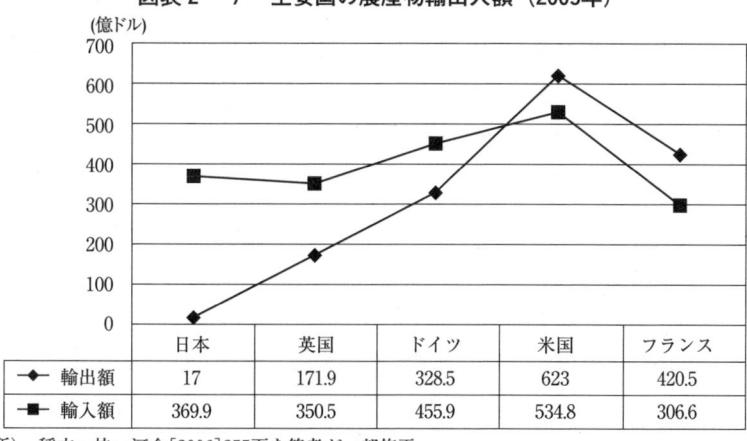

図表2－7　主要国の農産物輸出入額（2003年）

	日本	英国	ドイツ	米国	フランス
輸出額	17	171.9	328.5	623	420.5
輸入額	369.9	350.5	455.9	534.8	306.6

（出所）　稲本＝桂＝河合[2006]255頁を筆者が一部修正

年代前半に輸入が急増した背景として，この時期が日本の農産物貿易自由化の最終段階であったことがあげられる。

世界最大の農産物純輸入国である日本は，プラザ合意後の1990年代に，鮮魚・冷蔵ものの温帯果実や野菜などの部門でも輸入依存を強めた。輸入依存度は，世界的な規模での農産物流通のさらなるグローバル化を加速し，果実や野菜などの貿易もその一環を構成することになった[54]。日本農業の根幹である稲作は，WTO農業協定によるミニマム・アクセス米輸入拡大と食料管理制度の廃止につながった。また，新食糧法のもとで自主流通米価格が大暴落し，大きな打撃を受けた[55]。

それまで規制や保護によって守られてきた農業が，構造転換によって他産業と同じように扱われるようになった。これは，農業に対して，経営的資質が求められたことを意味しており，アグリビジネスの発展が促された契機となった。

❸　ガット・ウルグアイ・ラウンド

1986年にガット・ウルグアイ・ラウンド交渉が開始された背景として，全米精米業者協会（RMA）が米の市場開放を日本政府に要求すべきだという要請を連邦政府に突き付けたことがあげられる。

ガット・ウルグアイ・ラウンド農業交渉は，農業先進国の国内農業保護政策による国際貿易紛争の多発に教訓を得て，農産物貿易の正常化を目指したものであった。米国は農業保護全廃を主張したが，欧州や日本が国内事情から反対して難航を続けた。1993年12月5日に漸く決着して，ガットが発展的に解消され，新規にWTOが設立されて，「国内農業保護を関税に限定」，「農業保護の程度を漸次逓減」するという農産物の貿易ルールが決まった[56]。

　ガット・ウルグアイ・ラウンド農業合意，そして，WTO成立は，旧基本法から新基本法への日本の農政転換をもたらす決定的な契機となった。そのため，国内における自由化対策の重要性が高まっている。わが国は，1999年からWTO農業協定に基づいて米を特例措置から関税措置に移行した。図表2－8に示されるように，1999年度に関税に移行した理由は，短期的にも中長期にみても，わが国の稲作農業への影響を最小限にするためであり，特例措置・関税化を免れるには脱退しか選択肢はないことになる[57]。

　わが国の農産物は，これまで各種の価格安定制度により価格変動リスクから守られてきた。そのため，農産物の生産者や加工業者，流通業者は，農産物を取り扱う過程で発生する可能性のある価格変動リスクを，先物市場により回避する必要がなかった。しかし，ガット・ウルグアイ・ラウンド合意が示す方向

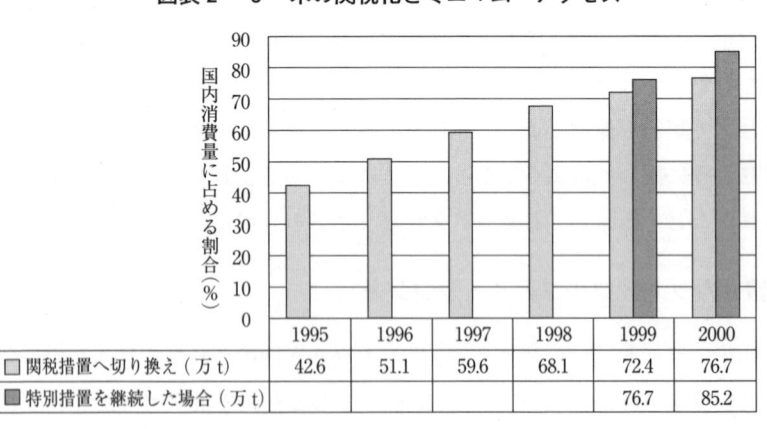

図表2－8　米の関税化とミニマム・アクセス

	1995	1996	1997	1998	1999	2000
■関税措置へ切り換え（万t）	42.6	51.1	59.6	68.1	72.4	76.7
■特別措置を継続した場合（万t）					76.7	85.2

（出所）　矢口芳生[2002]201頁を筆者が一部修正

は，例外なき関税化であり，市場メカニズムの導入であった[58]。

このことが，食品産業において，原材料調達や最終製品の海外依存度を高めている。先述したように，農産物の国内外価格差の影響で，価格競争や国内生産は需要に十分対応できていない点もあり，輸入額は増加している。多国籍企業化したアグリビジネスの経営戦略により，海外依存度は増加傾向を続けるものと考えられる[59]。

日本の場合，国防を米国に依存しているため，米国からの農産物輸入は避けられない情勢にある。このような複雑な状況を踏まえて，輸入自由化と国内農産物の保護の両面を考慮しながら，慎重に施策を推進しなければならない。

第5節　アグリビジネスと技術革新

❶　農業における技術革新

　国の産業発展に欠かせないものとして，農業（農家）や各々の企業における技術革新がある。近年，消費者の食の安全性に欠かせない食品に対する技術は，驚くほど発展しつつある。農業におけるわが国の技術革新について考察する。

　日本では，戦後の農業生産力向上と農村の民主化のために，農地改革，農業協同組合制度の発足とともに，試験研究と普及制度の改革が推進された。1948年6月，GHQ（General Headquarters：総司令部）勧告を受けて農業関係試験研究機関の再編整備に関する審議が発足された[60]。

　西尾敏彦[2006]は，日本農業あるいは農政の主要なテーマは，農業とインダストラリゼイションとの関係にあり，産業化への対応が基本的に重要であると述べている[61]。

　祖田修＝太田猛彦編[2006]は，「技術とは工業の概念」であると結論づけ，農業技術とはすでに工業化を内包し，有機的生命体を対象とする農業にとって，技術との間には常に矛盾的緊張関係が生成する。このことから，農業技術には

工業とは異なる生命性,地域性,公共性の特徴が現われてくる,と述べている。

また,農業技術は,① 主要な技術採択者である農民の小規模多数性であり,② 農業生産の空間的な広がりである。換言すれば,新しい2つの公共的な性格を持っている農業技術は社会化されて初めて,その可能性を実現できることに言及している[62]。

栽培技術の革新によって,稲作農業は発展しているが,米の生産費格差などの問題解決は容易ではない。消費者が,認識可能な食味・形状・鮮度・安全性・見栄えなどの品質戦略,消費者の国産米・特定産地米・特定生産者米志向意識の誘発を狙ったブランド戦略の持つ意味が,国際競争の面からも重要になっているのである。

米は主食として,「日本型食生活」の中核的食料の地位を占める基礎的食料である。稲作は,長い歴史の中で品種改良や栽培技術の改善が行われ,広い範囲で栽培されている。稲作は,多くの農家が種々の技術革新のメリットを享受して,中小規模農家から兼業農家まで多く栽培されている[63]。この背景には,近年の省力化・規模拡大を促進する機械・施設技術の革新,それと補完的な栽培技術の革新があげられる。

❷ 農業技術の変遷

昭和の農業技術発達史によれば,「作物や家畜の生き物が営む物質代謝のプロセスを,それぞれの生産目的に応じて人為的に管理・制御する過程」が農業生産であると規定したうえで,その管理・制御する過程を農業技術として捉えている[64]。

主食である米を中心とした生産量の安定的拡大,そのための水田面積の拡大,単収の向上と安定化が課題とされ,その社会的要請に応える技術革新が期待された。品種の改良,新しい肥料・農薬・飼料などの開発と,適切な利用に向けた栽培・飼養技術の開発・改良,多様な耕地条件や気象条件に適応可能な品種や技術の開発・改良などの技術革新が開発・普及された。図表2－9に示されるように,わが国農業の構造改善は,農業経営の機械化・施設化など,規模の経済(大規模経営の効率的有利性)が強く作用する技術革新が期待され,開

図表2-9　農業技術の変遷

戦前・戦後初期	人力・畜力段階
1995年頃～1965年頃	小型機械化段階（耕うん機・動力脱穀機など）
1965年頃～1975年頃	中型機械化段階 （小・中型トラクター・動力田植機・コンバインなど）
1975年頃～現在	中・大型機械化段階 （中・大型トラクター・多条植用型田植機・兼用型コンバインなど）

（出所）　稲本＝桂＝河合［2006］76頁を参考に筆者作成

発・普及された。また，機械化・施設化を中心とした技術革新は，確かに規模の経済の作用を強めることになる[65]。

技術革新は，新製品の開発，新しい市場の開拓，新しい資源の発見（開発），新しい経済組織の開発と並んで，重要な革新（イノベーション）の1つである。農業の場合，革新の開発には，多くの「費用」と「時間」を要することから，極めて小規模な経済主体である農家がほとんどであるという状況のもとでは，公的機関がそれを担うことにならざるを得ない。

そして，農業における技術革新が進む中で，その技術革新の領域は拡大し，重点も変化している。古くは，土地生産性の向上と安定，さらに，農産物の周年供給や食味の改善に重点をおいたが，近年では，環境保存に関わる技術革新，食品の安全性に関わる技術革新が重視されてきている[66]。

上述したように，農業技術の発展は生産率の向上や国民食生活を高めたことは確かである。しかし，土づくりなどを通じて化学肥料，農薬の使用などによる環境負荷が大きな社会問題になっている。

❸ 技術革新の課題

技術革新による科学肥料や農薬の活用は，農作物の生産性を飛躍的に向上させる技術として，わが国の農業発展に寄与してきた。しかし，化学物質による環境汚染や健康被害への消費者の懸念が高まった。

2003年に，食品安全基本法が制定され，わが国も本格的な食品安全行政の確立に向けて始動した。食品安全行政は，食品を通して有害微生物や有害化学物質など，健康への悪影響発生を防止・制御するために，総合的施策を展開することになった。農林水産省は，環境保全型農業を推進する上で，作物生産と家畜の飼養・生産に対して，環境と調和のとれた農業生産活動規範（農業環境規範）を2005年に策定した[67]。

　わが国では，遺伝子組換え（GM）によって作り出された植物や食品に対する警戒心が強く，国内で開発した各種の遺伝子組換え食品も危惧されている。そして，農薬として扱われている化学物質が，輸入農産物の食品添加として許可されている問題もある[68]。

　現在日本で流通している遺伝子組換え食品は，JAS法によって5つの農産物と30品目の加工食品群について表示する義務がある。表示されるのは安全性に違いはないことを示すためである。最近では，PL（製造物責任）法や各種のリサイクル法において，製造物責任や拡大生産者責任の概念が導入され，無過失であっても，発生した損害に対して責任を負わねばならないという理解が広がっている。そして，農業技術者にとっても社会的責任を自覚することが強く求められている[69]。

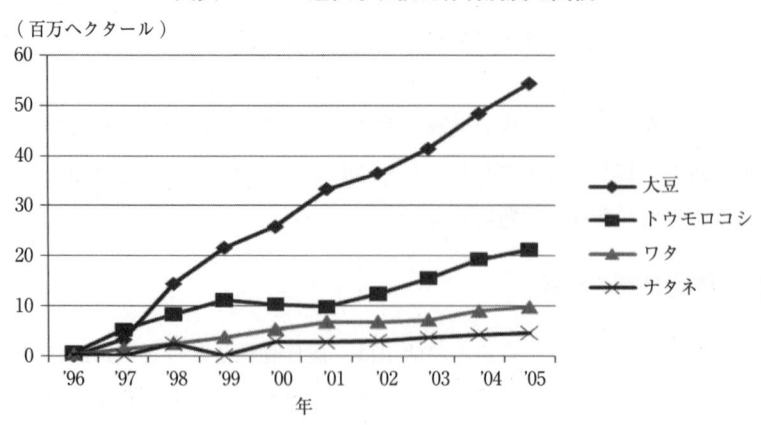

図表2－10　遺伝子組換え作物別農地面積

(出所)　筑波[2006]185頁

農薬や遺伝子組換え作物は，環境生態系に対しても，また人間の健康に対しても大きなマイナス・インパクトを与えた。農業技術がどのような社会的，環境的影響を与えているかを常に問い返し，自覚的に反省しなければならない。

注）
1）北出俊昭[2001]83頁
2）筑波君枝[2006]20頁
3）藤谷[2008]103頁
4）北出[2001]83頁
5）梶井功[2003a]22頁
6）筑波[2006]21頁
7）橋本卓爾他編[2004]77頁
8）同上書6頁
9）梶井[2003a]22頁
10）藤谷[2008]104頁
11）同上書71,72,75頁
12）笛木昭[1994]176頁
13）梶井[2003b]33頁
14）同上書31頁
15）藤谷[2008]107頁
16）笛木[1994]214頁
17）田代洋一[2003a]125頁
18）炭本昌哉[2002]135頁
19）橋本他編[2004]109頁
20）同上書112頁
21）樫原＝江尻[2006]83頁
22）同上書91頁
23）笛木[1994]217頁
24）日本の土地百年研究会[2003]149頁
25）甲斐道太郎＝見上崇洋編[2000]173頁
26）樫原＝江尻[2006]85頁
27）笛木[1994]214頁
28）橋本他編[2004]111頁
29）藤谷[2008]181頁
30）住谷宏[2008]6頁
31）大塚＝松原編[2004]57,61頁
32）稲本＝桂＝河合[2006]15頁

33) 稲本＝河合［2002］32頁
34) 同上書10頁
35) 稲本＝桂＝河合［2006］270頁
36) 祖田＝太田編［2006］15頁
37) 小口忠彦［1992］149-150頁
38) 住谷［2008］149頁
39) 炭本［2002］89頁
40) 稲本＝桂＝河合［2006］220頁
41) 炭本［2002］93頁
42) 稲本＝河合［2002］122頁
43) 炭本［2002］94-95頁
44) 橋本他編［2004］35頁
45) 住谷［2008］154-155頁
46) 稲本＝河合［2002］129頁
47) 豊田隆［2001］58頁
48) 山口［1994a］6頁
49) 同上書11頁
50) 同上書38頁
51) 稲本＝河合［2002］198頁
52) 藤谷［2008］33頁
53) 『朝日新聞』2001年6月30日朝刊第1刷
54) 大塚＝松原編［2004］141-142頁
55) 三国英実［2000］48頁
56) 駒井亨［1998］87頁
57) 矢口芳生［2002］199頁
58) 駒井［1998］114頁
59) 稲本＝桂＝河合［2006］263頁
60) 西尾敏彦［2004］196頁
61) 同上書14頁
62) 祖田＝太田編［2006］55-59頁
63) 稲本＝河合［2002］56-65頁
64) 祖田＝太田編［2006］54頁
65) 稲本＝桂＝河合［2006］69頁
66) 同上書67-68頁
67) 同上書67頁
68) 渋谷住男［2009］43頁
69) 祖田＝太田編［2006］67-68頁

第3章
アグリビジネスの体系

　本章では，総論のまとめとして，アグリビジネスを体系的に理解するために，5つの観点を設定し，それぞれの観点からアグリビジネスについて考察する。

　第一に，伝統的農業とアグリビジネスの関係性について考察する。まず，わが国の伝統的農業の特性および役割について概括する。次いで，アグリビジネスの促進要因の1つである農業の外部化について考察する。さらに，食文化の変化について理解を深める。

　第二に，アグリビジネスの関連団体について考察する。まず，伝統的農業において大きな役割を果たしてきたJAについて理解を深める。また，農林水産省を中心とした省庁・独立行政法人の役割について考察する。さらに，アグリビジネスの主要プレイヤーである多国籍アグリビジネス企業の動向に言及する。

　第三に，アグリビジネスの構造変化について考察する。まず，アグリビジネスのマクロ環境である経済構造の変化について理解を深める。次いで，アグリビジネスのセミマクロ環境である産業構造の変化について考察する。さらに，アグリビジネスを取り巻く社会構造の変化について言及する。

　第四に，アグリビジネスの業界について考察する。まず，生産部門である農業部門について理解を深める。次いで，加工部門について考察する。さらに，物流部門について言及する。

　第五に，アグリビジネス論の位置づけについて考察する。まず，食の安定供給について理解する。次いで，新事業展開としてのアグリビジネス論について理解を深める。さらに，地域再生としてのアグリビジネス論に言及する。

第1節　伝統的農業とアグリビジネス

❶　伝統的農業

　日本の伝統的農業は，水耕作を中心とする家族労働を基盤とした自給自足的な小規模な農業形態であった。すなわち，日本の伝統的農業は，農家の生活維持のための内輪向けのものであった。このような伝統的農業は，環境保全に役立っており，農業による環境保護が成り立っていた。

　山口[1994a]は，「農業とは，有機的生命体の経済的な獲得という人間の目的的な営為の秩序あるいは体系である。また，労働の技術と土地の所有とが農業的な営為に対して歴史的発展をさせる契機となった。また，わが国の農業は，小規模な家族農業とこのようなプロセスで発展してきた」と述べている[1]。

　田代[2003a]は，土地に見合った生産を行っていた伝統的農業は，環境保全機能が働いていると述べ，その環境保全の機能として，次の5点をあげている[2]。

① 　土の保全：国土の洪水防止（農地による雨水の貯蓄，水田のダム機能），土壌侵食防止（植生被覆，土壌保水による防止）。
② 　水の保全：渇水緩和（森林に貯蓄させる），水質浄化。
③ 　大気の保全：光合成によるガス交換でおきる大気の浄化，水の蒸発散により起こる気温緩和。
④ 　生物の保全：農村に生息する動植物種を含めた生物相の保全。
⑤ 　アメニティの保全：農村景観，農村社会の維持，農耕文化の伝承など。

　伝統的農業では，農業を通して資源の循環がうまく行われていたが，次第に地域の土地や水資源は，農業よりも公共の広場や住宅街などにより多く供給されるようになり，川などには大量の生活排水が流れ込むようになった。水や土地の汚染は，農業だけでは清浄化が間に合わず，伝統的農業の資源循環の機能は次第に機能しなくなってきた。

第3章　アグリビジネスの体系

図表3－1　家族経営の利点と欠点

メリット①
事業所有権・経営管理の結合が可能

メリット②
状況に柔軟に対応

（出所）　田代洋一[1998]206頁に基づいて筆者が図表化

　伝統的農業の2つ目の特徴として，家族経営の体制があげられる。家族によって経営される農業は，企業による大規模経営などよりも伝統的農業に適していた。

　家族経営のメリットは，図表3－1に示されるように，事業所有権と経営管理の結合が可能となり，事業主体が血縁・婚姻関係で結ばれている点があげられる。事業主体が家族の関係にあるために，経営がピンチの時には臨時就業が可能であり，過剰の時には遊休化することができる。また，価格・所得が低下しても，生活水準や自家労働評価の切り下げによって場をしのぐことができる[3]。

　近年，高齢化や少子化によって後継ぎ確保の問題，高齢・一世代世帯化，「いえ」の崩壊，離農率の拡大などの問題が発生し，家族だけでは農業を支えることが難しくなってきた。また家族経営体制では，他事業との競争に打ち勝つノウハウがないという欠点がある。このような欠点を補完するために，今後，大規模農家の経営拡大および個々の生産性を向上し，農業のアグリビジネス化を推進することが重要になっている。

❷　農業の外部化

　農業の外部化の背景として，日本の産業革命に伴い農民も自家消費を目的と

する農業ではなく,商品として農作物を生産するようになったことがあげられる。農家は利益追求のために,自作小農経営を超える規模の拡大を求めるようになった。

1970年から1975年にかけて,これまでの自作小農経営が社会的な存立基盤を失って,解体と空洞化を決定的にしたことが一つの契機となった。しかし,それは同時に新しい担い手層(産業型自立経営)を形成する新しい段階への移行の画期でもあった。いわば,自作小農経営から産業型自立経営への歴史的移行が始まったのである[4]。

自給自足的な伝統的農業は,自己完結型の経営によって成立していた。図表3－2に示されるように,伝統的農業は,原材料費や機械などの減価償却費から成る不変資本(C)と,労働に対して支払われる自家労賃(V)が保障されることによって成り立っていた。しかし,日本経済が資本主義化したことにより,農業においても資本主義化が進展することになる。田代[2003a]によれば,農家は資本主義化に伴い,「不変資本(C)や自家労働(V)のコストダウンを図り,利潤(P)を得ようとするようになった」[5]。

農業危機の進行の基本的な要因は,1955年段階において,農業生産力の発展を担った自作小農経営の高度経済成長に伴う空洞化・解体(労働力流出,農外雇用・所得への依存)にあり,野放図な農産物輸入自由化と輸入増大などがそれに拍車をかけたことである[6]。

また,技術革新によってコストダウンを図ろうとしたが,農業には多くの問

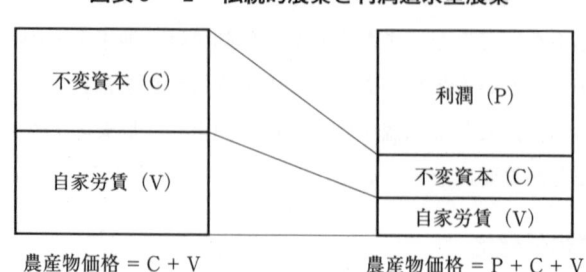

図表3－2　伝統的農業と利潤追求型農業

不変資本(C)	利潤(P)
自家労賃(V)	不変資本(C)
	自家労賃(V)
農産物価格＝C＋V	農産物価格＝P＋C＋V

(出所)　田代[2003a]32-33頁に基づいて筆者作成

題があり，もはや農家の力だけでは利益追求は難しい状態であった。そのため，農家は，農業経営の外部依存を図るようになった。

稲本[1996]は，農業経営の外部依存の動機として，① 固定資本財にかかる資金の節約，② 固定資本財の取得にかかる資金の節約，③ 技術水準や生産物の高品質での安定化，④ 労働力不足への対応，⑤ 重労働・危険作業の回避，⑥ 豊かな生活の確保，⑦ 職業イメージの改善と人材確保[7]の7つの要因をあげている。その中でも，特に①と②の，固定資財関連の資金節約は，コストダウンに直結するために，外部依存化が著しく進んだ。

農業経営の委託は，家族経営による賃金システムとは異なり，一定の作業料金が支払われる。そのため，経営委託をされる側も，積極的に経営を受託するようになり，他産業による農業への参入が進むことになったのである。

❸ 食文化の変化

1945年戦後以降，国際的な交流によって，日本の伝統的な米・味噌・魚などを主体とした食生活が次第にすたれ，生活文化が大きく変化した。経済発展に伴って外食産業が普及し，西洋料理，中華料理，朝鮮料理（焼き肉が中心）が増加することになる[8]。そして，パン食，肉食が拡大し，米・水産物・野菜を主食としたわが国の伝統的食生活の欧米化が促進されたのである。また，食の簡単・迅速・安価を追求することが，食の外部化の急増につながり，日本の食文化を変化させている。

ファストフードやインスタントラーメンに代表される食の効率化・簡単化とアグリビジネスについて，リッツア（Ritzer, G.）[1999]は，「日本はマクドナルド化システムをとても受け入れやすい国といえる」として，米国の文化が日本の第二の文化になってきている[9]，と指摘した。

マクドナルド化は，簡単さ・便利さおよび貿易自由化が日本の農と食に危機をもたらした原因の1つである。わが国の伝統食の郷土料理「おふくろの味」が「フクロの味」に置き換えられ，日本の優れた食文化を衰退させた。そして，食の外部化・欧米化は，多様な地域の豊かな食生活と食文化を破壊している[10]。

わが国の食文化の変化の要因として，①外食（中食）産業の発展，②食品流通（冷凍・冷蔵の加工食品）の発達，③いつでも，どこでも簡単に買える便利さなどがあげられる。すなわち，日本の食生活は，「経済的効率性」最優先の立場から簡単・迅速・安価を追求することが最良であるとされ，簡単さ・迅速性を求めて現代人は，ファストフードやコンビニエンスストアを生み出した。

　本来，わが国の食文化・食生活が，国内における農産物の需要を支えてきた。農産物の需要の確保を重視することが，日本の食文化・食生活の維持・改善・発展ということに他ならない。日本農業の将来は，消費者としての国民の双肩にかかっているといっても過言ではない。その意味で，これからの日本農業は「生産者および消費者の交流型農業」の方向を目指すべきであろう[11]。

　大塚＝松原編[2004]は，戦後の食料行政の「再生プラン」の特徴として，WTO体制と安保体制に基づいた市場原理主義による食と農の規制緩和・自由化・グローバル化戦略と民営化戦略を前提とすると述べている。再生プランは，一面では食の安全・安心の危機の真因である低い食料自給率とアグリビジネス支配の克服に敵対しているといえる。大塚＝松原編[2004]の「再生プラン」に関する指摘は，食と農の危機の本質を棚上げした論理について，鋭く警告を発しているといえよう[12]。

　そのため，食の安心・安全のためには，大規模経営だけでなく集落営農等の多様な農業経営の双方が日本農業を支えていく必要がある。そして，そのためには，ある意味で農協の機能が必要とされているのである。安心・安全なスローフードを定着させるためには，単に良い食生活を目指そうという心備えだけでは不足であり，小規模な家族経営農家や食品加工業者が生産する加工食品および消費者へ届くまでの流通システムなど，各種基盤整備のための取組みが必要であろう。

第2節　アグリビジネスの関連団体

❶ JA

　今日の食料・農産物市場の再編下で，変質しつつある農協の事業・組織の特質を整理し，今後求められる農協改革の新たな枠組みと地域づくりにおける農協の役割を分析し，日本農協が抱えている問題点と課題について考察することは，アグリビジネスの発展を目指す上で不可欠である。

　本来農協は，農業者がつくる協同組合で，農業生産，農家生活，農家副業といった農業者の経済活動を効果的に遂行することを目的としている。また，販売事業，購買事業，加工事業および製造業や流通業を営むアグリビジネスを推進する事業体でもある[13]。

　わが国経済の高度成長以来，農協は，農業の相対的縮小にもかかわらず，むしろ組織基盤の非農業化のゆえに，その事業を拡大してきた歴史が存在する。農協は設立以来，古くから「むら」社会に存在した農家の共同組織，すなわち，部落共同体を基盤とし，この部落共同体における伝統的な連帯性を，運営および事業推進の拠りどころとしてきたのである。JA改革の編成原理に対して，経済領域の公的規制，政治領域の参加型民主主義を回復すべきとの主張が対抗的に形成されている[14]。農協を取巻く環境は，農協法創設以来大きく変化した。なかでも，組合員制度への影響の大きい農家および農家経済の変化が大きい。図表3－3に示されるように，長期的な農家戸数の推移をみると，1960年には農家数606万戸から2005年の農家数は284万戸となり，総数では1960年の2分の1以下となった。

　このように，長期的な農家数の減少という量的変化とともに，農家の兼業化，土地持ち非農家の増加，高齢化，農家経済の変化など，質的にも農家は大きく変化した。また，農家の減少と都市化による非農家層の農村への流入によって，農村の混住化，都市化が進展し，例えば，農業集落における非農家の割合は

図表3－3　総農家戸数の推移

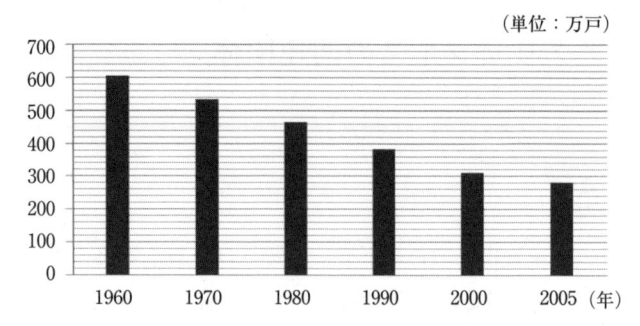

(単位：万戸)

(出所)　農林水産省[2006]『農林金融　7月号』45頁を筆者が一部修正

2000年には89％に達している[15]。

　日本農業の基本的特質は，担い手経営体の圧倒的部分が零細な家族経営であり，重要な農業経営機能を外部に依存せざるを得ない状況にある。また，農協がその外部依存機能の受け手・担い手として，すなわち，個別経営機能の補完組織として，重要な役割を発揮することが求められてきたのである。

　補完組織としての農協が果たすべき重要な役割として，①地域農業の作目選択と産地づくりの方向づけ機能，②共販機能の発揮，すなわち，生産物の商品づくりの方向づけとマーケティング機能，③個別経営に有用な各種の組織の育成機能，④地域農業の対応の在り方に深く関係し，大きな影響を及ぼすと判断される各種情報の収集・分析・活用機能，があげられてきた[16]。

　農協は，農業経営体と共に日本農業を支える主体の一つである。そして，アグリビジネスの発展のために，農協の新たな機能が必要とされているのである。

❷　省庁・独立行政法人

　社団法人日本農業法人協会は，1996年に，全国の農業法人が設立した任意団体の全国農業法人協会が1999年に公益社団法人化されたことに伴い発足した。「わが国農業経営の先駆者たる農業生産法人その他農業を営む法人の経営確立・発展のための調査，提案・提言，情報提供などの活動を進めることにより，農業・農村の発展と国民生活の向上に寄与すること」を設立の目的としてい

る[17]。

　農林水産業は，自然の循環機能を利用し，動植物を育みながら，人間の生存に必要な食料や生活資材などを供給する必要不可欠な生産活動である。わが国においては，昔から農林水産業の営みが，人々にとって身近な自然環境を形成し，多様な生物が生息生育する上で重要な役割を果たしてきた。安全で良質な農林水産物の供給を期待されている農林水産業及び農山漁村が維持・発展するためには，その基盤である生物多様性の保全が不可欠である。

　具体的には，農林水産業は生物多様性を生み出し，生物多様性に支えられており，農林水産業のあり方いかんによっては，その基盤である生物多様性に大きな影響を与えるということである。

　これまで，不適切な農薬・肥料の使用，経済性や効率性を優先した農地・水路の整備，里山林の利用の減少，埋め立て等による藻場・干潟の減少など，一部の農林水産活動が生物多様性の維持に負の影響を与えてきた。これらの負の影響を見直し，生物多様性を重視した農林水産業を推進するために，2007年7月，農林水産省は生物多様性戦略を策定した[18]。

　また，農林水産省は，危害要因に関する汚染実態調査や，リスク低減技術の開発・実証等を行うとともに，これらの結果をもとにリスク低減のための対策をまとめた指針やマニュアルを作成している。これらの指針やマニュアルに基づくリスク低減対策については，自らの GAP (Good Agricultural Practice) に組込むなど，地域の実情等に合わせて，農業者が積極的に取組むことが必要である[19]。

　GAP 手法とは，農業者自らが，①農作業の点検項目を決定し，②点検項目に従い農作業を行い，記録し，③記録を点検・評価し，改善点を見出し，④次回の作付けに活用するという一連の「農業生産工程の管理手法」（プロセスチェック手法）のことである。農林水産省消費・安全局では民間，行政が別々に GAP を作成，普及してきたために複数の GAP（JGAP，各小売業独自の GAP，基礎 GAP，①農産物の安全，②環境への配慮，③生産者の安全と福祉，農場経営と販売管理の管理手法）がある[20]。つまり，農林水産省は，地方の公共団体の行政を検討し，基本法に関係づけて農政を進めていくべきである。

❸ 多国籍アグリビジネス企業

　多国籍アグリビジネスとは，直接投資や合併事業などによって，国境を越えた事業を展開している農業資材，食品加工，流通などの農業・食料関連分野の大企業のことである。多国籍アグリビジネスによる食料支配と市場独占によって，生産者・消費者の双方にとって選択の自由が実質的に奪われ，種子や遺伝資源の独占は生物の多様性を脅かすだけではなく，小規模家族経営や地域のコミュニティという社会的な多様性を押しつぶしかねない[21]。

　わが国では1970年代，石油危機といった問題が生じたため，低成長時代に入り，都市・地域問題などが多発し，生活の質（quality of life）が問われることとなる。さらに，産業構造の転換，開放経済体制への移行が進められた。国際化の中で多国籍企業の活動，貿易の伸長と経済摩擦および技術援助など国際協力の必要性が高まった[22]。

　稲本＝河合［2002］は，多国籍化したアグリビジネスの発展により，日本の食品産業と農業の乖離と対立局面が現れ，多国籍企業化したアグリビジネスは，高い収益性を求めて原料調達先，加工工場の立地を変えると述べている[23]。

　食品産業部門の多国籍化の特徴は，「現地生産＝現地販売」とされているが，食品加工業の海外投資は，川上・川下よりも他の食品加工業に投資し，販売の多くは投資先国向けで母国向けの投資は限られている[24]。すなわち，多国籍化したアグリビジネスは，グローバルに展開した子会社網を用いた仕入・販売構造を有している。食品製造業の進出先子会社の相互関係は，図表3－4に示されるように，日本の食料品多国籍企業の貿易は，進出先現地からの調達額が最も多く，全仕入れ額の85％にあたる1,630億円にのぼる。しかし，同一企業内取引額比率はわずか5.4％である[25]。

　アグリビジネスの多国籍化の目的と範囲は，①海外における事業の展開，②海外への拠点構築による開発輸入，③農畜産物の加工施設の取得などがあげられる。また，世界の食料・農業政策は，これらの多国籍企業に強く影響される[26]。それらを踏まえて，海外から輸入する農畜産物の加工食品について，消費者の安全・安心のために，経路および流通に関する情報の公開をしなけれ

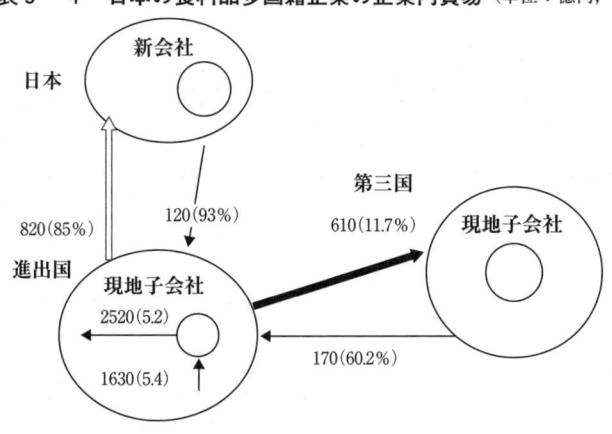

図表3-4　日本の食料品多国籍企業の企業内貿易 (単位：億円，％)

日本　新会社

第三国

820(85%)　120(93%)　610(11.7%)　現地子会社

進出国　現地子会社
2520(5.2)
1630(5.4)　　170(60.2%)

（出所）　中野一新編[1998]203頁を筆者が一部修正

ばならない。

第3節　アグリビジネスの構造変化

❶　経済構造の変化

　戦後の復興過程から経済発展に伴う産業構造の変化と同時に，農業を取巻く諸産業，すなわち，アグリビジネスの結合を強めていく傾向を見出すことができる。わが国の高度経済成長の中で，国民生活の基礎的消費支出を担当するのがアグリビジネスの製品であり，その規模も国民経済の発展に準じて拡大している。農業の産出物が食料・原料として家計などの外食部門もしくは他産業に，それぞれどれだけの規模で配分されるかを把握することが必要であろう[27]。

　これまで，アグリビジネスの産業部門相互の取引を総合的に捉えることは容易でなかった。政府は，アグリビジネス産業の計算についての考え方と推計方法を拡充して，「産業連関表」および「国民経済計算（SNA）」に基づき，1960

年から1997年の期間について，産業全体を推計した結果を公表している[28]。

特に，農業政策・施策を確立する上で，このアグリビジネスという視点は，固有の農業のみならず国民経済上からも極めて有用なものである。

わが国におけるアグリビジネスの規模とその構造を，財貨用役のフロー面と，併せて生産活動の基本指標となるストックとしての資本と労働力との面から計量的に概括して，わが国のアグリビジネスの姿をマクロに捉えると意図したものである[29]。

国民経済計算は，国民総生産（GNP），国内総生産（GDP），国民所得，消費，投資，輸出，輸入，貿易収支といった国の全体の指標が統一的に整理された表のことである。図表3-5に示されるように，推計から作成されたアグリビジネス産業の経済計算の体系は，①農業・食料関連産業の経済計算，②農業の経済計算，③農家の経済計算の3本柱から構成されている[30]。

また，生活の高度化により，所得弾性値の低い農産物への需要は相対的に低くなり，農業の経済的地位は相対的にさらに低くなった[31]。

農産物や食料品は，生物としての人間の再生産に欠くことのできない基本的生活手段であるとともに，これまで国内産業や地域産業の構成部分として重要な役割を果たしてきた。経済史的にみれば，農業関連産業の成立・発展は，経

図表3-5　農業・食料関連産業の経済計算

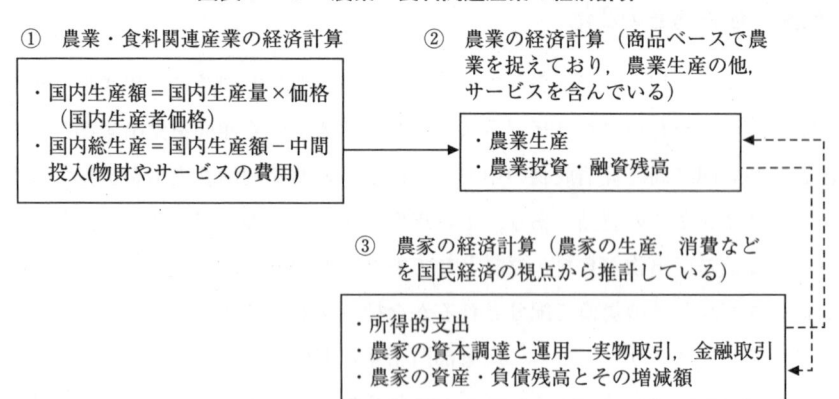

① 農業・食料関連産業の経済計算
・国内生産額＝国内生産量×価格
　（国内生産者価格）
・国内総生産＝国内生産額－中間投入(物財やサービスの費用)

② 農業の経済計算（商品ベースで農業を捉えており，農業生産の他，サービスを含んでいる）
・農業生産
・農業投資・融資残高

③ 農家の経済計算（農家の生産，消費などを国民経済の視点から推計している）
・所得的支出
・農家の資本調達と運用―実物取引，金融取引
・農家の資産・負債残高とその増減額

（出所）　稲本志良＝河合明宜[2002]17頁

済発展の過程で農業をめぐって生じる社会的分業の進展過程であり，結果であるという事実関係にある[32]）。

経済発展の過程で，農業に関わる社会的分業が進展して，その結果として多様な食料供給産業（産業，企業）が成立してきているのである。

❷　産業構造の変化

わが国のアグリビジネスの産業構造は，1960年代の経済の高度成長期にあたり，都市産業に主導された量的拡大とともに，著しい変革を遂げた。この産業構造の高度化は農業部門にも強い影響を与え，相対的地位の低下と農産物需要構造・生産構造に急激な変化をもたらした[33]）。

わが国のアグリビジネスの産業構造は，農林水産業，食品工業，流通業，外食産業を含む広範な農業関連産業である。農林水産省の「農業・食料関連産業の経済計算」に依拠して，アグリビジネスを農業・食料関連産業と読み替えれば，その規模と構造を概観することができる。

先述したように，川上産業である生産資材産業の成立・発展の基盤は，生産資材を投入・利用することによって生産される農産物に対する需要そのものである。すなわち，農産物に対する需要が生産資材の需要につながるということになる[34]）。

アグリビジネスの領域と産業組織は，図表3－6に示されるように，全産業に占める各々の産業の割合を相対的事業規模を基準としてみると，川上産業は肥料・有機質肥料製造業を除いて減少傾向にある。また，飲食料品業卸売業53％，飲食料品小売業26％，食料製造業14％が大きく，この3つの産業で全体の93％を占めている。このように，アグリビジネス総体における農業の地位は小さくなっている。

この背景の1つには，わが国における近年の農産物輸入の増加，自給率の低下という問題があるにも関わらず，「食と農の距離」の拡大ということがあげられる。しかし，農業は，わが国の消費者に最も近接した地域で農産物を生産・供給し，その過程で多面的機能を発揮しており，その基礎産業としての役割は依然として重要である[35]）。

図表3－6　アグリビジネスの領域と産業組織

(単位：人，百万円，%)

			2002年	構成比	1992～1997年	1997～2002年
川上	肥料・有機質肥料製造業	事業所数	859	0	▲7.4	3.6
		従業者数	15,007	0.2	▲9.4	0.8
		製造品出荷額など	959,770	0.6	▲3.7	▲12.2
		付加価値額	223,379	—	▲9.4	▲0.6
	農薬製造業	事業所数	72	0	▲12.6	▲20.1
		従業者数	4,610	0.1	▲0.6	▲27.8
		製造品出荷額など	288,468	0.2	3.6	▲25.3
		付加価値額	95,045	—	5.1	▲33.7
	農業用機械製造業	事業所数	869	0	▲10.6	▲1.6
		従業者数	31,730	0.4	▲5.3	10.0
		製造品出荷額など	955,507	0.6	▲2.1	29.1
		付加価値額	378,910	—	0.2	22.7
川中	農業	農家数	2,248,790	79.3	▲11.1	▲12.4
		農業就職人口	3,750,770	41,6	▲13.1	▲4.6
		総産出額	8,929,700	5.6	▲11.8	▲9.9
川下	食料品製造業	事業所数	35,739	1.3	▲8.7	▲9.2
		従業者数	1,137,521	12.6	▲0.3	2.1
		製造品出荷額など	22,984,018	14.4	▲2.0	▲5.1
		付加価値額	8,793,806	—	0.1	▲3.1
	飲食料品卸売業	事業所数	83,595	2.9	▲12.6	▲4.4
		従業者数	918,242	10.2	▲5.0	▲1.3
		年間商品販売額	84,273,701	52.8	▲10.1	▲13.9
	飲食料品小売業	事業所数	446,598	16.4	▲15.4	▲11.4
		従業者数	3,160,832	35	10.6	13.1
		年間商品販売額	42,225,998	25.8	4.3	▲3.7

(出所)　稲本＝桂＝河合[2006]18頁を一部修正

第3章　アグリビジネスの体系

❸　社会構造の変化

　わが国の食料消費は，量的拡大の段階を経て，多様な食品をバランスよく摂取する質的高度化の段階に移行してきた。その過程で，食事の場所や調理を担う人について外部化・サービス化が進行し，過大な農産物の輸入などが食の構造変化をもたらした。

　祖田＝太田編[2006]によれば，近代化によって地下資源と化石エネルギーを大量に獲得して，大量生産・大量消費の都市社会が成立した。このような国民経済社会における農業の相対的な比重は低下し，農産物の自給率は世界史上にも例のない状況になった。さらに，都市・農村交流，人口・産業・行政の地方分散といった動きの中で，社会的文化的役割を果たすことが迫られている，と述べている[36]。

　日本の食生活の社会的変化は，人口増加，経済効率性の最優先および消費者の低価格志向など，食料消費構造の変化に大きな影響を及ぼしている。また，バブル経済の崩壊，長期不況という景気のインパクトも大きい。

　総務省「家計調査」によれば，米類，牛肉，食用油及び外食の消費の変化が大きい。世帯員1人当たり年間購入数量（外食については金額）の推移をみると，米類では1955年から1962年にかけてすべての年齢層で年を追うごとに減少し，この15年間に世帯主年齢が34歳未満の階層では半減，減少率の最も小さな高年齢層でも3割減少している。

　これは，食習慣が加齢によりどのように変化するかをみるものである。米類ではほとんどの年齢層で加齢とともに減少傾向を示す中で，1980年に30～34歳であった階層については，わずかな減少にとどまっており，25～29歳の階層では，近年はわずかながら増加に転じている。牛肉では，1980年に50～54歳であった階層を除き，他の階層では大幅な増加となっており，特に44歳以下の階層では15年間に2倍前後の増加となっている。高齢化が急速に進行し，わが国の世帯構成が大きく変化した時期である[37]。

　所得水準の向上，女性の社会進出や生活時間の夜型化等の変化は家庭における食生活，とりわけ炊事時間や夕食の時間にも影響を及ぼした。家庭における

主要な耐久消費財の普及率の推移は，1955年〜1965年代には「三種の神器」といわれた白黒テレビ，電気洗濯機，電気冷蔵庫が，1965年代後半からはカラーテレビ，クーラー，乗用車という「3C」が，それぞれ短期間に多くの家庭に普及した。家庭での調理に関係した電化製品としては，1975年代頃から電子レンジやオーブンの普及率が急激に上昇した[38]。

このように，多くの家庭が積極的に電化製品を購入した背景としては，所得水準の向上と電化製品をめぐる急速な技術進歩の存在があげられる。

第4節　アグリビジネスの業界

❶　農業部門

1995年，新食糧法（食糧需給価格安定法）が実施され，日本の米市場は戦後最大の変革期を迎えた。また，1993年の米大凶作による外国米の緊急輸入に続いて，ガット・ウルグアイ・ラウンド合意に基づくミニマム・アクセス米が輸入されるようになった。米に限らず，食肉や乳製品・果物・野菜など農産物のあらゆる分野で，輸入品が急増している。

このような農産物輸入の急増は，プラザ合意後の円高と，ガット・ウルグアイ・ラウンドを背景にした経済構造調整政策による農産物貿易自由化や輸入促進策が招いたものである[39]。

最近では，日本農業の変革への圧力がいっそう強くなり，日本農業の存在意義までもが問題にされている。農業が持つ公益的機能，自然的機能，文化的意義や社会的意義はその例であり，現在や将来にこれらの効用はよりいっそう高まるとされている[40]。現代の日本農業に必要なことは，規模拡大など生産性向上に役立つ構造政策を強力に推進することと，農業以外の周辺産業の環境変化に応じて，柔軟な対応が必要不可欠である。

わが国のアグリビジネスの規模と構造は，図表3－7に示されるように，農

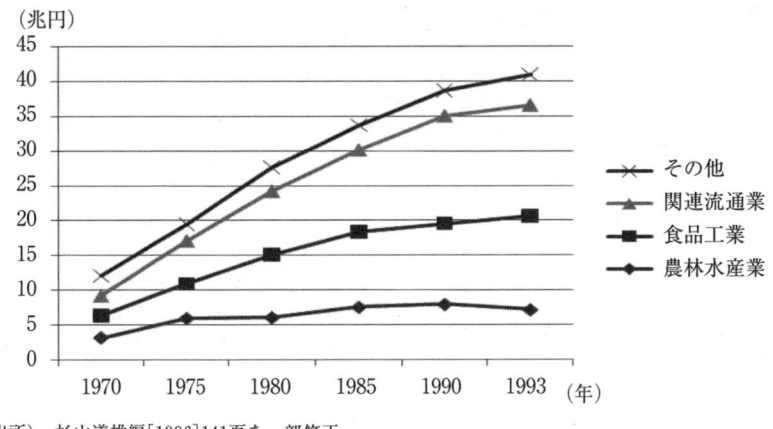

図表3－7　わが国の農業・食料関連産業の国内総生産額の推移

(兆円)

凡例：
- ×　その他
- ▲　関連流通業
- ■　食品工業
- ◆　農林水産業

(出所)　杉山道雄編[1996]141頁を一部修正

林水産業，資材供給産業，食品工業，流通産業，外食産業を含む広範な農業関連産業である。しかし，1993年度以降の農業・食料関連産業の国内総生産額の推移をみると，農業生産はほぼ横ばいであるものの，食品工業，流通産業などは急速に発展している。このような農業関連産業の発展は，国民経済の成長に伴い「物の購入」から「サービスの購入」に大きく移行していること，さらに，食の外部化によって促進された現象であるといえる[41]。

現在，農業生産者は川上から川下に至る価値連鎖（バリューチェーン）の一貫に組み込まれ，独立した経営としての自立性を事実上喪失している。価値連鎖の中で主導権を握っているのは，川上に位置する農業資材産業と，川下に位置する加工・流通業である[42]。

❷　加工部門

先述したように，日本の伝統的農業は自給自足から分業へと発展してきた。すなわち，食料経済の発展とともに，川下産業の食品流通業・外食産業・加工食品の需要も急増している。

食品製造業は食生活の変化を受け，食品の多様化と高付加価値化を進めてきた。加工食品の多様化とは，食品の種類の変化と豊富化を意味する。日本の食

図表3－8　加工食品および国内製品加工食品の原料構成

	シェア（％）		各目伸び率	
	1985年	1990年	1985年	1990年
加工食品	94.9	91.2	100	104.7
国内製品輸入製品計	5.1	8.8	100	187.6
	100	100	100	108.9
国内加工食品の食用原料	86.9	85.1	100	99.1
国産原料輸入原料計	13.1	14.9	100	116
	100	100	100	102

（注：2000年の加工食品シェアは，3,114億円。時子山＝荏開津[2005]129頁）
（出所）　田代[1998]156頁

品の典型的な多様化は，1960年代から「洋風化」が始まり，1980年代以降，食品の多国籍化と新たな洋風化が進展することになる[43]。

　食品産業は，国内の高い原料を使っていたのでは，安い海外からの輸入製品に太刀打ちすることができない。図表3－8に示されるように，1985年から1990年にかけて輸入原料依存が急激に高騰することになった。輸入原料を増やしたいという食品製造企業は，同期間に畜産製造業で50％から70％へ，野菜・果実缶詰・農山保存食料品で29％から48％へ上昇した。しかし，輸入原料以上に伸び率が高いのが輸入製品である。原材料需要に回る国産農水産物が減少し，その減少分は輸入の食品工業製品で手当てされてきた。すなわち，国産農水産物と輸入食品工業製品の間で代替が進んだことになる[44]。

　食品加工業は，少数の大規模企業と多数の小規模企業から構成される二極集中性という特徴を持っている。また，食品加工業は，食料の保存性を高め，輸送に適するようにしただけでなく，食品の種類を豊富にし，味をよくし，食生活を豊かにすることにも貢献している[45]。

　現在，食品製造業者は食の安全・安心について，原材料の原産地および製造，流通経路のオープン化を見直すことが不可欠である。その流通経路のオープン化のプロセスにおいて，消費者の安全・安心のために，トレーサビリティに取り組まなければならない。

第3章 アグリビジネスの体系

❸ 物流部門

　食料の生産者と消費者を結ぶ食品流通業では，従来の小規模な食品専門店から大規模なチェーン店に代わっている。わが国の小売業は，生業的な小規模な商店が急激に減少する一方で，大規模な商店が増えている[46]。

　岸川善光[2007a]によれば，物流は，有形財の供給者から需要者に至る「空間のギャップ（乖離，隔たり）」および「時間のギャップ（乖離，隔たり）」を克服する物理的な経済活動である[47]。また，アグリビジネスにおける物流加工は，農産物，加工食品の流通過程における生産活動のことと定義される。

　食品流通業は産業分類上，農場・鮮場から出荷される農産物を扱う「農畜産物・水産物卸売業」（以下，農畜水産物卸売業），食品製造業から出荷される加工食品（食料・飲料卸売業），消費者への販売を行う「飲食料品小売業」の3つに区分される。わが国の食品卸売業は，独自の食文化とそれに対応する農業を取り持つことに固有の境地を見出してきた。生鮮食品の特質とわが国の食と農に規定される流通の独自性をわきまえておくことは不可欠である[48]。

　日本のスーパーマーケットは，安価な商品の大量供給，豊富な品揃え，セルフサービスによる自由な商品選択という新しい方式によって，消費経済発展の中で急成長を遂げてきた。1990年代に入って，加工食品消費の量的拡大を主導してきた大手スーパーマーケットは，大量生産・大量流通・大量消費の見直しを本格化し，消費の個性化・多様化とともに多様な流通形態を実現している。

　また，チェーン展開によって，規模を拡大し，総合スーパーは店舗の大型化を進めながら全国展開をしてきた。プライベートブランド商品の開発，開発輸入，国内での契約生産，青果物の冷媒による品質管理によって，フードシステムの川上への対応を強めている。

　そして，情報システム化がスーパーマーケットの経営の合理化，物流，店舗情報による消費者ニーズの把握を大きく進展させることになった。しかし，他方で食生活の崩壊現象も急速に進展している。身近でいつでも開いているコンビニエンスストアの便利さの中で，「食事」という概念の喪失，子供たちの栄養の偏りなどが指摘されている[49]。

わが国のアグリビジネス物流は，輸送サービスへのコスト意識が低いため，物流取引において価格メカニズムが機能しない場合が多く，物流コストが把握されにくい。食品流通業の各段階の業者は，原材料から調達までの流れを管理し，物流コストを把握するためにロジスティクスを明確にして，食品流通業の効率化を図るべきである。

第5節　アグリビジネス論の位置づけ

❶　食の安定供給としてのアグリビジネス論

　本節では，わが国の食料の供給を担う小規模農家および食料の安定供給の問題と課題について考察する。

　デービス＝ゴールドバーグ[1964]によれば，アグリビジネスは，全世界規模での相互依存食料体系（Interdependent Global Food System）として把握しなければならないと述べている。日本は，1965年から1992年の間に，主食用穀物の自給率が88％から66％に低下し，飼料用穀物を含めた全穀物の自給率は62％から29％に低下している[50]。

　時子山＝荏開津[2005]は，政府に対して，食料の安定供給という役割に加え，食品の安全性確保とシステムのスムーズな運行を保障する法律や制度の整備など，従来以上の役割を求めている[51]。

　国民が必要とする食料を確保することは，政府の第一の義務であり，政府は，食料確保を目標として最大限の努力をしなければならない。

　わが国の農業政策，諸制度，技術開発などは小規模農家の温存に汲々として，大規模アグリビジネス農家に冷淡であった結果，全体としては，小規模農家の生産性が低く，国際価格に比べてはるかに高コストな農家になってしまった。もちろんすべての農産物ではなく，土地の制約，政策的干渉，制度的規制のない農産物については，アグリビジネス化に成功して，高度の国際競争力を持つ

図表3－9　世界のアグリビジネスの規模，推移と予測

部門別	年間売上高（単位：10億ドル）			
	1970年	1980年	2000年	2030年
投入部門	113	375	500	700
生産部門	255	750	1,115	1,465
生産物部門	600	2,000	4,000	8,000
合　計	968	3,125	5,615	10,165

（出所）　駒井亨［1998］3頁

ものも少なくない。

　農業生産部門が効率化されてくると，生産者は農産物の生産に注力して，生産物の加工，貯蔵，流通の独立した部門として専門化し発達することになる[52]。

　それに従って，川上・川下関連産業の国内・国際的な競争の激化を背景にして，関連企業は，新製品の開発，事業構造（業態）の革新，販売方法・取引形態の革新など，様々なイノベーションを推進し，関連企業相互間，関連企業と農業経営との間の相互関連のあり方も大きく変化している。特に，川上・川下関連企業が種々な形態で農業経営に進出している[53]。

　今日のアグリビジネスは，投入，生産，生産物の3部門とも，全世界的な相互依存関係の上に成り立っている。図表3－9に示されるように，アグリビジネスの規模は，投入部門の売上は生産部門の半分であるが，1970年から10年間の伸び率は，生産部門の3倍に対して，3.3倍になっている。

　農業のアグリビジネス化，経営規模の拡大に伴って，個々の農場（生産者）の生産上のリスクおよび生産物の価格変動リスクは増大した。農産物の供給量は周期的な増減を繰り返すため，その農産物価格は周期的に大きく変動する。個々の生産者はこのリスクに耐えられなくて破綻し，生産規模は縮小するので，農産物の供給量は不安定となる[54]。

❷　新事業展開としてのアグリビジネス論

先述したように，地方行政体およびJAなど農業に関わる既存の機関は，担い手の経営や農業技術に関するフルラインサポートを行い，一般企業の参入支援を行っている。最近，マスコミでは企業の農業参入に関して多くの報道がなされている。

消費者のニーズが多様化している中で，企業が注目しているのが農業である。すなわち，アグリビジネスを手掛けるケースが目立っている。農業や食とは関係のない異業種から参入する企業も少なくない[55]。

現代のアグリビジネスの特徴は，科学技術の農業への広範な応用が進むにつれて，農業生産と工業生産の境界がしだいに融合している。この過程でアグリビジネスは直営農場生産や契約農業の形態をとって，農業の生産それ自体に直接，間接に参入している[56]。

例えば，日本を代表する高い技術力を持つ製造業のトヨタは，1998年から農水省と家畜飼料に向くサツマイモの新品種開発と利用方法の共同研究を行い，サツマイモを利用した飼料の加工・生産の事業化を目指している。これは，日本の食料自給率や世界の食料問題に大きな解決の糸口を与えることになる[57]。すなわち，アグリビジネス企業の国境を越えた事業活動の展開は，安価な原料農産物の調達や低賃金労働力の利用によって生産した製品を本国に輸出する[58]ことによって，高付加価値を創出する。

アグリビジネスにおける新事業活動は，自国の農産物の確保にも重要な役割がある。アグリビジネスの可能性は，要するに，農業に取組むことがブランドのイメージを高め，同業他社との差別化を図ることができるからである[59]。また，農業に取組むことは人口問題，食料問題，エネルギー問題，環境問題の解決につながる可能性を示している。農業への参入とアグリビジネスにおける成功は，企業にとってもメリットが大きいといえる。

❸　地域再生としてのアグリビジネス論

1990年代の多国籍企業支配段階における日本の地域問題は，農業の縮小，解

図表3−10　農業へ参入する理由

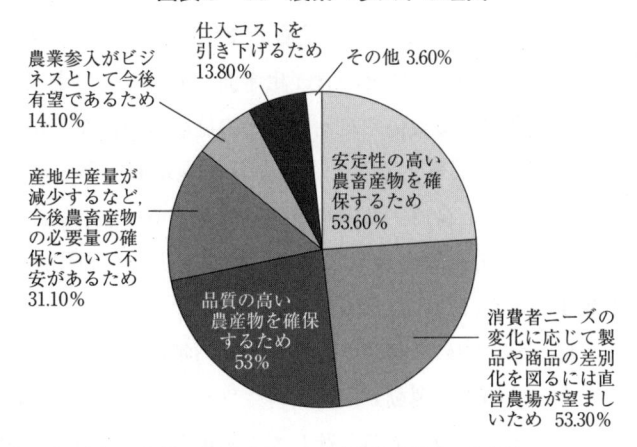

- 仕入コストを引き下げるため 13.80%
- その他 3.60%
- 農業参入がビジネスとして今後有望であるため 14.10%
- 産地生産量が減少するなど，今後農畜産物の必要量の確保について不安があるため 31.10%
- 品質の高い農産物を確保するため 53%
- 安定性の高い農畜産物を確保するため 53.60%
- 消費者ニーズの変化に応じて製品や商品の差別化を図るには直営農場が望ましいため 53.30%

注：農林漁業金融公庫［2004］『平成16年度版　食品産業動向調査』を参照
（出所）　筑波［2006］194頁に基づいて筆者作成

体が進む中で，中山間地域を中心に深刻な状況を迎えた。すなわち，地域社会の人口構造の著しい偏り，担い手の喪失による地域資源管理の困難性の強まりなど，極めて深刻な状況にある。それとともに，耕地の減少，高齢化による耕作能力の地域的喪失が進行している[60]。

農村地域は，それぞれの特性を持つ生態環境の場であり，それを活かした生産の場であり，そして生活の場でもあった。日本は，高温多湿のアジアモンスーン地域に属し，多くの農村が水田稲作の適地とされてきた。村は下流域の都市や住民を意識した森林管理，田畑の水管理を心掛けた。しかし，高度成長の下では流域社会経済圏が衰弱し，一部の沿海社会経済圏のみが隆盛となった[61]。

農業法人の増加により，地域内では従来のような生産者同士の連携が取組みづらい状況が出てきた。農業法人は規模に加えて，経営の考え方や手法，さらには生産する作物が，周辺の家族経営と異なる場合が多い。その対策として，先述のように，農業法人の水平連携の組織として，日本農業法人協会が設立されたのである[62]。

三国［2000］は，こうした状況を踏まえて，総合産地形成として，①それぞ

れの地域の環境を科学的に分析して，地域の農業が総合的に発展していくための有利な条件を明らかにすること。②重層的な生産力形成，すなわち，地域の農民の中に蓄積されている技術と経営，生産面・流通面での生産者の協働組織と活動，これらを補完する農協や自治体などの施設や機能などが有機的に結合する総合的な生産力を形成すること。③地場・地域流通と広域流通，農産物の加工，卸売市場流通と産直・共同組合間協働など多様な取組みを促進すること。④総合産地形成の重要な要素として，計画と実践への住民参加と地域管理能力を形成すること，の4点を提唱している[63]。

前述したように，わが国の「再生プラン」も2003年度から具体化されている。地域に根ざした食と農の再生運動が国の「再生プラン」とどのように関わって展開していくかが大きな課題である。そして，国民の多くが不安に感じている「食の安全・安心の危機」の打開は，21世紀初頭の問題でもある[64]。

地域の食と農を再生し発展させるためには，地域特産物のブランド化と産地直販の顔の見える多様な地域流通システムを再構築することが重要な課題である。そのためには，自治体農政との連帯による地域の発展，さらに農村と地域に根ざした総合的な発展，地域社会の自立性の強化や農村部の貧困解消など，総体的な再構築をしなければならない。それは，わが国の食料自給率の向上や食の安全・安心にも多大の影響を与えるからである。

注）
1）山口［1994］10頁
2）田代［2003a］226頁
3）田代［1998］206頁
4）笛木［1994］18頁
5）田代［2003a］33頁
6）笛木昭［1994］17頁
7）稲本志良［1996］17頁
8）石毛直道＝鄭大声［1995］15頁
9）Ritzer, G.［1999］pp. 17-18
10）大塚＝松原編［2004］275頁
11）田代［1998］164頁
12）大塚＝松原編［2004］278頁

13) 稲本＝桂＝河合［2006］155頁
14) 武内哲夫＝太田原高昭［1986］14-16頁
15) 内田多喜生［2002］20-22頁
16) 藤谷［2008］224-225頁
17) 全国中小企業団体中央会編［2009］15頁
18) 農林水産省生生物多様性戦略検討会［2008］1頁
19) 農林水産省農業技術の基本指針［2009年］4頁
20) 農林水産省消費・安全局［2006］6頁
21) 大塚＝松原編［2004］315頁
22) 祖田＝太田編［2006］27頁
23) 稲本＝河合［2002］219頁
24) 田代［2003a］153頁
25) 中野一新編［1998］202頁
26) 稲本＝桂＝河合［2006］194，253頁
27) 舘斎一郎［1998］114，119頁
28) 稲本＝河合［2002］17頁
29) 舘［1998］120頁
30) 稲本＝河合［2002］17頁
31) 山口［1994a］17頁
32) 中野編［1998］195頁
33) 舘［1998］139頁
34) 稲本＝桂＝河合［2006］22頁
35) 同上書23頁
36) 祖田＝太田編［2006］27，215頁
37) 田代［2003a］145-147頁
38) 炭本［2002］2頁
39) 中野編［1998］196-197頁
40) 山口［1994a］18頁
41) 杉山道雄編［1996］140-141頁
42) 大塚＝松原編［2004］58頁
43) 稲本＝桂＝河合［2006］202頁
44) 田代［1998］156頁
45) 時子山＝荏開津［2005］105頁
46) 同上書140頁
47) 岸川［2007a］229頁
48) 稲本＝桂＝河合［2006］187頁
49) 稲本＝河合［2002］119-120頁
50) 駒井［1998］1頁

51) 時子山＝荏開津[2005]140頁
52) 駒井[1998]1－2頁
53) 稲本＝河合[2002]53頁
54) 駒井[1998]43頁
55) 筑波[2006]192頁
56) 中野編[1998]2頁
57) 大澤[2000]10,12頁
58) 大塚＝松原編[2004]61頁
59) 筑波[2006]193頁
60) 三国[2000]59頁
61) 祖田＝太田編[2006]265頁
62) 渋谷[2009]51頁
63) 三国[2000]62頁
64) 大塚＝松原編[2004]293頁

第4章
アグリビジネスの経営戦略

　本章では，アグリビジネスの経営戦略について考察する。多国籍アグリビジネスによる企業活動が台頭している現代社会において，競合他社に打ち勝つために，経営戦略という概念はこれまで以上に重要視されるようになってきた。

　第一に，アグリビジネスにおける経営戦略の意義について考察する。まず，経営戦略の定義を理解する。次いで，アグリビジネスにおける多角化戦略，さらに，競争戦略について考察する。

　第二に，技術戦略について考察する。まず，技術戦略の意義を理解する。次いで，アグリビジネスと環境技術との関係性について理解を深める。さらに，地域共生について言及する。

　第三に，ブランド戦略について考察する。まず，ブランド戦略の意義を理解する。次いで，産学官連携と地域ブランドの形成プロセスに焦点を当て，その創出プロセスについて理解を深める。さらに，地域振興を目的としたブランド戦略に言及する。

　第四に，新規事業戦略について考察する。まず，新規事業戦略の意義を理解する。次いで，プロジェクトマネジメントの定義づけを行い，産業クラスターの側面から新規事業創造の重要性について概観する。そして，創造性を活かしたイノベーションの実践に向けた課題について理解を深める。

　第五に，アグリビジネスの経営戦略として，三井物産のケースを考察する。分析の視点としては，地域社会に貢献するCSR経営について言及し，地域づくりに寄与する三井物産の「共存共栄」戦略に触れる。そして，地域社会とのWin-Win関係の構築に向けた課題と解決策を提示する。

第1節　経営戦略の意義

1　経営戦略とは

　アグリビジネスを成功に導くためには，持続的発展を目指した戦略的視点が必要である。そこで，本章では，アグリビジネスの経営戦略について考察する。
　チャンドラー（Chandler, A. D. Jr.）[1962]は，経営戦略とは「企業の基本的長期目標・目的の決定，とるべき行動方向の採択，これらの目標遂行に必要な資源の配分[1]」と定義している。アグリビジネスにおける経営戦略は，"企業－市場－国家"という3つの軸に分類して考察する必要性があろう。稲本＝河合[2002]によれば，①企業における所有の優位性，②市場における内部化の優位性，③国家における資源賦存の優位性[2]，という3つの優位性を基軸として，アグリビジネスの経営戦略を考察することが不可欠であると述べている。
　アグリビジネスにおける経営戦略の策定に関して，まず，企業ドメインおよび事業ドメインを設定する必要性がある。榊原清則[1992]によると，企業ドメインとは，「組織体がやりとりをする特定の環境部分のこと」と定義している[3]。企業ドメインの設定によるアグリビジネスへの効果としては，①アイデンティティの確立，②組織内のコンセンサスを得て，目的に対するベクトルを合わせる，などがあげられる。
　また，事業ドメインとは，「事業レベルを対象としたドメインのことであり，事業レベルの活動領域，存在領域，事業領域，事業分野」を指す[4]。エーベル（Abell, D. F.）[1980]は，①顧客層，②顧客機能，③技術，の3次元モデルを提唱し，それぞれの次元における「広がり（scope）」と「差別化（differentiation）」に関する考察の重要性を主張している[5]。アグリビジネスの事業領域は多岐にわたるため，株主へのアカウンタビリティを確保する意味においても，企業ドメインおよび事業ドメインの設定は重要である。
　アンゾフ（Ansoff, H. I.）[1965]は，図表4－1に示されるように，製品・市

第4章　アグリビジネスの経営戦略

図表4－1　成長ベクトル

製品＼市場	既　　存	新　　規
既　　存	市場浸透	製品開発
新　　規	市場開発	多角化

（出所）　Ansoff, H. I. [1965]訳書137頁に基づいて筆者が一部修正

場戦略における成長ベクトルを4つのセルに大別している。成長ベクトルは，現在の製品・市場分野との関連において，企業がどの方向に進むかを決定するツールである[6]。成長ベクトルにおける4つのセルの特徴についてみてみよう。

① 市場浸透戦略（market penetration strategy）：現存する市場において，既存商品の売上げを増大させる戦略である。具体的には，強力な広告・宣伝や大型産地の形成によって，市場における有利な販売を展開するなど，従来まで一般に採用されてきたオーソドックスな戦略展開などが該当する。

② 市場開発戦略（market development strategy）：既存の商品で，新たな市場を開拓する戦略である。具体的には，従来の市場を経由せず，特定消費者に対して農産物を販売するアグリビジネスの戦略展開などが該当する。

③ 製品開発戦略（product development strategy）：既存市場に対して，新商品を開発・投入することによって，収益を向上させる戦略である。具体的には，果樹や米における新品種の導入や農産物の加工などの製品開発などが該当する。

④ 多角化戦略（diversification strategy）：新たな市場に対して，新商品を投入して，売上げの増大を図る戦略である。具体的には，企業が産学官連携を通じて，新たな技術を導入・開発することによって，新製品を開発し，異なった顧客層を狙うことなどが該当する。本書で論じているアグリビジネスは，利益の追求を主目的としているため，規模の経済と範囲の経済[7]という2点の競争優位の源泉を維持・発展していかなければならない。そのため，アグリビジネスの主なプレイヤーであるカーギルに代表される穀物メジャーは，M&Aによる多角化戦略が主流であり，フィリップ・モリスやネスレ

のような食品加工企業も規模の拡大を目的として，コングロマリット化を推進している。近年，M&Aによる水平的・垂直的統合は，国際的に推進され，様々な国々で事業展開を行う巨大企業へ成長し，国境を越えた活動を実現している実態をみても，アグリビジネスにおける経営戦略は重要であるといえよう[8]。

❷ アグリビジネスにおける多角化戦略

一般的に，多角化戦略は「関連型多角化(related diversification)」と「非関連型多角化(unrelated diversification)」に大別することができる[9]。「関連型多角化」とは，企業を構成する各SBUが流通チャネル，生産技術，管理ノウハウなどを共有しているような多角化のことを指す。一方，「非関連型多角化」とは，企業を構成する各SBU間に，極めて一般性の高い経営管理スキルと財務的資源以外の関連性が希薄な多角化のことを指す[10]。

近年，アグリビジネスの高まりによって，多種多様な企業が参入しており，資材産業，食品加工産業，流通産業，外食・中食産業へと次第にドメインが拡大している。そのため，アグリビジネスの存続・発展プロセスの中で，多角化戦略が求められているといえよう。また，多角化戦略を策定する上で，アグリビジネスにおけるドメインの再定義を推進する必要性がある。岸川[2006]は，ドメインの再定義について「企業の長期的な存続・発展を考えると，ドメイン定義の要件は，変化することこそ常態である[11]」と述べている。食の洋風化や流通構造の変化にみられるような経営環境の変貌は，これまで以上に急激になっており，ドメインの再定義を余儀なくされている。

技術革新や消費者ニーズなどの外部環境の変化にいかに対応するかが，アグリビジネスを存続・発展するための要因となっており，継続的なドメインの再定義が事業展開の過程で必要になってきている。今日のアグリビジネスには，地域社会に対して，地域保全や地域振興，食育などの貢献が求められており，戦略展開にCSR活動を盛り込むことが肝要である。

また，アグリビジネスにおける経営環境の変化によって，競合相手との競争がこれまで以上に激化しつつある。このような競争激化を背景として，資材部

図表4-2　多角化の動機と多角化の類型の関係

多角化の動機	関連多角化	非関連多角化
事業運営上の範囲の経済		
・活動の共有	○	
・コア・コンピタンス	○	
財務上の範囲の経済		
・内部資本配分	○	
・リスク分散	○	○
・税効果	○	○
反競争的な範囲の経済		
・多地点競争	○	
・市場支配力の活用	○	○
企業規模と従業員の多角化インセンティブ	○	○

(出所)　Barney, J. B. [2002]訳書100頁

門・加工部門などの様々な関連部門が，規模の経済を実現するために，アグリビジネスにおいて多角化戦略を展開していることが多い。しかし，多角化戦略によって利益の増大が見込める場合でも，技術修得・商品開発が障壁となり，多角化に踏み切れない場合がある。つまり，多角化戦略が成功するには，技術資源がキーファクターとなり得るのである。

近年，事業構造の変化や契約生産の拡大による外部環境の変容が，アグリビジネスの多角化戦略を推進する原動力となっており，農場部門に限られていたドメインが関連部門に進出することによって，シナジー効果を追求することが可能となる。これは，アグリビジネスにおける垂直統合による戦略展開であり，多角化戦略の軸としているアグリビジネスにおいて主流となりつつある。

ここで，垂直統合型多角化戦略を採用しているカゴメの事例をみてみよう。カゴメでは，トマトの品種改良で習得した技術を活用し，洋蘭の新種開発に取り組んでいる。このように，自社の事業ドメインで培ったノウハウをコア・コンピタンスに応用して，関連型多角化を行うことはアグリビジネスを展開する

企業では一般的である。すなわち，自社ドメインと関連のある事業に進出することが，コア・コンピタンスとのシナジー効果を創出し，業績の向上につながるといえよう。

❸ アグリビジネスにおける競争優位

一般に，アグリビジネスにおける競争優位の源泉として，技術，ノウハウ，ブランドなどの「見えざる資産」の存在があげられる。「見えざる資産」は，コア・コンピタンスやケイパビリティの観点からも，アグリビジネスの存続・発展に大きく寄与しているといえよう。伊丹敬之[2003]は，「見えざる資産」の意義として，次の3点をあげている[12]。

① 競争優位の源泉：「見えざる資産」は，固定的資源であるので，市場などから調達することは難しく，自社で蓄積しなければならない。自社で蓄積するには，時間と手間がかかり，この事実こそが，競争相手に対する競争優位の源泉になる。

② 変化対応力の源泉：情報の持つ同時多重利用が可能であるという特質によって，現在の事業において「見えざる資産」を活用するだけでなく，新事業への進出など，変化対応力の源泉になる。

③ 事業活動が生み出すもの：「見えざる資産」は，現在の事業活動を成功させるために必要なだけでなく，将来の事業に向けた蓄積という側面を有する。

アグリビジネスにおける競争優位を確立するためには，伊丹[2003]が主張している「見えざる資産」の蓄積と発展を戦略的に実践することが肝要であるといえる。そのため，アグリビジネスを展開する企業は，消費者ニーズの把握を目的とした市場調査や市場分析などのマーケティング活動を積極的に行う必要性がある。

ここで，現在過熱している種苗産業と植物特許に関しても触れておこう。種苗産業は，約20兆円にものぼる巨大産業であり，穀物，野菜，果樹などの植物を対象とした幅広い事業領域を持つ[13]。

種苗産業の大きな特徴として，種苗の販売は，世界のマーケットを対象としており，品種改良は，各都道府県の農業試験場で管理・改良されている[14]。

近年，バイオテクノロジーを活用した画期的な品種改良を製品化するため，ファイザー，デュポン，サントリーなどの多国籍アグリビジネスが次々と参入している。そのため，植物特許の取得をめぐって，多国籍アグリビジネスの企業間競争に拍車がかかっているのである。

また，植物新品種保護制度は，従来の特許とは別に新しい農作物の品種を保護するために制定されたものである。日本では，この制度の成立に先立って，種苗法の改正も行われている。この制度の施行によって，アグリビジネスでは新たな品種への開発投資が活性化され，品種改良に対する意欲がこれまで以上に高まることになった。つまり，アグリビジネスにおいても特許のような「見えざる資産」の存在が他社との差別化や競争優位を生み出す源泉となっているといえよう。

第2節　技術戦略の意義

❶　技術戦略とは

近年，IT革命や技術革新の進展によって，アグリビジネスにおける経営環境は急速に変化しており，技術戦略なしでは，企業の存続・発展は実現できなくなったといっても過言ではない。

技術戦略が台頭してきた背景として，規模の拡大や機械・施設技術の革新，補完的な栽培技術の革新などの外部環境の変化があげられる[15]。特に，技術資源の高度化はアグリビジネスの構造に大きな影響を与えており，技術資源と経営戦略は両輪の関係性にあるといえよう。本書における技術資源を，次の3つに分類することにする[16]。

① 固有技術：半導体技術，金属加工技術，バイオ技術など，工学分類による各種要素技術。
② 管理技術：IE (Industrial Engineering) や VE (Value Engineering) などの

管理工学をベースとした各種管理技術．
③　情報処理技術：ソフトウェア開発技術，情報通信技術，音声処理技術など，情報通信工学をベースとした各種情報処理技術．

　企業活動において技術資源は，経営戦略上の競争優位を生む源泉であり，企業が規模の経済を追求するうえで不可欠なものとなっている．近年，製品の生産から消費に至るすべての工程において技術革新が起こっているため，独自能力を発揮するためにも，技術資源を活かした差別化が戦略上のキーファクターとなる．

　上にあげた技術資源の中で，アグリビジネスの戦略展開において重要となる技術は"情報処理技術"である．アグリビジネスにおける情報処理技術の具体例として，農産物トレーサビリティ・システムの導入によるサプライチェーンの最適化があげられる．これは，JAや農業法人などの農産物の生産現場から消費者にいたるまでの流通履歴を認識し，食の安全性を確保することによって，効率的な情報戦略を実践することが可能となる．

　すなわち，トレーサビリティ・システムは，近年の健康志向の高まりによる消費者ニーズの充足を行う際に不可欠なものであるといえよう．しかし，企業側としては，トレーサビリティ・システムの導入は，非常にコストがかかり，同時に利益の増大がしにくい側面があるため，あくまでも補完的機能であるといわざるを得ない．

　ここで，アグリビジネス企業の技術戦略として著名な米国のモンサントについて考察する．モンサントは，自社で遺伝子組換え種子を開発し，固有資源としてのバイオテクノロジー開発を，経営戦略の上位に位置づけている[17]．現在では，モンサントが開発する「ラウンドアップ」は，同社の主力商品となっており，除草剤に強力な作用を持つ遺伝子組換え種子と除草剤の販売によって，世界各国の市場を支配している[18]．特に，世界を代表する遺伝子ビジネスの企業であるモンサントでは，技術戦略として植物バイオテクノロジーの推進や遺伝子特許の活用を積極的に行っており，自社の利益に大きく貢献していることでも知られている．

　つまり，アグリビジネス企業における技術戦略の策定・実行において，いか

第4章　アグリビジネスの経営戦略

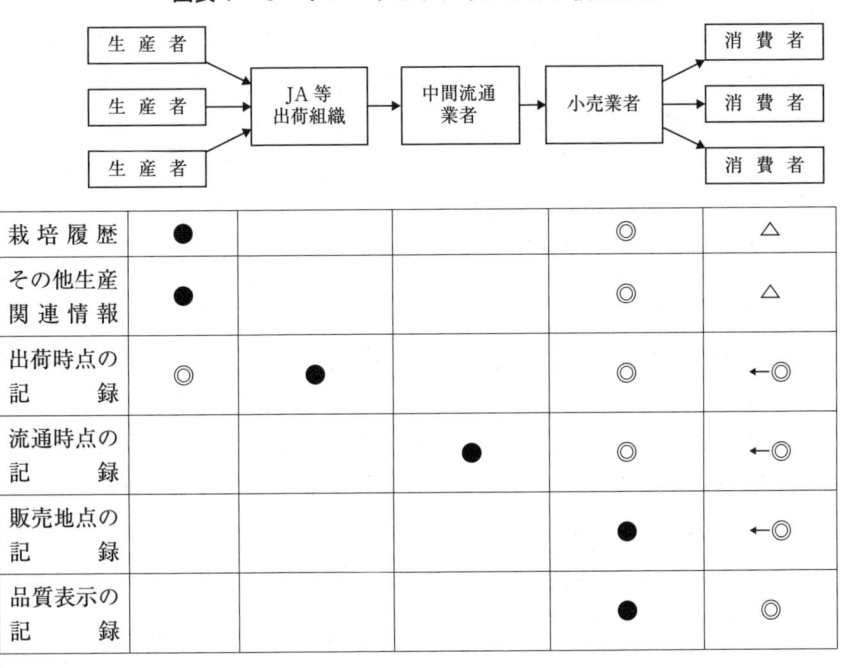

図表4－3　トレーサビリティにおける役割分担

	生産者	JA等出荷組織	中間流通業者	小売業者	消費者
栽培履歴	●			◎	△
その他生産関連情報	●			◎	△
出荷時点の記録	◎	●		◎	←◎
流通時点の記録			●	◎	←◎
販売地点の記録				●	←◎
品質表示の記録				●	◎

【●は，データ（入力），◎および△はデータ（開示），←◎はデータ開示要求を示す】
(出所) 山本譲治[2003]55頁に基づいて筆者作成

にして技術資源を分類し，特許の取得などによって競争優位を獲得していくかを検討することは，極めて重要な課題であるといえよう。

❷　アグリビジネスと環境技術

　アグリビジネスの技術戦略を考える場合，自社の利益や効率性を加味しつつ，環境保全の側面を考慮する必要性がある。2050年には，世界の人口が90億人にのぼると予測されており，十分な食料を確保するためにも，技術革新による大量生産体制の整備が不可欠である。
　しかし，多国籍アグリビジネスの過度な大量生産による収益性の追求や市場シェアの獲得は，企業を取り巻くステークホルダーからの信頼を損なうことにもなりかねない。近年の企業には，消費者ニーズに合致した生産と食の安全性

が求められるため，一概に規模の拡大や収益性を追求することは"企業の社会的責任（CSR）"の観点からみても逸脱しているといえよう。そのため，HACCPやリスク・アナリシスの導入によって，食品のリスク管理を実現していくことは戦略上の課題となっている。

また，「選択と集中」をキーファクターと位置づけ，自社のコア・コンピタンスやケイパビリティと相乗効果を図る必要性があろう。

さらに，アグリビジネスを行う企業が持続的な経営を実現するためには，循環型システムの導入・確立が喫緊の課題になっている。一般的には，ISO9001やISO14001認証の取得によって，マネジメントを合理化・効率化し，品質管理を向上させることが可能である。また，アグリビジネスにおいてもISO認証を取得することによって，消費者に提供する商品・サービスの品質向上が促進されるとともに，環境保全の観点からもステークホルダーの評価を得ることが可能になる。さらには，ISO14001に代表される環境マネジメントを持続的に行うことによって，環境汚染の予防となると同時に，環境リスクを最小限に抑えることができるため，不可欠な戦略課題であるといえよう。

アグリビジネスを環境保全の観点から俯瞰した場合，CSR (Corporate Social Responsibility) による経営戦略は，新たなビジネスチャンスとなり得る可能性が非常に大きい。近年，多国籍アグリビジネスによる巨大市場の占有が顕著であり，大量生産システムによる効率化がCSRの側面で逆効果を生んでいるケースが多く存在する。特に，多国籍アグリビジネスは，その巨大さゆえに政府や各国に対する強力な働きかけを仕掛けることが可能であるため，規模の経済を追求する多国籍アグリビジネスと地域社会との共生が求められている。

今後の展望として，独自の技術や特許などのコア・コンピタンスを持つ多国籍アグリビジネスは，地域社会との共生をいかにして実現し，ステークホルダーによるコンセンサスを得ていくかが戦略上の課題となってこよう。

❸ アグリビジネスと地域社会の共生

上述したように，地域社会におけるアグリビジネスを実現するためには，流通革新や技術革新を，ステークホルダーとの相互認知の範囲で積極的に行う必

要がある。ウォルマートやマクドナルドに代表されるような多国籍アグリビジネスは，地域社会において画一化された商品・サービスを提供している。

マクドナルドは，世界各国に約30,000店舗を持ち，地域住民に対して，飽食化と画一化という"米国型の食文化"の脅威をもたらしている。また，ペプシコも同様に，傘下のファーストフード・チェーンであるピザ・ハットやKFC（ケンタッキー・フライド・チキン）の店舗を，フランチャイズ方式の確立・普及によって都市部を中心として展開している[19]。

地域社会に画一化を提供する多国籍アグリビジネスの企業行動は，環境保全の観点からみても，地域社会との共生は難しいといえよう。さらに，多国籍アグリビジネスによる市場拡大は，過度な価格競争に没入する危険性を内包しているとともに，地域社会の空洞化をもたらす恐れがある。

近年，中国では，低コスト生産による輸入体制が整備されてきたため，これまで以上に地域における第一次産業が疲弊する要因が増大しつつある。このよ

図表4－4　外食企業売上高上位10社（2001年）

順位	会社名	売上高（百万円）		
		合計	直営	FC
1	日本マクドナルドグループ	439,564	334,092	105,471
2	すかいらーくグループ	347,521	347,521	0
3	ほっかほっか亭総本部	185,616	0	185,616
4	吉野家D&Cグループ	167,900	124,068	43,832
5	ロイヤルグループ	145,645	92,691	52,954
6	日本KFCグループ	142,728	53,371	89,357
7	モスフードサービスグループ	137,200	—	—
8	モンテローザ	133,144	133,144	0
9	ダスキン（ミスタードーナツ）	129,800	8,000	121,800
10	本家かまどや	122,834	24,410	98,424

（出所）大塚＝松原編[2004]31頁

うな状況下で,地域社会を復興するためには,地産地消や都市農村交流の動向を活発化させていく必要性がある。これは「地域内発型アグリビジネス[20]」と呼ばれ,地域資源を有効活用し,川上-川中-川下の価値連鎖を実現することによって,生産者と消費者との交流が促進され,雇用の場が創出されることを指す[21]。

しかしながら,アグリビジネスの事業領域が拡大・複雑化するに伴って,生産過程で生じる廃棄物や公害問題が深刻さを増しているため,廃棄物の抑制やリサイクルの促進などの環境対策を積極的に行う必要性がある[22]。近年では,アグリビジネスにおける循環型システムが「コンポスト化」などの形態で確立しつつあり,資源の再利用により環境への負荷も軽減される仕組みづくりが整備されてきている。そのため,地域社会との共生を実現するためにも,産地マーケティングを応用した戦略展開を行うことが肝要である。これは,多国籍アグリビジネスも同様であり,環境保全の観点から循環型システムの導入やコミュニティに根ざした文化的交流が早急に求められているのである。

第3節　ブランド戦略の意義

❶　ブランド戦略とは

近年,経営資源としてのブランドの価値が高まっているため,アグリビジネスにおけるブランド戦略はこれまで以上に重要になってきている。岸川[2006]は,ブランドの機能として,①識別機能(ある企業のある製品について,他企業の類似した製品と識別することによって,顧客が自社製品を購入するよう働きかけること),②品質保証機能(自社製品の品質を顧客に保証するだけでなく),③意味づけ・象徴機能(製品の機能的な便益だけでなく,ブランドによって多様な意味を顧客に提供し,ブランドがその意味を象徴すること),の3点をあげ,ブランド・エクイティの重要性を指摘している[23]。

アーカー（Aakar, D. A.）[1991]によれば，ブランド・エクイティとは，「ブランド，その名前やシンボルと結び付いたブランドの資産と負債の集合」と述べている[24]。ネスレ，フィリップ・モリス，ユニリーバなどの多国籍アグリビジネスは，ブランド・エクイティを重視した経営戦略を踏襲しており，規模の優位性によって他社との差別化を図っている。

企業によるブランド戦略は，図表4－5に示されるように，ソーシャルインタラクションによって成立しており，現代社会においてブランドは企業の事業基盤であるといえよう。

ここで，総合食品飲料企業によるブランド戦略についてみてみよう。大規模食品小売業者は，従来から大量仕入れによって値引きを可能にしてきたものの，近年では，強大な市場支配力を背景としてPB（Private Brand）を開発し，メーカーのNB（National Brand）と争う傾向が強まっている。

PBとは，セブン＆アイ・ホールディングスによる「セブンプレミアム」に代表されるような自主企画商品のことを指し，小売業者同士の価格競争に対応するための値引き商品をいう。国内では，味の素，伊藤ハム，カルピスに製造委託を行っていることが一般的である。通常，NB商品に比べて割安価格で販売されるが，近年，品質差別化による流通業者のイメージアップ手段に使用されることが多い。マークス＆スペンサーでは，品質管理や仕入れ交渉に携わっ

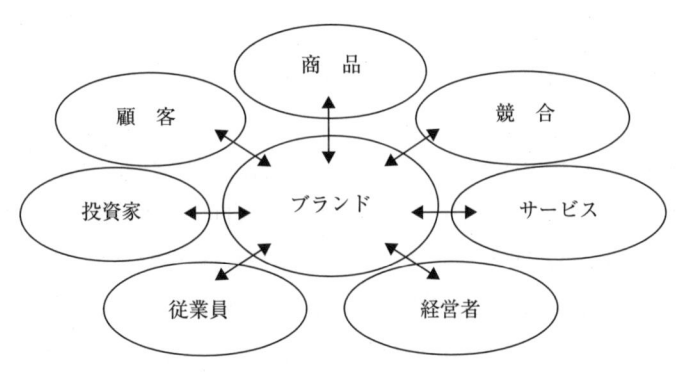

図表4－5　ブランド戦略のソーシャルインタラクション

（出所）　甲斐荘正晃[2005]184頁より筆者作成

ている従業員が新たなPBの開発に貢献しており，市場では高品質PBとしての評価を獲得している[25]。

一方，NBとは，日清食品やハウス食品に代表される大手メーカーの商品ブランドを指し，標準化による規模の経済を追求することができるという利点を持っている。NBがシェアを伸ばしている事例として，デルモンテの缶詰フルーツがあげられる[26]。

また，近年では，地域独自のブランドであるローカル・ブランド（LB）が台頭している。LBとは，伝統的な地域性や地域資源を活かし，地域のニーズに合致した製品ブランドを指す。このような地域独自の製品として販売することで，地域ブランドの確立と産業クラスターの創出などの相乗効果を期待することができる。

すなわち，アグリビジネスにおけるブランド戦略は，食品の安全性や識別性を消費者に提供することによって，CSを高めていく効果があるといえよう。

❷ 産学官連携と地域ブランドの形成

上述したように，アグリビジネスにおいて地域特産に代表されるLBが台頭しており，産学官連携を中心とした地域ブランドの動向が顕著にみられる。地域ブランドの種類は，主として，次の2つに大別される。

第一に，地域特産の加工品がブランド化したものがあげられる。具体的には，夕張メロンや花畑牧場の生キャラメルなどの事例が全国的に知られている。夕張メロンのような地域を代表する地域ブランドは例外的であり，多くの地域ブランドは，自然・景観・文化などの地域資源を源泉とする地域イメージによって補完していることが一般的である。

第二に，地域自体がブランド化しているものがあげられる。具体的には，京都の京野菜や北海道のじゃがいものように，地域自体の認知度が高い農産物のブランド化が実現しているケースと，奈良県の明日香村のようにテーマパーク的な要素によって地域ブランド化しているケースに分類される。

後者の明日香村は，高松塚古墳などの歴史的遺産を活かした村づくりを行い，文化財産を保全しながら，地域活性化への取組みを行っていることでも著名で

ある。

　上でみたように，アグリビジネスにおけるブランド戦略で重要となるのは，ブランド管理である。一般的な企業におけるブランド管理は，ブランド認証システムを用いる場合が多く，統一的な基準を設けることによって，消費者からの信頼性を高めることが可能となる。具体的には，安全性や衛生基準，生産方式，食味などのブランド要素に厳格な規定を設けることによって，消費者に対して地域イメージを認識させることが可能になる。宮崎県では，「みやざきブランド推進事業」に積極的に取組んでおり，産地ブランドの出荷態勢と戦略的な販売対策を実施している。

　また，アグリビジネスにおいてブランド戦略を実践する場合には，自社の経営資源を有効活用することと同時に，産学官連携のような戦略的アライアンスを締結することが肝要である。ペンローズ（Penrose, E. T.）[1959]によれば，「日々の企業活動を通じて蓄積される未利用資源の有効活用こそが，企業の成長において特に重要である[27]」と示唆している。つまり，産学官連携という戦略的アライアンスによって，企業における未利用資源を地域ブランド化することが地域活性化に寄与するのである。

❸　地域振興を目的としたブランド戦略

　上述したように，未利用資源の活用による地域ブランド化は，アグリビジネスの地域振興を実現することが分かる。そのため，地域イメージと効果的に結びつけた地域ブランド化が，アグリビジネスの発展には必要不可欠である。地域振興としてのアグリビジネスでは，独自の地域資源を多面的に活用し，消費者との密接なコミュニケーションを強固にすることが不可欠である。

　特に，CSやリピート率を向上させるために，消費者ニーズに合致した商品・サービスを追求するとともに，地域内の固定客を創出するプロセスも欠かせない。

　また，地域ブランドについては，地方自治体が消費者に対して積極的にアピールすることによって，観光客を呼び込む効果をもたらし，地域活性化につながる一歩となる。そのためには，目玉になる施設や資源を主軸とした客動線

図表4－6　ブランド戦略と顧客との結びつき

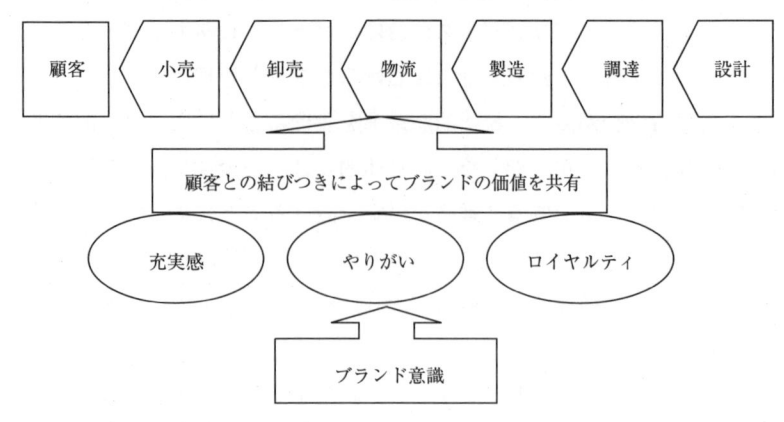

顧客 ＜ 小売 ＜ 卸売 ＜ 物流 ＜ 製造 ＜ 調達 ＜ 設計

顧客との結びつきによってブランドの価値を共有

充実感　　やりがい　　ロイヤルティ

ブランド意識

（出所）　甲斐荘[2005]50頁より筆者一部修正

を戦略的に整備しておくことが肝要となろう。

　ここで，地域振興を実現するための戦略として，ファーマーズ・マーケットとCSA（Community Supported Agriculture：地域で支える農業）を一例として取り上げる。ファーマーズ・マーケットとは，「地元農家が共同で運営する直売店や宅配システムを利用した顧客への直接販売のこと」を指す[28]。ファーマーズ・マーケットの主な役割としては，地元で生産された新鮮な農産物や無農薬の農産物を入手したり，生産者と消費者とのビジネスマッチングの場を提供することにある[29]。

　近年，ファーマーズ・マーケットは「顔の見える」市場として，地域社会の中において大きな役割を果たしており，地域住民とのFace-to-Faceの関係性を構築するために不可欠な存在となりつつある。特に，ファーマーズ・マーケットには，生産者と消費者とのコミュニケーションによるWin-Win関係の構築や流通コストの削減という利点があるため，アグリビジネスの存続・発展に大きく寄与しているといえよう。

　一方，CSAとは，ファーマーズ・マーケットに類似した概念であり，地域における農業生産者と消費者を結びつけることを指す。具体的には，地域社会の活性化，コミュニティの維持，農地保全などの目的を達成するために展開さ

れることがあげられる[30]）。

　上述したように，近年のアグリビジネスは，多種多様な地域振興ビジネスに関連性を持たせることによって，観光客と地元住民をマッチングさせることが潮流となっている。具体的には，ファーマーズ・マーケットに並んでいる食材を使用した農村レストランを展開したり，地域住民に対して食と栄養に関する教育を行うことによって，地域社会の活性化に寄与する事例が年々増加している。

第4節　新規事業戦略の意義

❶　新規事業戦略とは

　アグリビジネスにおいて，新規事業戦略なしには，継続的な存続・発展を推進することは不可能である。いかなる事業といえども，いずれは成熟化し，衰退期を迎えることになる[31]）。今日におけるIT技術の進展は，アグリビジネスにおける新規事業戦略をこれまで以上に容易にしている。具体的には，カゴメの植物工場の事例のように，アグリビジネスにおける新規事業戦略は，もはやITの活用を避けて通ることはできない状況となっている。

　そのため，図表4-7に示されるように，アグリビジネスの新規事業戦略は，様々な領域との関連性を持たせることによって，地域社会に内在化する諸問題を解決する手段となり得るといえよう。

　アグリビジネスの新規事業を成功に導いていくためには，自社のコア・コンピタンスとの相乗効果を得ることが不可欠である。

　シュンペーター（Schumpeter, J. A.）［1912，1926］によれば，「技術革新や新サービスの発見は，常に既存の事業のライフサイクルを短縮したり，その事業を消滅させてしまうものである」と指摘し，これを創造的破壊と呼んでいる。さらに，創造的破壊は，経済発展の源泉であるとし，この担い手のことを企業

図表4－7　知価社会の農業とアグリビジネス

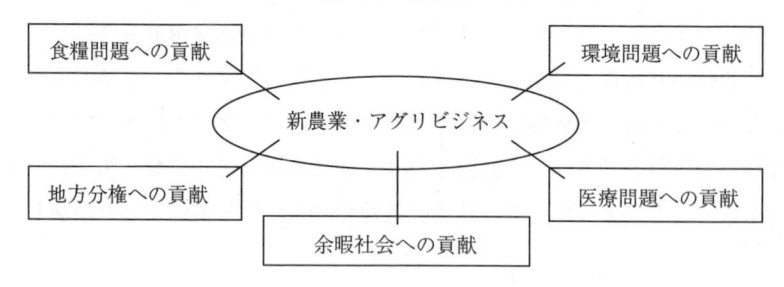

```
   食糧問題への貢献              環境問題への貢献

          新農業・アグリビジネス

   地方分権への貢献              医療問題への貢献

          余暇社会への貢献
```

（出所）　大澤[2000]261頁より筆者作成

家と呼んでいる[32]。

　しかし，企業家による独創的なアイデアやプランは不確実性が高く，リスクも大きいと一般的にいわれている。一方で，新規事業戦略は，成長性が高いという利点を持っており，企業における生存戦略と位置づけることができる。企業の生存戦略としての新規事業は，需要動向などの経営環境を分析し，ニーズ・ウォンツに合致した製品・サービスを開発する必要性がある。

　今日における新規事業開発は，その多くがマーケット志向の発想に基づいており，経営資源の集中投下やコア・コンピタンスとの相乗効果などの要因が成功のカギになっているケースが多い。近年，アグリビジネスの動向としては，プロジェクトマネジメントによる新規事業戦略を踏襲しているものが一般的になりつつある。

❷　プロジェクトマネジメントの概念

　プロジェクトマネジメントとは，「プロジェクトの制約条件である，コスト，資源，時間のバランスを考慮してプロジェクトを遂行し，期待しうるアウトプットを得ること」を指す。アグリビジネスにおけるプロジェクトマネジメントを考察するために，農商工連携のフレームワークをみてみよう。図表4－8に示されるように，農商工連携は，ある目的を達成するために結成されるプロジェクトチームであり，価値観や習慣を異にするメンバーで編成され，期間や体制に制約を持った企業・団体で構成される複合体と位置づけることができる。

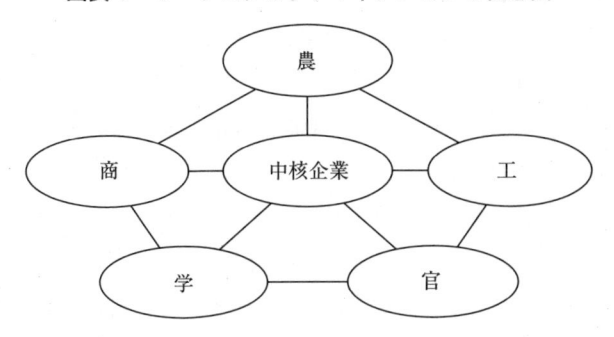

図表4－8　プロジェクトマネジメントの概念図

（概念図：中核企業を中心に、農・商・工・学・官が連携）

（出所）　筆者作成

　そのため，プロジェクトマネジメントを成功させるためには，参画する企業・団体がそれぞれの役割や責任分担を早いうちに明確にし，中核企業がプロジェクトをマネジメントする必要性がある。新規事業戦略としてのプロジェクトマネジメントは，役割・機能分担のみに留まらず，価値観の相違によるコンフリクトの発生やリスクに対する認識の甘さなどの様々な失敗要因を内在している。それゆえ，農商工連携に向けたブレインストーミングやワークショップの実施が新規事業戦略には求められており，地域ブランド化や地域活性化を実現するためには，効果的・効率的なプロジェクトマネジメントの運営・管理が必要であるといえよう。

❸　創造性を活かしたイノベーションの実践

　上述したように，アグリビジネスにおける新規事業の立案は，もはや外部との関係性の構築を避けては通ることができない。特に，研究機関やTLOを活かしたイノベーションの実践は，あらゆるビジネス分野で応用することが可能になっている。これは，地産地消の動向にも結実し，地域内の「一次産品」「食品加工」「街並み」が三位一体なものとして，存続・発展することを意味している[33]。すなわち，異なる産業が融合・発展する産業クラスター化の形成によって，アグリビジネスにおける創造的破壊を実現するのである。

　クラスターとは，「特定の分野に属し，相互に関連した企業と機関から成る

地理的に近接した集団[34]」のことを指し，イノベーションの創出に大きく貢献することを意味している。第1次産業で生じた新たな動向が，第2次産業から第3次産業へとドメインを拡大し，「食」のクラスターが形成されている。「食」のクラスター化は，地域づくりや地産地消の進展にも寄与し，地域社会における食育の原動力になっている。

近年における「食」のクラスター化は，アグリビジネスにおける新規事業戦略の究極の目標とされている。地産地消の動向が盛んになる中で，地域独自の伝統を活かしたアグリビジネスの展開は，クラスター形成に大きく寄与している。わが国では，「食」「芸能」「手仕事」などの地域に根づいた伝統文化が存在している。例えば，農村レストランの展開によって，地域コミュニティにおける諸問題を解決するコミュニティ・ビジネスとの関連性がこれまで以上に重要になっている。

グリーンツーリズムの展開によって，都市と農村の交流などの観光が促進され，新規事業の立案と地域社会における持続可能性を同時に追求することが可能になる。また，全国各地で展開されている新規事業は，団塊ジュニアや団塊の世代に対して，UIJターンを促進している。

上述したように，アグリビジネスの新規事業戦略は，コミュニティ・ビジネスとの関連性が重要であり，企業家には，これまでにない独創的なアイデアやプランが要請されている。そのため，地域特性を活かしたアグリビジネスの台頭が，イノベーションの観点からもステークホルダーに要求されているといえよう。

第5節　三井物産のケーススタディ

❶ ケース

本章では，アグリビジネスにおける経営戦略について概観してきた。その中

で，地域社会との共生に根ざした経営戦略を打ち出している三井物産株式会社（以下，三井物産）は非常に優れた事例であるといえよう。三井物産は，肥料・農業資材ビジネスの展開のみならず，町おこしにも積極的に携わっている。そこで，CSR（企業の社会的責任）経営を展開している三井物産のアグリビジネスについて考察する。

分析の手順としては，①三井物産が取り組んでいるCSR経営を概観し，②地域活性化事業である「ニューふぁ〜む21」の動向に焦点を当て，その問題点・課題および解決策を中心として考察する。

三井物産では，「挑戦と創造」，「自由闊達」を標榜し，経営理念（Mission, Vision, Value）を実現するために，次の2点を環境指針としている。

① 三井物産は，大切な地球と，そこに住む人々の夢溢れる未来作りに貢献するため，環境問題への積極的な対応を経営上の最重要課題の1つとして位置づける。
② 三井物産は，経済と環境の調和を目指す「持続可能な発展」の実現に向けて最大限努力する。

上述したように，三井物産では，様々なステークホルダーの信頼と期待に応えるために，CSRを重視したサスティナビリティ経営を積極的に推進している。また，同社の伝統である「人が仕事を作り，仕事が人を磨く」という考え方は，CSR経営を推進する上でのキーファクターとなっている。つまり，総合商社として最大の経営資源である"ヒト"を活かし，地域社会に対する価値の提供や社会貢献活動を継続的に行うことで，健全な発展に貢献・寄与している点に独自の強みがあるといえよう。

三井物産のCSR経営は，コンプライアンスの遵守に留まらず，様々なステークホルダーに対する価値提供を行うことによって，事業の質の向上に邁進している。持続可能な社会を追求するためには，世間に対して価値を創出する仕事を行う必要性があり，その根底には優れた「人」が存在する。そこで，「人の三井」と呼ばれる人材育成法について，「ニューふぁ〜む21」の動向に焦点を当てて考察する。

1992年，三井物産は，地域活性化を推進するプロジェクトとして「ニュー

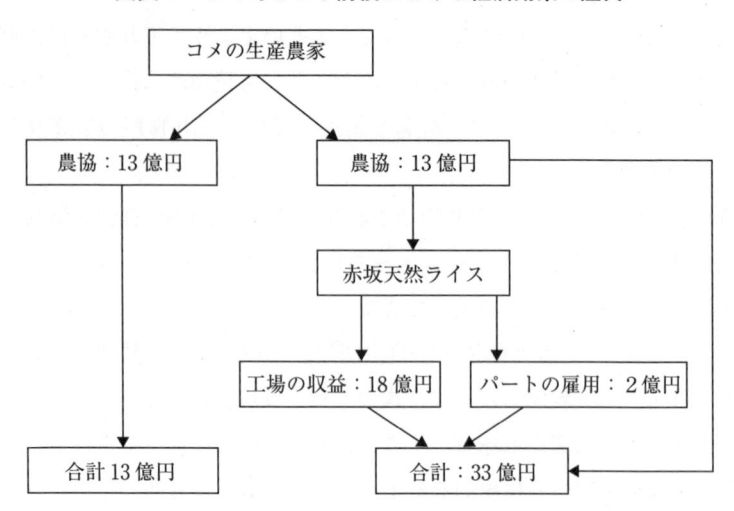

図表4－9　町おこし前後における経済効果の差異

```
                    コメの生産農家
                   ↙          ↘
           農協：13億円      農協：13億円
                                ↓
                          赤坂天然ライス
                           ↙        ↘
                    工場の収益：18億円  パートの雇用：2億円
              ↓                        ↓
         合計13億円                 合計：33億円
```

（出所）「ニューふぁ～む21」HP 〈http://www.mitsui.co.jp/〉に基づいて筆者作成

ふぁ～む21」を発足させた。これは総合商社が地方公共団体のまちづくりに貢献するものであり，活力あるまちづくりへの支援を主な目的としている。「ニューふぁ～む21」の特徴として，地域特性に合致した新事業の立案があげられる。

　つまり，コミュニティ・ビジネスの視座を踏まえたビジネスモデルの構築を目指しているのである。また，三井物産と町が主役となり，地元のコメづくりのノウハウと商社の販売力を組み合わせ，第三セクター方式で加工米飯を製造・販売するコメビジネスも新たに動き出すことになる[35]。岡山県赤坂町で収穫される"朝日米"を使用した食品加工事業を立上げ，コメを用いた地域ブランド戦略が展開されるようになった。図表4－9に示されるように，このような"朝日米"のブランド化によって，33億円もの経済効果を生み，赤坂町の地域活性化を実現していることが分かる。

❷　問題点

　近年，地域経済は，様々な問題を抱えているため，多くの総合商社が，地域

社会の活性化に着目し,「事業おこし」の推進に向けた企業活動を行うことが多い。しかし,箱モノの建設などの部分最適なアプローチでは,地域住民のコンセンサスが得られないため,早々に撤退を迫られることになる。そのため,全体最適を加味したデザイン・マネジメントの観点が必要不可欠である。デザイン・マネジメントとは,企業経営におけるグランドデザインに基づいて,全体の運営管理を図りつつ,業務遂行を行うことを指す[36]。つまり,地域特性を活かした町おこしは,デザイン・マネジメントの構築に依拠しているといえよう。

さらに,地域社会におけるアグリビジネスの活性化では,「土づくり」「新規就農者」がキーファクターになることが多く,いかにして"都市と農村の交流"を実現するかがカギとなる。

❸ 課　題

三井物産は,国内のアグリビジネスに最も関心のある総合商社の一つである。一般的に,農村社会にとって,商社は利潤追求を第一命題に考えている存在と見なされている。そのため,"ニューふぁ～む21"の立ち上げ当初は,知事,農協,町民からの多くの反対意見が存在していた。特に,まちの基幹産業を破壊されるのではないかという危惧もあり,三井物産としては,いかに地域社会において信頼を勝ち得ることが難しいかを理解する契機となった。

三井物産が成功したカギは,商社ビジネスは一切せず,アイデアと行動力を武器とした持続的なコンサルティングの範囲でビジネスを展開したからこそ,地域社会の信頼を勝ち得たといえよう。

つまり,地域住民にとって戦略的パートナーである三井物産が地域内で認知されたため,CSRに基づくサスティナビリティ経営が実現することになった。

今後の三井物産の使命としては,多様なステークホルダーの要請に応えていくため,地域社会における環境問題を解決に導くCSRの実現が求められているといえよう。そのため,三井物産では,様々なステークホルダーと対話を推進できる「特定事業管理制度」を設置し,社員一人ひとりのCSRの意識を向上させる仕組みを構築している。

図表4－10　三井物産が抱える問題点と解決策のフローチャート

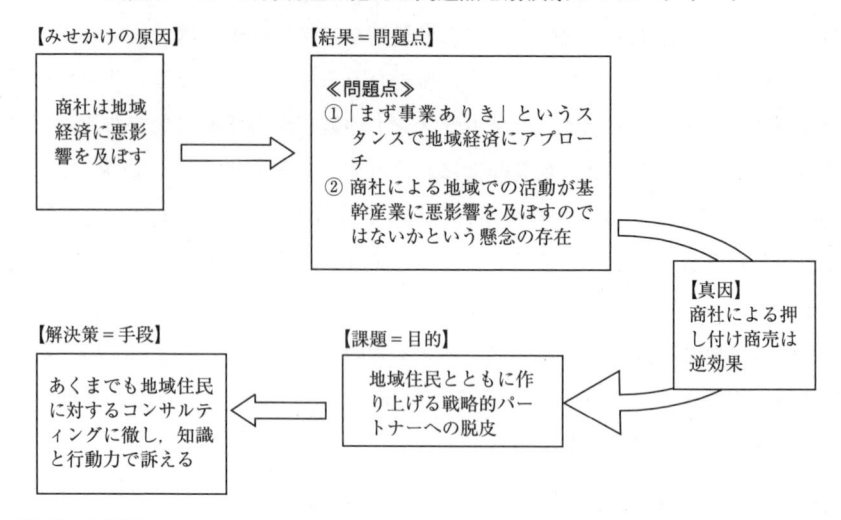

【みせかけの原因】
商社は地域経済に悪影響を及ぼす

↓

【結果＝問題点】
≪問題点≫
① 「まず事業ありき」というスタンスで地域経済にアプローチ
② 商社による地域での活動が基幹産業に悪影響を及ぼすのではないかという懸念の存在

【真因】
商社による押し付け商売は逆効果

【解決策＝手段】
あくまでも地域住民に対するコンサルティングに徹し，知識と行動力で訴える

【課題＝目的】
地域住民とともに作り上げる戦略的パートナーへの脱皮

（出所）　筆者作成

　また，近年では，資材や燃料などの価格高騰による生産コストの上昇が課題となっており，品質向上を目指している地元農家が顕在化している。このような地元農家の要請に応える形で，三井物産は，地域社会における農業の担い手の増加や地域ブランド化の促進に貢献している。すなわち，「ニューふぁ～む21」事業は，地域住民と三井物産のWin-Win関係をもたらしている稀有な事例であるといえよう。

注）
1）Chandler, A. D. Jr. [1962]訳書13頁
2）稲本＝河合[2002]193頁
3）榊原[1992]6頁
4）岸川[2006]91頁
5）Abell, D. F. [1980]訳書38頁
6）Ansoff, H. I. [1965]訳書100頁
7）岸川[2006]86頁
8）豊田[2001]256頁
9）岸川[2006]121頁

10) 石井淳蔵＝加護野忠男＝奥村昭博＝野中郁次郎［1996］110頁
11) 岸川［2006］99頁
12) 伊丹［2003］241-242頁
13) 駒井［1998］166頁
14) 同上書166頁
15) 稲本＝河合［2002］59頁
16) 岸川［2006］152頁
17) NHKオンラインホームページ〈http://www.nhk.or.jp〉を一部参照
18) 同上
19) 中野編［1998］104頁
20) 稲本＝河合［2002］220頁
21) 同上書220頁
22) 同上書38頁
23) 岸川［2006］157頁
24) 同上書157頁
25) 中野編［1998］147頁
26) 同上書148頁
27) 岸川［2006］143頁
28) 稲本＝河合［2002］119頁
29) 大塚＝松原編［2004］300頁
30) 同上書303頁
31) 石井＝加護野＝奥村＝野中［1996］198頁
32) 同上書198頁
33) 関満博＝遠山浩［2007］220頁
34) 同上書220頁
35) 日本産業新聞編［1996］84頁
36) 大阪府産業デザインセンターホームページ〈http://www.pref.osaka.jp/oidc〉を参照

第5章
アグリビジネスの経営管理

　本章では，アグリビジネスの経営管理について考察する。近年，多国籍アグリビジネスが台頭する中で，経営環境に合わせたリスクマネジメントを実現することはますます困難を極めている。下記に示す4つの経営管理システムは，アグリビジネスを展開する上で不可欠なものであるといえよう。

　第一に，アグリビジネスにおける経営管理の意義と目的を考察し，現代農業の実情を認識する。そして，経営者の役割と経営資源の調達・管理について理解を深める。

　第二に，アグリビジネスを担う人材に関する課題について言及する。まず，就農支援に取組む政府・大学・NPOとの連携の重要性を理解する。次いで，近年，政府や自治体が取組む産学官連携や人材育成プログラムの現状について理解を深める。

　第三に，アグリビジネスの財務管理について考察する。まず，持続的発展に対する支援制度という観点からアグリポイント制度を理解する。次いで，財務安定化に向けた課題を整理し，効果的な設備投資やコストパフォーマンスの向上について考察する。

　第四に，アグリビジネスの情報管理システムについて考察する。まず，その意義を考察し，ITを活用した販売促進と課題について言及する。次いで，トレーサビリティやSCMの導入による効果と課題について理解を深める。

　第五に，ケーススタディとして伊藤園の競争優位の源泉である経営資源について考察する。まず，茶市場における同社の強さについて明らかにする。次いで，伊藤園における地域共存型経営の課題と解決策に言及する。

第1節　経営管理の意義

❶ 経営管理とは

　近年,アグリビジネスを取り巻く経営環境は激変し,企業が現代社会において利益を追求していくことは困難を極めている。米国の経済学者ロストウ(Rostow, W. W.) [1960]は,「持続的発展への離陸」という概念を用いて,現代における経済成長のメカニズムについて述べている[1]。アグリビジネスの分野では,農・商・工という相互関連性が高まっている経営環境の中で,企業が存続・発展するためには,機会を的確に捉え,リスクに備えることが必要不可欠である。

　図表5-1に示されるように,アグリビジネスのリスクとしては,生産地の天候や生産動向などのアンコントローラブルな要因が数多く存在している。このような多様なリスクに対応するために,アグリビジネスにおける経営管理は

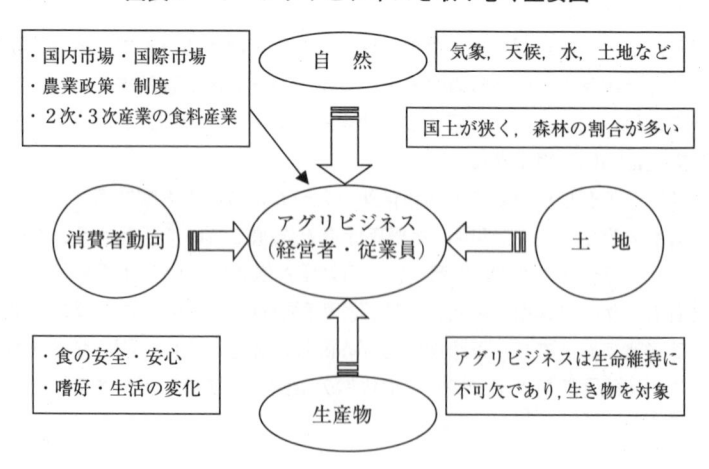

図表5-1　アグリビジネスを取り巻く主要因

- 国内市場・国際市場
- 農業政策・制度
- 2次・3次産業の食料産業

自然：気象,天候,水,土地など

国土が狭く,森林の割合が多い

消費者動向 → アグリビジネス（経営者・従業員） ← 土地

- 食の安全・安心
- 嗜好・生活の変化

生産物

アグリビジネスは生命維持に不可欠であり,生き物を対象

(出所)　全国中小企業団体中央会編[2009]18頁を筆者が一部修正

大きな意義を持っているといえよう。

　ドラッカー（Drucker, P. F.）[1953]によれば，経営管理とは，「目標を設定し，業務を編成し，部下のモティベーションを高めると同時に，自身を含めた社員の能力開発を行う」ことであると述べている[2]。また，野中郁次郎[1980]によれば，経営管理とは，「求める目的に向かって効率的に動くために，資源を統合し，調整すること」が目的であると述べている[3]。

　変貌する経営環境の中で，アグリビジネスを展開する企業には，経営管理の強化が一層求められているといっても過言ではない[4]。さらに，多国籍アグリビジネスが市場拡大戦略を推進する際にも，消費者ニーズの充足に取組む必要性がある。そのため，戦略的な経営管理が欠かせない。

　つまり，アグリビジネスにおける経営管理は，リスク対応と消費者ニーズの充足を目的として，継続的かつ計画的に遂行する必要があろう[5]。特に，アグリビジネスには，生産プロセスにおいて，天候リスクや農作物特有のリスクが伴う他に，価格リスク・制度リスクが存在するので，いかに安価な資材を調達し，利潤を確保していくかが重要となる。換言すれば，アグリビジネスにおける高付加価値化を達成するために，効果的・効率的な経営管理を遂行することは極めて重要な課題といえよう。

❷　経営者の役割と環境変化

　食の多様化や洋風化の普及によって，アグリビジネスにおける経営環境が激変しており，効率的かつ安定的な食料供給が消費者から求められている[6]。このような状況下では，経営環境に適応していくために，経営者のマネジメント能力が要求されることになる[7]。特に，経営者にとって外部環境に応じた経営目的と経営目標を再定義することは，マネジメント上の重要な課題であるといえる。効果的・効率的なマネジメントを実現するためには，図表5－2に示されるように，経営目的と経営目標を策定し，組織内部でPDCAサイクルを確立することが肝要である。

　アグリビジネスにおける経営管理は，ゴーイング・コンサーンとしての命題を実現するために不可欠である。そのためには，まず，経営者の役割として，

図表 5 − 2　経営目的・目標達成へ向けて必要な経営者機能

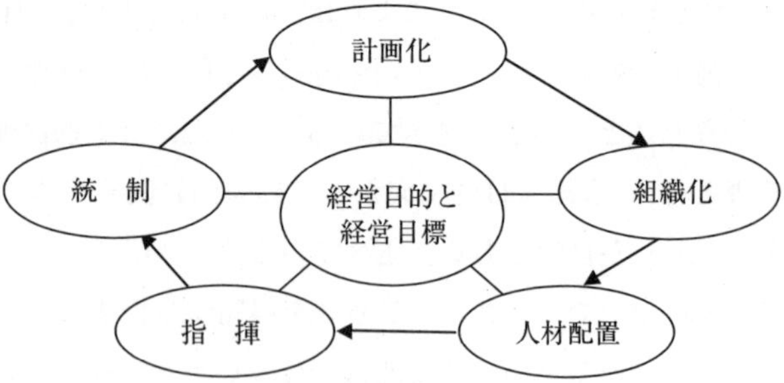

```
            計画化
             ↑
   統 制 ← 経営目的と → 組織化
             経営目標
             ↓
        指 揮 ← 人材配置
```

（出所）　八木宏典[2004]25頁に基づいて筆者作成

アグリビジネスにおける事業ドメインを設定しなければならない。エーベル[1980]は，① 企業が対応すべき顧客層，② 企業が充足すべき顧客ニーズ（顧客機能），③ 企業が保有する技術，の3次元モデルを提示している[8]。事業ドメインは，目指すべき考え方である事業コンセプト（business concept）の中核部分を占め，その設定には創造的思考が求められることになる[9]。

アグリビジネスにおけるドメインの設定と同時に，経営者に求められる能力を考察することも重要である。木村伸男[2008]は，アグリビジネスを行う経営者に必要な要件として，経営者としての基本的機能の自覚をあげている[10]。経営者としての基本的機能とは，① 企業者機能，② 管理者機能，③ 環境適応者機能，という3つの機能のことを指す。

① 企業者機能：経営理念を持ち，環境変化を見据え，長期的な視点の下で，経営にとって望ましい目標を明示し，それを実現するための戦略を策定する機能。また，その実現に向けた組織・事業の再編，イノベーションを行う機能[11]。

② 管理者機能：所定の経営枠組み・事業領域の下で，経営目的を一定の時間と資源・予算の枠内で効果的かつ効率的に達成していくための指揮・統制をする機能[12]。

③ 環境適応者機能：経営目的を実現していく上で，経営環境に働きかけ，対応・改善・変革しようとする機能[13]。

上述したように，アグリビジネスにおいて，経営者は環境に適応したイノベーションを常に実現させていく必要性がある。ミンツバーグ＝アルストランド＝ランペル（Mintzberg, H. = Ahlstrand, B. W. = Lampel, J.）[1998]は，創発戦略という概念を提唱し，組織内で戦略的イノベーションに取組み，新製品・新事業開発を行うことによって，新たな戦略の形成に寄与することが，現代社会では重要視されていると主張している[14]。

つまり，ミンツバーグらが主張する戦略的イノベーションを推進することによって，組織学習の促進やダブルループ効果が実現し，組織能力の向上が実現されるのである。換言すると，アグリビジネスを展開する経営者は，組織内における創造的アイデアを創出させるプロセスを構築するという重責を担っているといえよう。すなわち，アグリビジネスにおける経営管理は，上記の3つの基本的機能を自覚しつつ行うことが肝要である。

❸ 経営資源の調達と管理

企業における経営資源は，①ヒト，②モノ，③カネ，④情報，の4つに分類される。一般的な企業経営と同様に，アグリビジネスの存続・発展のためにも，自社が持つ4つの経営資源を有効的に活用する必要性があろう。アグリビジネスにおいては，第1章で述べたように，土地資源の優劣が事業拡大の大きな要因となる。したがって，アグリビジネスの経営資源としては，図表5－3に示されるように，土地・ヒト・カネ・モノ・情報の5つ，または，食料を入れて6つに大別することができる。

経営資源の調達と管理は，アグリビジネスの成長と競争力の源泉であるといっても過言ではない。また，アグリビジネスの事業展開において，原材料の調達から生産・販売に至るプロセスの中で，付加価値が創出されることによって，経験値が組織内部に蓄積される。事業展開を通じた組織学習の繰り返しが知識やノウハウ，組織文化やブランドなどの「見えざる資産」を創出・育成すると同時に，組織内に余剰（スラック）資源を生み出し，競争優位を生み出す源泉となるといえよう。

さらに，アグリビジネスにおける競争優位の要因として，いかにして土地・

図表5－3　アグリビジネスにおける経営資源の分類

土地（土地資源）	水田，畑，倉庫敷地等の土地資源のことを指す
ヒト（人的資源）	家族労働者，従業員，経営者等の人的資源のことを指す
カネ（財務資源）	保有資金，調達可能資金等の資金資源のことを指す
モノ（物的資源）	種子，肥料，農薬，飼料，機械，施設，建物等の物的資源のことを指す
情報（情報資源）	技術，ノウハウ，スキル，ブランド，信用，イメージ，組織風土・文化，モラール等の見えざる資源を指す

（出所）　木村［2008］83頁に基づいて筆者作成

　ヒト・カネ・モノ・情報を中心とした経営資源を組み合わせていくかが重要なキーファクターとなる。その中でも，土地資源の経営管理は，持続的かつ効率的なアグリビジネスにおいて必要不可欠であるといえよう。アグリビジネスにおける土地資源の経営管理は，次の5つに大別することができる[15]。

　第一に，土地基盤の整備があげられる。具体的には，操作性が高く，かつ自然力の利用，環境の保全・物資循環を容易にし，土地生産性を向上させる整備のことを指す。

　第二に，機械・コンピュータ制御体系の整備があげられる。具体的には，農作業の自動化・無人化，同時・連続化を図り，作業効率を向上させ，高付加価値化を容易にする整備のことを指す。

　第三に，施設・建物の整備があげられる。具体的には，自動・無人化，同時・連続化を促進して，情報システムの完備によって，作業効率を向上させる整備のことを指す。

　第四に，新たな作物の栽培・新規事業開発を導入して，アグリビジネスにおける技術革新を促進する体制の整備があげられる。具体的には，実験施設，研究体制等を整備し，消費者ニーズの調査や製品開発のための体制を構築することを指す。

　第五に，情報管理システム，人的ネットワーク体制の整備があげられる。具体的には，情報管理室，事務室，試験研究室，研修施設等の整備のことを指す。

上記にあげた5つの土地資源の効果的・効率的管理が，アグリビジネスにおける競争優位に大きな役割を果たすことになるのである。

第2節　人的資源管理の意義

❶　人的資源管理とは

　人的資源管理は，ヒューマン・リソース・マネジメント（HRM）の訳語であり，人的資源の有効活用手段を模索する経営管理のことを指す[16]。HRMは，経営者の視点から経営戦略を加味した上で，人的資源管理を実践しようとするものである。

　主に，人的資源管理は，人材が持つ能力やモティベーションを引き出すために実施されるもので，戦略的なマネジメントが必要な分野である。HRMの発祥となったのは，1924年から1932年にかけてウェスタン・エレクトリック社ホーソン工場で行われたホーソン実験である。ヒューマン・リレーションズの概念は，ホーソン実験を契機として世間に普及することになった。ヒューマン・リレーションズは，メイヨー（Mayo, E.）によって提唱され[17]，レスリスバーガー（Roethlisberger, F. J.）によって具体的方法が確立された。1980年代に入ると，HRMが本格的に台頭するようになり，それまでの企業経営に大きな影響を与えることになった。HRMの特徴として，次の6点をあげることができる[18]。

① 従来の人事管理が人間を代替可能な労働力とみる人間観に替えて，人間を開発可能な資源あるいは社会的資源とみる人間観を基盤としていること。
② 経営戦略との関係が重視されていること。
③ HRMは，人的資源の能力を最も効果的・効率的に活用するための機会を提供することに大きな関心を持つ。そのため，組織構造や職務構造が設計される方法に特別の注意を払っていること。

④　HRMの対象は，労働者から経営層に至るまで，企業の全組織構成員に及ぶこと。
⑤　組織文化の問題を取り上げていること。組織文化は，組織構造と密接に関連しており，募集，選考，評価，報酬，教育訓練，能力開発のような諸活動に影響を及ぼしている。
⑥　労使関係に替えて従業員関係を重視していること。すなわち，従業員の参画を重視していること。

　上記の6点から分かるように，企業経営における人的資源管理は，時代の変遷とともに進化し，アグリビジネスの経営管理に大きな影響を与えるようになったのである。つまり，持続的かつ安定的な食料供給を行うために，アグリビジネスにおける人的資源管理を効果的・効率的に実現する必要性があるといえよう。

❷　人材育成の課題と必要性

　前述したように，アグリビジネスにおける人的資源管理の究極の目的は，持続的かつ安定的な食料供給を実現することにある。そのため，日本の基幹産業である第一次産業の人材育成を積極的に推進することが喫緊の課題となっている。

　しかし，現代社会においては，第一次産業の中核となる人材が圧倒的に不足している。それゆえ，いかにして中核となる人材を育成していくかという大きな課題が存在する。図表5－4に示されるように，アグリビジネスの中核となる人材は，ペティ＝クラークの法則[19]によって，急激な下降傾向をみせていることが分かる。

　また，日本における企業参入の増加による耕作放棄地の増大も，第一次産業の存続・発展の大きな課題になりつつある。このような耕作放棄地の増大による耕地面積の減少傾向という現状を概観しても，アグリビジネスにおける第一次産業の中核的人材を育成することが急務であるといえよう。

　さらに，第一次産業の担い手である中核的人材は，約6割以上が60歳以上であるという危機的な状況に置かれている。近年におけるアグリビジネスの動向

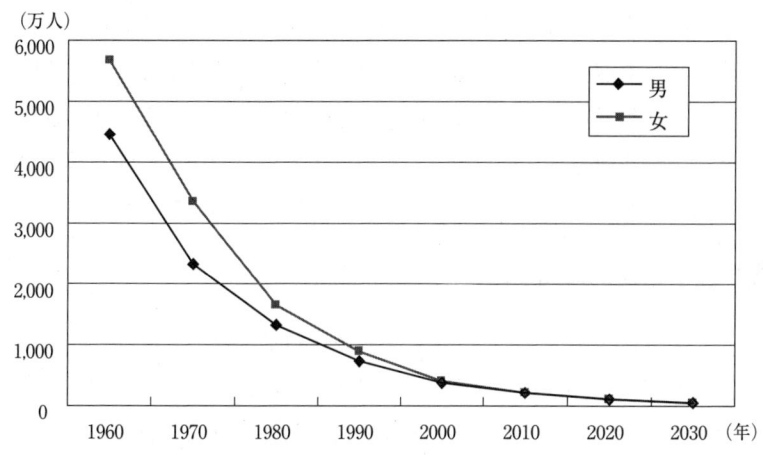

図表5－4　第一次産業における中核的人材の減少傾向

(出所)　武部隆＝高橋正郎編[2006] 9頁に基づいて筆者作成

を俯瞰しても，60歳未満の人材を国家レベルで育成していく必要性があろう。本項では，アグリビジネスの発展を担う若者と団塊ジュニアという2つのタイプに分類し，各々の人材育成の課題と必要性について考察する。

1993年に，農林水産省統計情報部が実施した「新規青年就農者等緊急調査」によれば，新規に就農しようとする人々が経営に対して望む支援対策は，低利融資等の資金援助および技術面での指導が最も多い[20]。新規就農者は，アグリビジネスに関する知識・ノウハウ・技術を持っていないため，農林水産省では，就農研修資金制度などの特別措置法の立案や就農準備校を開校するなどの支援を行っている。

特に，若年層の新規就農者に対して，全国農業会議所が技術・経営の指導といった支援を行っている[21]。また，個人経営者が研修生を受け入れ，実地で体験しながら学ばせるケースも全国各地に存在している。

団塊ジュニアに対する取組みとしては，各地域において実地研修や勉強会の実施などの，ふるさと回帰運動が全国各地で展開されている。農林水産省では，2007年度から人生二毛作プランを推進し，団塊ジュニアや団塊の世代に対する情報提供や地域振興を目的とした施策を講じている[22]。

しかし，団塊ジュニアや団塊の世代はふるさと回帰の願望は強いものの，自給自足型農業を志す就農者が多く，地域活性化の立役者としての意識は希薄であるのが現状である。つまり，このような新規就農者の役割として，地域社会における農業従事者との絆を形成することが重要であるといえよう。さらに，団塊ジュニアや団塊の世代を対象とした農業テーマパークも計画されており，こうした人々を対象とした事業機会の創出は喫緊の課題になっている。

❸ 産学官連携に向けた動向

上述したように，アグリビジネスにおける中核的人材の育成は，非常に重要である。近年では，アグリビジネスの存続・発展には，産学官を中心とした連携が必要であり，コーディネーター能力を持った人材育成が急務になっている。産学官連携による人材育成の動向を探るため，政府・大学・NPOという3つのタイプに分類し，考察する。

① 政府との連携：ここでは，個人就農者への助成金制度「アグリポイント制度」について考察する。わが国における就農促進資金貸付け法のモデルにもなった，フランスの就農助成金制度（DJA）は，個人に対する助成金を通して，プロの農業従事者を育成することに成功している。わが国の財務状況を勘案すると，国が償還免除を行うことは困難であるものの，都道府県に関してはルールが比較的柔軟であるため，アグリポイントの導入は実現可能な目標であるといえよう。

② 大学との連携：アグリビジネスにおいて産学官連携の動向は顕著であり，全国各地で多数のイベントが開催されている。アグリビジネスにおける産学官連携の目的として，農林水産者と中小企業者にビジネスマッチングの場を提供することがあげられる。具体的には，農林水産省が主催するイベントや「ふるさと回帰フェア」などの全国各地の大学で開催されるイベントがあげられる。大学との連携や先端技術を活用することによって，農林水産者と中小企業者との間でイノベーションの創出機会が実現され，農林水産業・食品産業分野の発展に貢献することが可能となる。

③ NPOとの連携：新規就農者の創出やグリーン・ツーリズムを促進するた

めには，調整役としてのNPOの存在が不可欠である。近年，NPOには，新規就農者と地方農業者のニーズをマッチングさせ，都市に住む人々を農村へ回帰させる役割が求められている。NPOは，就農・定住の支援，セミナーの開催といった取組みを積極的に行っているものの，地域振興を実現するためには，就農者と地方農業者をつなぐ架け橋として，より進化する必要性があろう。

第3節　財務管理の意義

❶　財務管理とは

　アグリビジネスにおける財務管理は，業務管理や人材育成と並んで必要不可欠である。財務管理とは，「利益追求を目的として，カネ（資本・資金）を調達し，運用する機能[23]」のことを指す。一般的に，財務管理は，資本管理，利益管理，資金管理，という3つの管理活動から構成されている[24]。

　資本管理とは，企業を持続的に成長させるため，利益を長期的・継続的に確保するための戦略的投資に関わる管理活動のことを指す。利益管理とは，コストを低減しつつ，どのように利益を確保するかという目標利益に向けた管理活動のことを指す。資金管理とは，財務状況の安全性を確保するための運転資金の流動性に関する管理であり，円滑な資金繰りを実現するための管理活動のことを指す[25]。

　アグリビジネスにおける財務管理は，上記の3つの管理活動に大別することができ，いかにして資本の調達と運用を効果的・効率的に実現するかがカギとなる。アグリビジネスにおける財務管理の一環として，図表5－5に示されるように，コスト節減が重視され，その方法は，次の4つに大別される。

　第一に，給付単位当たり資本額の引き下げがあげられる。具体的には，資本額の削減，単価購入の値引き，利子・地代の引き下げ，規模の経済の実現，代

図表5－5　アグリビジネスにおけるコスト管理

コスト管理
1）資材購入，生産過程で経費を切りつめ，削減する
2）目標原価を決め，その範囲内で管理する
3）コスト低減になるような経営全体のあり方を計画的に変更する
コスト節減の方法
1）共同購入で単価の値引きを行う
2）個人で一括大量購入して値引きを行う
3）中古の機械・施設・建物等の購入を行う
4）規模拡大による単位当たり経費の低減を行う
5）機械・施設・資材をできるだけ長く使用する
6）収量・品質の向上で単位当たり経費の低減を行う
7）生産基盤の整備で労働時間・労働費の低減を行う
8）機械化で労働時間・労働費の低減を行う
9）作物の組み合わせで経費の低減を行う
10）中間生産物の有効利用で経費の低減を行う
11）作業計画を立て，段取りを行い，作業効率を向上させる
12）作業の分担・専門化で作業効率を向上させる

（出所）　木村[1994]205頁から一部抜粋

替効果・相互作用の利用などが該当する。

　第二に，作業の効率的管理による給付単位当たり労働費の節減があげられる。具体的には，機械化・施設化，生産基盤の充実，圃場の団地化，制御条件の整備，制御技術の開発などが該当する。

　第三に，肥料や農薬等の消費を効率的に行うことによる給付単位当たりコストの節減があげられる。具体的には，操業管理や活用化管理による土地利用の高度化，未利用資源の活用を実現していくことが該当する。

　第四に，生産物の高付加価値化による販売額の向上による給付単位当たりコストの低減があげられる。具体的には，農産物のブランド商品の開発などが該

当する。

　上記の4つの手法を戦略的に組み合わせることによって、アグリビジネスにおけるコスト管理が行われ、効果的・効率的な経営管理につながるといえよう。

❷　営農活動の支援と持続的発展

　近年、世界的な資源価格の高騰や地球温暖化の進展によって、アグリビジネスにおける外部環境の変化が顕著にみられるようになった。これらの逼迫要因は、コスト上昇というアグリビジネスを展開する企業に対して、深刻な課題を生み出している。特に、農林漁業や関連産業の収益性は著しく低下しており、アグリビジネスを取り巻く状況は年々深刻さを増している。すなわち、財務管理は、アグリビジネスを展開する企業や人々にとって、乗り越えるべき大きなハードルの1つとなっている。

　全国新規就農相談センターの統計によれば、新規参入就農者の就農1年目の営農費用は約774万円であり、うち自己資金が528万円、不足額が246万円であると発表されている[26]。このような新規就農者の不足金額分を補う手段の一つとして、国・都道府県の補助金を活用することが一般的である。この支援制度は、農業従事者の減少、高齢化の進展などの現状を踏まえて、農業分野の活性化を目的として整備されたものである。若者やこれから定年を迎える団塊の世代を含めた新規就農者のために、特に、農業研修期間中の支援措置、農業を始める際の当初段階における支援措置が整備されている。

　国の支援措置としては、先述した「アグリポイント制度」の前身である就農促進資金貸付法に基づく資金が代表的である。就農支援資金は、いずれも新しく農業をはじめようと希望する青年と中高年の認定就農者に貸付けられる資金である。資金は認定就農者が青年か中高年か、就農先が平場か条件不利地かによって、貸付け限度額や返済期間の条件が異なる。

　この他に利用できる国の制度資金としては、農業近代化資金や農業改良資金などがあげられる。これらの資金は認定就農者であれば、長期・低利で借りることが可能であり、制度資金の活用によってアグリビジネスの効率的展開が容易になる。

近年，都道府県や市町村において，新規就農者に対して積極的な支援を行っている傾向が顕著にみられる。支援措置の内容としては，都道府県や市町村ごとに異なるものの，国の就農支援資金を土台として補填する仕組みが取られている。例えば，脱サラ農家に対しては，農林水産省が無利子の「経営開始資金」制度を設立し，資金面から支援を行う対応策が取られている[27]。

　今後の営農活動支援の展開としては，国による戸別所得補償制度の導入や農林水産省による地域マネジメント法人の育成によって，アグリビジネスの存続・発展に貢献する政策が見込まれている。戸別所得補償制度とは，意欲のある販売農業者を対象に「所得補償交付金」を交付することによって，食料自給率の向上や6次産業化の促進などの農山漁村活性化に大きな寄与を図っていこうとするものである。

　一方，地域マネジメント法人とは，地域住民，JA，地方自治体，企業，NPOなど，多様な主体の参画と協力を得ながら，複数集落を範囲として，将来にわたり地域社会を維持していくための活動を担うものを指す[28]。これは人口減少や高齢化の進行，兼業機会の減少などの農山漁村の活力や集落機能の低下に歯止めをかけるために実施されるものが一般的である。

　地域マネジメント法人の役割としては，生活必需品の販売を行う「生活支援サービス」，農地等の地域資源を管理する「環境保全活動」や地域資源を活用して所得向上へ結びつける「地域活性化事業」の実施が期待されており，国としては，地域マネジメント法人の育成・発展に貢献することが望まれる。

　上述したように，各種の政策導入によって，従来の農業従事者が売れる農業・儲かる農業の推進に寄与し，生産・加工・流通の一体化によって積極的な流通コストの削減や販売価格の向上を実現するといえよう。

　さらに，先述した「アグリポイント制度」を実現することによって，国民全体の利益（食料の安定供給・美しい景観），地方の利益（地域の活性化・豊かな環境）というアグリビジネスにおける持続的発展の基礎条件となることが期待されている。

❸ 財務安定化の課題

　先述したように，財務管理とは，資本管理，利益管理，資金管理，という3つの管理活動から構成されている。財務管理の基本的な機能として，コスト管理や利益追求などを資金面から裏付けるために，資金を調達・運用することがあげられる。わが国では，利益管理を中心とした財務管理が一般的であり，政府による支援制度も充実している。農林水産省は，2005年の食料・農業・農村基本計画において「品目横断的」経営支援を打ち出した。これは，約40万戸のプロ農家に財務支援を集中させようという方針を示したものである[29]。

　アグリビジネスにおける財務安定化を実現するためには，資金管理を重視することが不可欠であろう。そこで，財務安定化の課題について，次の2点をあげることにする。

　第一に，アグリビジネスにおける設備投資のタイミングという課題があげられる。

　第二に，アグリビジネスの発展プロセスにおける具体的なコスト削減手法の課題があげられる。そのため，アグリビジネスにおいて技術革新を達成するために，適宜，資金供給や事業構造の改革を実現する必要性があろう。

　このような2つの課題を克服していくために，アグリビジネスの存続・発展プロセスの中で，前項で述べた運転資金の確保や国・都道府県による支援を積極的に取入れることが必要である。また，財務安定化を実現していくためには，地域全体での共同活動に対する支援を考慮することが肝要である。

　わが国では，その活動水準のステップに応じた営農支援を行うことによって，アグリビジネスの存続・発展に大きく貢献している。営農活動は，"地域ぐるみの土づくり（化学肥料・農薬の低減）"を推進しており，農地・水・農村環境の保全と共同活動の質的向上を支援している。また，中山間地域に対しても積極的な支援を行っており，農業の多面的機能を維持しながら，農業生産活動のバックアップ体制を構築している。そのため，アグリビジネスを展開する企業には，近年，崩壊しつつある中山間地域における多面的機能を保護しつつ，財務管理のイノベーションを実現することが求められている。

第4節　情報管理の意義

❶ 情報管理とは

　現代の情報化社会において，アグリビジネスにおける情報管理システムを整備することは，極めて重要な課題である。情報管理とは，「有用な技術を開発し，技術の使用をマネジメントして企業経営に活かしていくこと」を指す[30]。アグリビジネスにおける情報管理の意義として，生産効率の向上，イノベーションの実現，ネットワーク効果による価値創造，などがあげられる[31]。特に，情報化やグローバル化の進展が加速している現代社会において，イノベーションが果たす役割はますます大きなものとなっている。

　情報化社会の特徴として，①知識時代の到来，②資源節約・循環型社会，③「モノ」の価値観の変化，④時間と空間の概念の変化，⑤個性化と多様化，⑥融合化とシームレス化，⑦スピード化，をあげることができる[32]。

　現代の情報化社会では，"情報の共有"がキーファクターであり，これはアグリビジネスに関しても同様のことがいえる[33]。今日では，ネットワーク化によるデータの共有化・リンケージの概念が，アグリビジネスの発展プロセスにおいて重要になっている[34]。具体的には，アグリビジネスを展開する企業にCALS（生産・調達・運用支援統合情報システム）を導入することによって，企業の枠を超えた情報の共有化が可能になる。

　また，アグリビジネスを展開する企業にナレッジ・マネジメントを導入することによって，企業内外に散在する情報や知識・ノウハウを活用することが可能になる。情報の共有化を実現するためには，図表5－6に示されるように，まず，生産者と消費者相互のコミュニケーション・システムを構築し，食の安全保障の確保を積極的に実施する必要性がある。つまり，情報管理システムの構築は，アグリビジネスの存続・発展のために必要不可欠であるといえよう。

　上述したように，情報化社会の流れを受けて，アグリビジネスにおける情報

第5章　アグリビジネスの経営管理

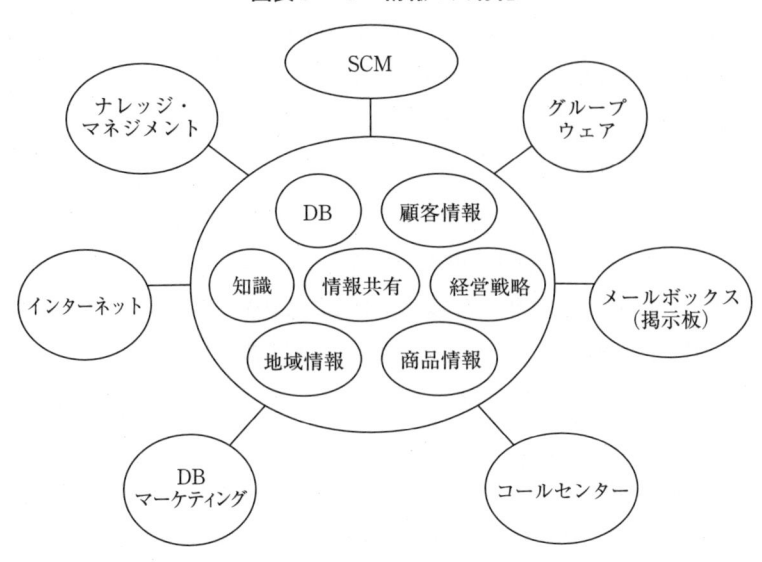

図表 5－6　情報の共有化

```
                      SCM
                                    グループ
    ナレッジ・                        ウェア
    マネジメント
              ┌─────────────────┐
              │   DB    顧客情報   │
              │                  │  メールボックス
   インターネット│ 知識 情報共有 経営戦略│  （掲示板）
              │  地域情報 商品情報  │
              └─────────────────┘
       DB
    マーケティング              コールセンター
```

（出所）　塩光輝[2001]28頁に基づいて筆者が一部修正

管理システムの有無が，これまで以上に重要視されるようになってきた。さらに，第一次産業の中核的人材の不足などの問題も抱えているため，UIJ ターンを志している団塊ジュニアを中心として，経営感覚を持った人材育成を行う必要性が生じている。つまり，経営管理システムや人的資源管理システムを整備する中で，アグリビジネスの情報管理を再構築することが重要である。これらの問題を解決することによって，アグリビジネスの発展に寄与することが期待される。

❷　食の安全・安心に向けた動向

近年，BSE 問題を契機とした食の安全・安心志向が高まっている。国内で消費されている牛肉の約 6 割を輸入に頼っていたわが国では，2001年にBSE 問題が発生し，国内において全頭検査を実施することによって，食の安全性が生命線であることを消費者に認識させた[35]。

図表 5－7 に示されるように，現代における食に対する不安を受けて，日本

図表 5－7　食の安全・表示をめぐる主な事件（2000年6月～2003年5月）

年　月	事件の概要
2000年6月	雪印乳業が製造した乳製品で食中毒事件が発生
2001年9月	国内で初めて BSE 問題が発生し，食肉生産・流通業界が大打撃
2002年1月	雪印乳業による牛肉偽造事件が発生
2002年3月	中国産輸入冷凍野菜から使用禁止の残留農薬が検出
2002年5月	ダスキンが無許可の酸化防止剤を肉まんに使用していたことが発覚
2002年9月	北海道西友元町店で，輸入食肉を偽装販売していたことが発覚
2003年5月	有機農産物認定の輸入健康食品から残留農薬が検出

（出所）　大塚＝松原編[2004]252頁を筆者が一部修正

を始めとした世界中のアグリビジネスを展開する企業において，HACCPという食品衛生管理手法が採用されている。HACCPとは，危害分析・重要管理点方式と呼ばれており，食品の安全性，健全性と品質を確認するための計画的な監視方式のことをいう[36]。

また，消費者に対する食の安全性を提供する手法として，GAP の導入があげられる。GAP とは，生産者が農業生産工程を自発的に管理し，産地の状況に応じて創意工夫を推進することによって，品質向上やコスト削減などの様々な目的を実現するものを指す[37]。今日では，GAP は，国や都道府県で策定方法は異なるものの，食の安全確保・環境保全などの主目的は共通していることが一般的である。

さらに，EU 諸国や東南アジアでは，小売業組合が独自の GAP を策定し，食品の安全性の確保のみならず，取引に有利な条件を提示するための戦略として用いられることが潮流になりつつある。そのため，アグリビジネスにおける情報管理システムの導入は，食の安全とともに，自社の利益を追求する手段として台頭しつつある。

❸　IT 活用による販売促進と課題

前述したように，現代の情報化社会において，アグリビジネスにおける IT

化は不可避の課題になっている。特に，販売・流通分野でのIT革命は，コスト削減や消費者ニーズの把握などの多品種少量生産体制を実現可能にする効果をもたらした。

また，eコマースと呼ばれる販売・流通革新は，アグリビジネスにおける生産者と消費者との密接なコミュニケーションを実現し，販売促進が可能になった。

一般的に，eコマースは，企業間の電子商取引であるB to Bと，消費者を対象にした電子商取引であるB to Cに大別される[38]。アグリビジネスにおけるB to Bとは，農産物取引の迅速化や効率化，流通コストの削減などの重要な戦略を担っているものを指す。B to Bの分野では，SCM (Supply Chain Management) と呼ばれる産地から消費者までをつなぐネットワークの構築が，アグリビジネスの存続・発展に大きな意義を持っている。農産物マーケティングにおける食品流通の電子化は，今後も飛躍的な発展が見込まれている。

しかし，eコマースの台頭の裏側で，第一次産業では"流通網の長さ"という課題が存在している。「新食糧法」の施行によって，コメの自主流通が実現され，ネット販売が一般的なものとなりつつあるものの，依然として，eコマースは課題の多い分野であるといえよう[39]。

一方，B to Cの分野は，インターネットの普及と企業参入の増加によって，急速な市場規模の拡大を遂げている。一般的に，B to Cは，大手企業によるネット通販と小規模農家によるネット産直に分類される[40]。ネット通販の一形態であるネットオークションは，農産物や特産物の目玉商品販売に注力しており，現在の高齢化社会も相まって需要が増加している。

つまり，ネット産直は，ネットを活用した情報発信を行い，顔の見える農家を実現していることが分かる。HPの開設やブログの発信などの形で，消費者との情報交換を積極的に行っていることが特徴の1つである。その中では，ライブカメラ等を用いて，農家が栽培している農作物を消費者に紹介するという販売促進を行っている事例など，アグリビジネス分野における情報発信の進化が伺える。

しかしながら，B to C市場は，他社との差別化を図りにくいという課題が

ある。そこで，BtoC市場において顧客満足を獲得するためには，生産者のこだわりと消費者との信頼関係を構築していく作業をHPやブログ等で積極的に伝達していくことが，差別化戦略において必要不可欠である．

すなわち，第一次産業におけるIT活用という面では，農産物のトレーサビリティや消費者への積極的な情報開示などの情報管理システムの構築が重要になっている。

ここで，BtoCの分野において，ITを活用した画期的な取組みを行っている日本サブウェイを取上げることにしよう。サンドイッチ店舗を展開する日本サブウェイは，2010年1月に，サンドイッチの材料に使うレタスの栽培設備を備えた店舗展開を開始した[41]。日本サブウェイでは，経済産業省の「先進的植物向上推進事業費補助金」約2,000万円を活用し，レタス栽培専用の栽培棚を1号店に設置することによって，消費者の食材に対する安心感を究極まで高めた地産地消ならぬ"店産店消"を提供する予定である。

アグリビジネスにおけるIT化を推進するためには，図表5−8に示されるように，人・モノ・技術という三位一体の戦略展開が不可欠である。戦略的な情報化の推進によって，食材の生産者との緊密な連携が可能になるため，アグ

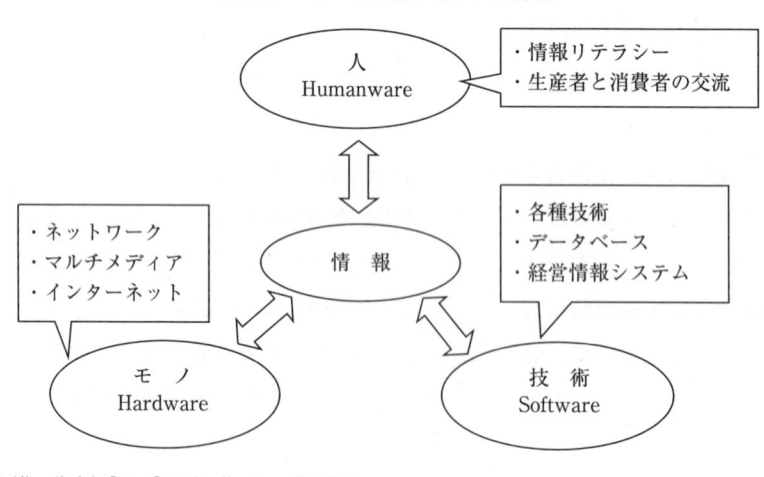

図表5−8　情報化の基本3要素

- 人 Humanware
  - ・情報リテラシー
  - ・生産者と消費者の交流
- 情報
- モノ Hardware
  - ・ネットワーク
  - ・マルチメディア
  - ・インターネット
- 技術 Software
  - ・各種技術
  - ・データベース
  - ・経営情報システム

（出所）　塩光輝[2001]68頁に基づいて筆者作成

リビジネスの存続・発展に寄与することが期待されている。

また，消費者のCS（顧客満足）を生産者にフィードバックする仕組みづくりも情報管理システムが担っているといっても過言ではない。eコマース市場の発展によって，従来では困難であった消費者ニーズの充足と認知が可能となる。すなわち，生産者と消費者との関係性を深めると同時に，変化する消費者ニーズを常時把握するためにも，情報管理システムの精緻化は不可避の問題であるといえよう。

第5節　伊藤園のケーススタディ

❶ ケース

本章では，アグリビジネスにおける経営管理について概観してきた。本項では，地域社会と共生する代表的なアグリビジネス企業である伊藤園株式会社（以下，伊藤園）の経営資源について考察する。

分析の手順としては，①伊藤園が取組んでいる事業ドメインを概観し，②契約農家の「茶葉」という経営資源に着目し，企業は地域社会との共生が可能なのか，その問題点・課題および解決策を中心として考察する。

伊藤園は，伝統的な飲料である「茶」を通じて，社会に豊かで健全な食文化の提供を目的として，1966年に本庄正則によって創業された。1985年には，「お～いお茶」の前身である煎茶を開発し，緑茶市場のパイオニアとなった。現在では，TULLY'S COFFEEを買収することによって，コーヒー市場に参入するなど関連多角化戦略を展開し，総合飲料メーカーとしての地位を確立している。

主力ドメインである緑茶事業では，"自然の恵みを大切に，より自然・健康・安全・良いデザイン・おいしい商品の提供"を企業理念として，積極的な商品開発や経営活動を展開している。

図表5－9に示されるように，伊藤園では，「お～いお茶」のような自然派志向の清涼飲料水を開発しており，四季折々の商品を消費者に提供していることで知られている。

　消費者ニーズに合致した商品開発を展開する上で，VOICEという社内提案制度を活用しており，商品改良を推進する際に，消費者視点を取入れることに成功している。結果として，「お～いお茶」のような高収益ロングセラーの派生商品を継続的に開発することに寄与しているのである。

　上述したように，伊藤園では，「茶」という経営資源を通じて，自然や地域社会と密接な関係性を持っている。しかし，近年では，輸入農作物の残留農薬・無認可添加物の使用による企業不祥事の発生や，地球温暖化・環境破壊などの様々な課題が顕在化している。そのため，企業は，これまで以上に環境保全活動やコンプライアンスの向上に注力する必要性があろう。

　そこで，伊藤園では，環境保全活動としてISO14001認証取得や低公害車の導入を推進し，効率的な経営資源の活用に全社的に取組んでいる。つまり，無駄の少ない経営の実現によって，利潤の獲得と環境保全の両面を達成し，地域社会との共生を目指しているのである。

　また，伊藤園が使用する原料である茶葉は，"契約農家"が栽培したものを厳選し，トレーサビリティ・システムを構築することによって，茶に対する安

図表5－9　「お～いお茶」のブランド展開

1990 年	「お～いお茶」の1.5ℓペットボトルが発売
1996 年	500mlペットボトルの「お～いお茶」が発売
2000 年	「お～いお茶」のホット用ペットボトルの発売
2001 年	「お～いお茶」の季節限定シリーズの発売
2002 年	「お～いお茶」の透明ボトルへリニューアル
2003 年	「お～いお茶」の地域限定シリーズの発売
2004 年	「お～いお茶」の"濃い味"発売

（出所）　伊藤園HP〈http://www.itoen.co.jp/〉より一部抜粋

心・安全を消費者に届けることにも注力している。

このように，伊藤園では，緑茶原料に関する生産技術の研究を重ね，新しい生産システムの構築に取組んでいることが分かる。すなわち，伊藤園は，地域社会と共生する茶園経営を追求しており，地域活性化の担い手になり得るのではないかという期待もある。

❷ 問題点

持続的な茶園経営を行っている伊藤園のようなアグリビジネス企業では，コスト削減がステークホルダーから要請されている。同時に，地元農家との良好なコミュニケーションを図ることができるケイパビリティが不可欠な要因として求められる。

わが国の大企業が，アグリビジネスへ参入して成功しているケースの特徴としては，自社の経営資源とリンクし，これまで培った知識・ノウハウを活かすことができるフィールドを持っていることがあげられる。

本項で取り上げている伊藤園の場合，本体に核となる収益源を持ち，その上で収益の多角化を目的としてアグリビジネスを実践していることが分かる。つまり，「茶」という経営資源の獲得をめぐって，契約農家との強固な強力関係を締結している企業は，地域社会の活性化に結実しやすいといえよう。

しかし，アグリビジネスを展開する企業が参入する第一次産業は，高コストかつ低収益構造であり，予想収益率を獲得することは容易なことではない。地元農家は，閉塞的コミュニティに身を置いているため，非常に高い参入障壁となっている。それゆえ，アグリビジネスに参入する企業が，長期的な地域活性化の担い手となり得るのかという問題に関して，いかにして事前・事後のチェック体制を整備するかという課題が浮かび上がってくる。

❸ 課題

近年，消費者による健康志向の高まりによって，緑茶の消費量は年々増大している。しかし，わが国における緑茶の生産量は，需要に追いついておらず，その大半を輸入によって補填している。国内の緑茶市場は今後も拡大すると見

込まれており,「茶」という経営資源をいかに獲得していくかがカギとなるのである。つまり,アグリビジネスへ参入した企業には,地域社会との環境コミュニケーション活動が求められているのである。

　伊藤園の経営指針では,コスト削減よりも"契約農家"や地域社会とのコネクションを重視している。今日における健康志向という時代要請もあり,伊藤園のアグリビジネスにおいて,良質な「茶葉」を入手しつつ,地域社会の環境保全活動や地域活性化に邁進する必要性が生じている。

　そのため,伊藤園では,生産効率の追求や付加価値の高い製品開発への取組みに加えて,経営資源を効率的に活用する"環境効率"の高い経営を目指している。環境効率の高い経営を実現するために,2002年にグリーン購入基本方針を制定し,環境に配慮した原料・資材・事務用品等を優先的に購入している。

　上述したように,総合飲料メーカーである伊藤園では,地域社会における少子高齢化や後継者不足などの問題に対処するため,茶園農家の育成や地球環境保護に積極的に取組んでいることが分かる。2001年から宮崎県都城地区で推進している茶産地育成事業[42]にも注力しており,良質な経営資源を使用した製

図表5－10　伊藤園が抱える問題点と解決策のフローチャート

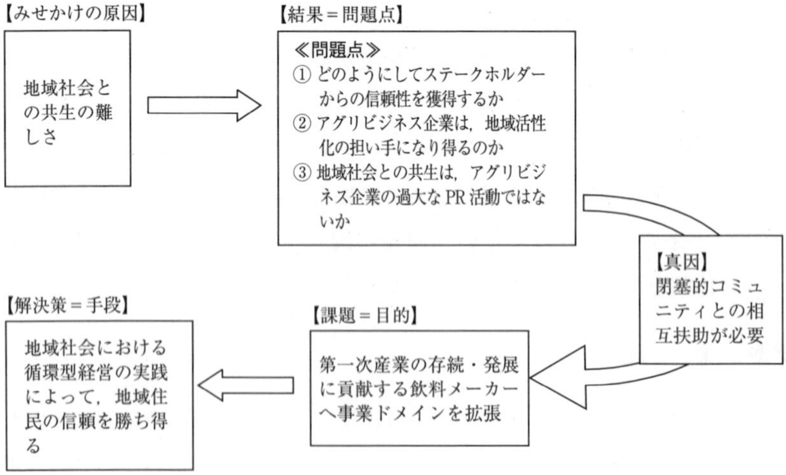

【みせかけの原因】
地域社会との共生の難しさ

→

【結果＝問題点】
≪問題点≫
① どのようにしてステークホルダーからの信頼性を獲得するか
② アグリビジネス企業は,地域活性化の担い手になり得るのか
③ 地域社会との共生は,アグリビジネス企業の過大なPR活動ではないか

【真因】
閉塞的コミュニティとの相互扶助が必要

【解決策＝手段】
地域社会における循環型経営の実践によって,地域住民の信頼を勝ち得る

←

【課題＝目的】
第一次産業の存続・発展に貢献する飲料メーカーへ事業ドメインを拡張

(出所)　筆者作成

品開発を行うことによって，競合他社との差別化に邁進しているのである。

　伊藤園は，この育成事業の推進によって，2008年度のエコプロダクツ大賞（エコサービス部門）農林水産大臣賞を受賞し，伊藤園の農業活性化事業は，環境保全の面からも高い評価を獲得するという実績をあげている。

　このような企業の環境保全活動は，地域社会との共生を実践する上で不可欠な要素となっている。伊藤園では，先述した契約農家との信頼関係や自社契約栽培茶園の保有という独自のネットワークを持っているため，良質な「茶葉」を調達することに強みを誇っていることが分かる。

　アグリビジネスを持続的に行うためには，図表5－10に示されるように，地域社会における循環型経営を実践する必要性がある。伊藤園では，グリーン購入基本方針の遵守や茶産地育成事業への傾倒によって，循環型経営に邁進しており，このような企業活動を通じて，ステークホルダーからの評価を継続的に得ることが"地域社会との共生"には不可欠であるといえよう。

注）
1 ）荏開津＝時子山［2003］9頁
2 ）Mills, D. Q.［2005］訳書7頁
3 ）野中郁次郎＝紺野登［2003］10頁
4 ）駒井［1998］74頁を参照
5 ）八木［2004］113頁
6 ）稲本＝河合［2002］3頁
7 ）Drucker, P. F.［1966］訳書2頁を参照
8 ）Abell, D. F.［1980］訳書37頁
9 ）岸川［2006］92頁
10）木村［2008］38頁
11）同上書38頁
12）同上書38頁
13）同上書85頁
14）岸川［2006］43頁
15）柴田裕通［2002］3頁
16）同上書12頁
17）メイヨーは，ヒューマン・リレーションズの概念で「自発的協働関係の維持・発展と物的・精神的必要の充足」を説いた。

18) 柴田[2002]35頁
19) ペティ＝クラークの法則とは，経済発展プロセスの中で，産業構造が第1次産業から第3次産業へと就業人口や所得比率がシフトすることをいう。
20) 農林水産省ホームページ〈http://www.maff.go.jp/〉を参照
21) 全国農業会議所ホームページ〈http://www.nca.or.jp〉を参照
22) 阿部隆夫[2009] 8 頁
23) 木村[2008]127頁
24) 同上書128頁
25) 同上書128頁
26) 全国新規就農相談センターホームページ〈http://www.nca.or.jp/Be-farmer/〉を参照
27) 藤澤研二＝高崎善人[1991]60頁
28) 日本政策金融公庫ホームページ〈http://www.jfc.go.jp/〉を参照
29) 柴田明夫＝榎本裕洋＝安部直樹[2008]122頁
30) 阿部[2009] 8 頁
31) 大月博司＝高橋正泰[2003] 4 頁
32) 塩[2001]15-26頁を参照
33) 同上書26頁
34) 同上書27頁
35) 滝澤昭義[2007]133頁
36) 塩[2001] 6 頁
37) 全国中小企業団体中央会編[2009] 3 頁
38) 塩[2001]127頁
39) 同上書139頁
40) 同上書134頁
41) 日本サブウェイホームページ〈http://www.subway.co.jp/〉を参照
42) 伊藤園では，緑茶原料を将来にわたって安定的に確保するため，茶産地育成事業を推進している。その中でも，オーストラリアは緑茶原料供給の重要拠点として位置づけられている。

第6章
アグリビジネスの
ビジネス・システム

　本章では，アグリビジネスのビジネス・システムについて考察する。アグリビジネスには，川上の資材産業，川中の生産業，川下の食品加工業，食品流通業，外食・中食産業，さらに支援産業と，多くの産業を垂直的に統合するビジネス・システムが欠かせない。アグリビジネスのビジネス・システムには，解決すべき課題が山積しており，それらを概括しておく必要がある。

　第一に，技術開発の意義について考察する。まず，種子・遺伝子組換えなどアグリビジネスにおける技術開発のインパクトに言及する。次いで，技術開発の動向について理解する。さらに，遺伝子組換えに焦点を当てて，いくつかの観点から考察する。

　第二に，マーケティングの意義について考察する。まず，マーケティングの重要性について理解する。次いで，農業問題とマーケティングに焦点をあてて考察する。さらに，アグリマーケティングの可能性について言及する。

　第三に，ロジスティクスの意義について考察する。まず，ロジスティクスの重要性について理解する。次いで，ロジスティクスが抱える課題，さらにその展望について考察する。

　第四に，供給連鎖の意義について考察する。まず，供給連鎖の重要性について理解する。次いで，消費者志向の供給連鎖について理解を深める。さらに，社会性を意識した供給連鎖について言及する。

　第五に，米沢郷牧場のケーススタディを行う。米沢郷牧場の独自の取組みには，多くのアイディアが活かされている。このケーススタディでは，ビジネス・システムにおけるトレーサビリティに焦点をあてて考察する。

第1節　技術開発の意義

❶　技術開発の重要性

　久野秀二[2002]は，種子産業とは「農業生産の源泉として最も基礎的な農業生産資材を供給する産業」であると定義している。1960年代から1970年代の「緑の革命」における高収量種子（HYV : high yielding variety）の登場は，食料増産や農業近代化において，種子が決定的に重要であることを世界的に認知させる契機になった，と述べている[1]。

　ここで，育種目標の変遷についてみてみよう。1950年代に，作型分化のための生態育種，1960～1980年には，①産地の遠隔化・大規模化，少品目大量生産，供給の周年化に応じるための流通適性品種，②病虫害・連作障害に対応した抵抗性品種，③施設化に対応した品種，などがあげられる。また，種子は農薬とのパッケージ化によって，生産性を大幅に上昇させることが可能になり，戦略商品としての役割が注目された。1980年代前半，種子は実用化段階に入ったバイオテクノロジーの研究開発にとっても，極めて重要な戦略資源・戦略商品となった。具体的には，①遺伝子組換え技術などを用いた新品種開発，②微生物や昆虫を活用した防除技術の開発，③土壌汚染を除去する技術の開発，④動植物を用いた医薬品や新素材の開発，などがあげられる[2]。

　種子産業は，図表6－1に示されるように，他の農業生産資材や流通・加工部門との相互規定関係に置かれることになる。具体的には，生産の安定や生産性向上，作型・適応地域の拡大などがあげられる。主として，農業生産者向けの品種改良を目的とした，多収性育種，環境ストレス抵抗育種，病虫害抵抗育種など，相互規定関係には極めて重要な役割がある。農業・食料システムの発展，とりわけ流通・加工部門の肥大化に伴って，種子産業において，育種目標が重点的に追求されるようになっている[3]。

第6章　アグリビジネスのビジネス・システム

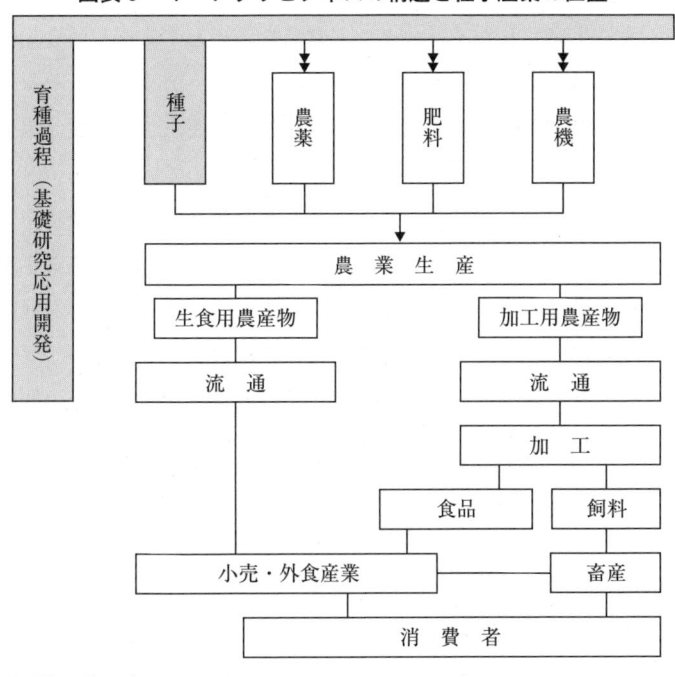

図表6－1　アグリビジネスの構造と種子産業の位置

```
育種過程（基礎研究応用開発）
  ├─ 種子 ─┐
  ├─ 農薬 ─┤
  ├─ 肥料 ─┤
  └─ 農機 ─┤
           ↓
        農業生産
        ├─ 生食用農産物 ──→ 流通 ──→ 小売・外食産業 ──→ 消費者
        └─ 加工用農産物 ──→ 流通 ──→ 加工
                                    ├─ 食品 ──→ 小売・外食産業
                                    └─ 飼料 ──→ 畜産 ──→ 消費者
```

（出所）久野［2002］40頁

❷　技術開発の動向

　1955年以降，わが国の技術革新（新しい生産技術の開発と普及）は，品種の改良，新しい肥料・農薬・飼料などの開発と適切な利用に向けた栽培・飼養技術の開発・改良，多様な耕地条件や気象条件に適応可能な品種や技術の開発・改良などの技術革新が注目され，開発・普及された[4]。

　特に，アグリビジネスにおける食品生産や加工技術は，インスタント食品や冷凍調理済食品のように，新しい高度な技術によって作り出された食品が消費者に受け入れられることによって，新しい食生活のパターンが形成されてきた。その結果，生産および加工面における技術革新が需要に対して大きな影響を及ぼした。

　広い意味での技術的要因として，食品流通や外食サービスなど，いわばソフ

トな技術がある。例えば，1955年代後半以降のスーパーマーケットの急速な店舗展開が，大量生産されたインスタント食品を始めとする新しい食品群の普及に果たした役割は大きい。そして，生鮮食品，惣菜，デリカテッセン，弁当，チルドデザートなど，鮮度と品質の保持に厳しさを要求される食品流通のための新しいソフトな技術が求められ，急速に進歩し始めている[5]。

アグリビジネスには，農業に製品を売る農業資材産業と，農産物を買って原料にする食品産業がある。第1章で述べたように，本書では，農業生産資材産業を川上産業，食品産業を川下産業と定義している。食品産業の発展は，食料消費の成熟段階におけるニーズに対応した供給側の変化であるが，フード・システムに占める食品産業の割合の上昇は，1つの重要な経済学上の問題を提起した。それは，食品産業が果たして消費者の求める食品を，本当に効率よく供給しているかどうかという問題である[6]。

現在，加工食品や流通部門の発展に伴い，食品の偽装表示や輸入食品への有害物質の混入による社会問題化，食品に対する国民生活への影響・不安の拡大が大きな問題になっている。また，このような問題に対して，農林水産省 (2000年) は，加工食品及び生鮮食品について，加工食品品質表示基準第6条及び生鮮食品品質表示基準第6条に規定する表示禁止事項のほか，組換えDNA技術を用いて生産された農産物の属する作目以外の作目及びこれを原材料とする加工食品にあっては，当該農産物に関し遺伝子組換えでないことを表示しなければならないとしている[7]。

❸ 遺伝子組換え

わが国の科学技術庁・文部科学省，農林水産省，厚生労働省の各省庁では，作物・飼料・GM（遺伝子組換えまたはその成分）作物の規制を分担してきた。しかし，ガイドラインに基づく「規制」であるため，開発者に法的義務は発生せず，GM作物食品の表示も存在しなかった。そのため，消費者世論の高まりと規制強化の世界的趨勢を受けて，農林水産省，厚生労働省は，現行規制制度の見直しに着手し，2000年4月にJAS法が改正され，2001年4月からGM食品表示義務化が施行されることになった。厚生労働省食品衛生調査会の報告

書（2001年7月）および2001年12月の食品衛生調査会総会においても，農林水産省と同様に，表示義務化が確認された[8]。

図表6－2は，日本における遺伝子組換え農産物の開発から商品化までの流れを表している[9]。

バイオテクノロジーは，遺伝子組換え技術の進展に伴って，有用遺伝子の導入による新たな形質を持った植物の育成を可能にした[10]。

1990年，わが国の農業バイオテクノロジー分野への研究開発投資は，主要企業約20社で3億ドルを超えるまでに拡大した。バイオテクノロジーがその真価を発揮しうるのは，目標が正しく設定されている場合だけであるが，「大部分の研究が民間部門によって資金が供給・実行され，管理されている」のが現実であり，すでに数々の問題が表面化している[11]。

遺伝子組換え農産物については，その革新性ゆえに，人間の健康にとって本当に安全なのか，あるいは自然環境に悪影響を与えないのか，という懸念が示されている[12]。バイオテクノロジーは，基本的な植物原料の三大構成要素であるタンパク質，炭水化物，脂質を，利用側にとって有利に変化させることが

図表6－2　日本における遺伝子組換え農産物の開発から商品化までの流れ

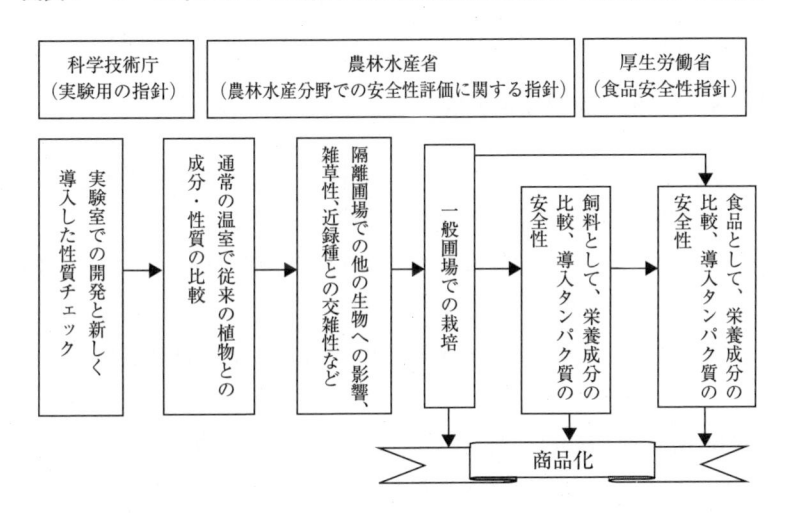

(出所)　大澤信一[2000]228頁

できる。バイオテクノロジーによって，活性のない系統を作るとか，過剰生産を可能にするファクターを付け加えることができるので，食品加工の原料にバイオを応用すれば，費用対効果と製品価格をあげることが可能になる[13]。

　食の安全問題は，食品添加物や農薬汚染など，生体に投入された合成化学物質が危険因子とされている。新技術の遺伝子組換えによる生命操作は，生命の内的メカニズム（再生産）に介入するため，生物そのものの性質を変えるプロセスや，操作された内的因子の作用の拡大が大きな問題になる。しかし，なぜ，遺伝子組換え農産物の開発が重要なのか，多くの学者らの遺伝子組換え技術に対しての反論もあるが，その最大の課題は，世界の人口増加と食料自給率を満たすための新しい農業技術開発が必要不可欠であるからであろう[14]。

　農業生産力の向上や農業全体としての付加価値を高めていくためには，技術開発が欠かせない。技術開発による環境汚染および国民の健康問題については，国の政策として問題解決を実現することが欠かせない。

第2節　マーケティングの意義

❶　マーケティングの重要性

　岸川[2007a]によれば，マーケティングとは，「生産と消費のギャップ（乖離，隔たり）を克服し，生産と消費を架橋する機能を果たすこと」である。生産と消費のギャップとして，①空間のギャップ，②時間のギャップ，③所有のギャップ，④情報のギャップ，の4つがあげられる[15]。また，これらのギャップを克服し，生産と消費を架橋するためには，次の諸機能が必要不可欠である。
① 　商的流通機能（商流）：商流の機能として，市場把握，需要の把握，商品の企画，情報提供，需要促進，取引などがあげられる。所有権の移転を伴う取引が商流の中心的な機能となる。

② 物的流通機能（物流）：物流の機能として，輸送，保管，荷役，包装，流通加工，情報があげられる。
③ 助成的機能（流通金融など）：助成的機能として，流通金融，流通危険負担などがあげられる。

また，マーケティングの中心的な概念として，マーケティング・ミックス（marketing mix）をあげることができる。マーケティング・ミックスとは，「マーケティングに課せられた目標を達成するために，マーケティング管理者にとって，コントロール可能なマーケティングに関する諸手段の組み合わせのことである」。マーケティング・ミックスの概念としては，マッカーシー（McCarcy, C. J.）による，4P（① Product：製品，② Price：価格，③ Place：流通チャネル，④ Promotion：販売促進）が最も有名である[16]。

農産物のマーケティングにおいては，4P と関連してマーケティング戦略の4つの柱が提示され，大方の共通認識になっている。すなわち，Product（製品決定），Price（価格決定），Place（販路決定），Promotion（販売促進）という4Pの枠組みに沿って，目的を達成するための基本戦略がすでに重視されている。

稲本＝桂＝河合[2006]は，図表6－3に示されるように，農産物マーケティングの基本戦略を，① 取引活動，② 生産の方向づけ，③ 消費の方向づけ，④ マーケティングの管理，の4つに区分している。また，4Pは早くから産地マーケティングでも注目され，戦略展開の有力な手がかりとされている。産地マーケティングでは，生産と消費において，量と質が日々不規則に変化することに対処するために，短期の産地マーケティング戦略が不可欠であると述べている[17]。

次に，マーケティングリサーチについてみてみよう。マーケティングリサーチの実施主体は，生産者や都道府県レベルから全国レベルの生産者組織まで，多様な実施主体が想定される。一方，生産者が既存の流通機関を通じて農産物を販売する場合には，販売現場の視察や店舗での試食販売の実施などの場合以外は，消費者と接することが少ないので，自らマーケティングリサーチを実施することにより，情報格差を縮小させる必要がある[18]。

図表6－3　農産物マーケティングの基本戦略

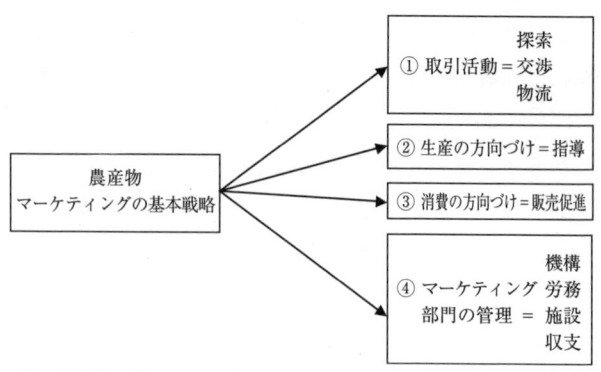

```
                                    ┌─────────────────────────┐
                                    │              探索        │
                                ┌──→│ ① 取引活動＝交渉         │
                                │   │              物流        │
                                │   └─────────────────────────┘
                                │   ┌─────────────────────────┐
┌────────────────┐              ├──→│ ② 生産の方向づけ＝指導  │
│   農産物        │              │   └─────────────────────────┘
│ マーケティングの基本戦略 ├──────┤   ┌─────────────────────────┐
└────────────────┘              ├──→│ ③ 消費の方向づけ＝販売促進│
                                │   └─────────────────────────┘
                                │   ┌─────────────────────────┐
                                │   │              機構        │
                                └──→│ ④ マーケティング 労務   │
                                    │    部門の管理 ＝ 施設    │
                                    │              収支        │
                                    └─────────────────────────┘
```

（出所）　稲本＝桂＝河合[2006]165頁を筆者が一部修正

❷　農業問題とマーケティング

　近年，農産物流通が大規模化，広域化する中で，中山間地域などに典型的な小規模産地では，マーケティングへの対応は困難になりつつある。すなわち，消費者の高鮮度・高品質志向や安全性・健康性志向など，農産物に対する消費者ニーズが多様化する[19]中で，小規模産地は対応しにくくなっているという厳しい現実がある。

　稲本＝桂＝河合[2006]は，マーケティングの基本的な枠組みを，最終顧客志向，ブランド化，流通の組織化に分類して特徴づけている。すなわち，最終顧客である消費者の潜在的な欲求を感知し，それに即した製品開発を行って消費者にブランドを訴求し，消費者のブランドロイヤルティを支えにしながら流通業者を系列化し，相対的に独自の個別市場を形成することにマーケティングの行く末が見極められるのではないか，と述べている[20]。

　後久[2007]は，図表6－4に示されるように，マーケティングの課題について，①商品戦略（ブランド化），②流通戦略（農産物の直販，流通チャネルの拡大と統合・食農連携）③プロモーション戦略（販売促進），④価格戦略など，4つの戦略をあげている[21]。

　わが国の土地利用型農業では，大規模化しても農地が分散する場合が多いた

第6章　アグリビジネスのビジネス・システム

図表6－4　問題解決のための分析フレーム

主な目標と問題	課題	マーケティングの課題
日本型食生活の実現	美味しい家庭料理 美味しい素材の開発 地域素材活用食品開発	商品戦略 ブランド化 （高付加価値化・差別化）
持続可能な農業の推進 担い手の育成・確保	儲かる農業の確立 付加価値商品開発 差別化商品の開発 流通チャネルの統合 6次産業化の推進 食糧産業クラスター	流通戦略 直販チャネルの拡大 流通チャネルの統合 食農連携（農工連携）
食料自給率の向上	国産品の特性アピール 付加価値商品の輸出	プロモーション戦略 コミュニケーション販売促進 美味しいエクスペリエンス
農村地域の活性化	地域「食」ブランド 食農連携（農工連携） 地産地消 グリーン・ツーリズム 都市農村共生と対流	価格戦略 価格意識の高まり プレミアム価格

（出所）後久博［2007］7頁

め，コストダウンには限界がある。そこで，アグリビジネスでは，差別化戦略が重要になる。農産物の差別化は，作物自体の差別化と一般的な作物の中での品質・農法における差別化の2つがあげられる。具体的には，生産量の少ないニッチ型作物を選択する方法があげられる。また，米やトマト，キュウリなどの一般的野菜では，同じ作物であっても食味や安全性などによる差別化が可能であり，それを実現するために農法の差別化などが可能である。このような差別化の取組みがなければ，価格競争に巻き込まれることになる。すなわち，作物で十分な差別化ができれば，販売時点で有利な価格設定が可能になる。

　農産物の直接販売は，農家が直接消費者に接する機会が増加することによって，農産物のマーケティングの考え方が浸透する契機ともなっている。また，中山間地域などでは，農産物の付加価値形成を実現するために，農産加工の取

組みが増加している。そこでは，大企業の全国ブランドの製品では対応できないきめ細かなニーズに，地域農産加工製品をどう対応させるかが課題となっている[22]。

❸ アグリマーケティングの可能性

アグリマーケティング（Agricultural Marketing の略称）の特徴は，町や村あるいは集落などの地域が経営機能単位として，その場で，地域改革の推進の主体である行政や農協，あるいは農事組合や個人農家が，単独または共同で展開を図る経済的，社会・文化的活動であり，地域改革の手段・方法の1つでもある。具体的には，地域の自然や文化，そして，そこでの産品（農産物や自然産品と加工食品），さらに，施設やサービスまでも含めて，「地域ブランド」の形成を目標に多品種少量生産・販売の体制を構築し，地域改革の実現を図ることになる[23]。

二木季男[1997]は，アグリマーケティングにおける市場形成と，中山間地域における市場形成を実現していく上で極めて重要なことは，生産地域である町や村が同時に購買・消費地域（市場形成）であること，つまり，顧客の見える市場形成という意味で，極めて合理的であると述べている[24]。

すなわち，地域内の独占型あるいは寡占型の市場形成は，地域的，空間的に区切られている必要がある。つまり，市場価格における直接的な競争が少なく，商品の差別化ができること，これが高付加価値商品の開発・販売の有力な条件であろう。

また，アグリマーケティングの地域内外のネットワーク交流の重要性があげられる。特に，成功した地域（村おこしの中でアグリマーケティングの指向性を持った地域）との交流と同時に，同一商品（作物として例えば，そば作りとそば事業）による町村の交流関係なども有意義である。1993年に誕生した「全国麺類文化地域間交流推進協議会」は，現在，北海道から九州まで23町村の交流ネットワークで，情報や知識の交流だけではなく，村おこし事業の成果の交流も行っている。ここで，地域の事例をあげると，会津そばのブランド作りのために，結集した会津地域の市町村やそば業者，関連団体が作る「会津そばト

ピア会議」は，そばの生産，加工，販売などの地域分担を含めた，会津そばブランドの確立を目指して活動している。

　農産物にとってブランドが重視されるのは，商品の持つ特性にある。農業技術の進歩によって，品質は安定しているが，消費者にとっては，例えば，この野菜は有機栽培であると信用するしか方法がない場合も多い。ブランドは，情報属性を構成する１つの要素である。商品・サービスなど事業全体の各要素を統合し，顧客に対する信頼を付与するという位置づけがなされている[25]。

　アグリマーケティングの可能性を実現するためには，中山間地域の農産物のブランド化と情報化を図ることが重要である。ブランド化によって，消費者の高級化・高品質志向や安心・安全性志向など，農産物に対する消費者ニーズの多様化に対応することができる。ブランド化を促進するためには，多品種少量生産の農産物の生産，販売，消費を統合化することができる情報システムを構築することが必要不可欠である。

第3節　ロジスティクス

❶　ロジスティクスの現状

　米国ロジスティクス管理協議会［1986］によれば，ロジスティクスとは，「顧客のニーズを満たすために，原材料，半製品，完成品およびそれらの関連情報の産出地点から消費地点に至るまでのフローとストックを，効率的かつ費用対効果を最大ならしめるように計画，実施，統制すること」を指す。ちなみに，1986年に定義された後，原材料，半製品，完成品の箇所が，財，サービスという用語に変更された。この定義の変更は，ロジスティクスの範囲の拡大に対応したものであるといえよう[26]。

　わが国における物流効率化への取組みは，物流技術の発展と情報化の進展に伴い，大きな変貌を遂げてきている。食品流通における物流においても，メー

カー，卸，商社，小売・外食など，あらゆる業種業態で物流を見直す動きが活発化している[27]。

阿保栄司＝矢澤秀雄[2000]は，図表6－5に示されるように，ロジスティクス・システムの進展と領域の拡大について，各段階ごとに，ロジスティクス・システムの構成および活動状況の違いを要約している。これらの発展段階は，システムの構造がそのまま単に対象領域を拡大しているのではなく，動態的な環境条件の変化に適応するために，イノベーションを吸収して，構造変化を起こし，それに触発されて，内発的かつ自己触媒的に自らの構造を変革することによって進化を遂げていると述べている[28]。

現在，アグリビジネスの環境の変化に伴って，企業におけるロジスティクス活動の重要性が高まっている。ここでアグリビジネスの環境の変化についてみてみよう。第一に，消費者の需要は，安全性の重視や，中食の需要の増加に代表されるように，消費者の持つニーズに変化が起きている。

第二に，アグリビジネスにおいて，物流の上位概念であるロジスティクス活動が大きく変化している。

図表6－5　ロジスティクス・システムの進展と領域の拡大

発展段階	対象領域	内容	位置づけ
第1段階 物流システム	部分内	物流を物流部分内活動として捉える	物流部分はコスト・センター
第2段階 ビジネス・ロジスティクス・システム	全経営的	物流・生産・購買を縦断する物の流れとして捉える	企業利益と競争力に戦略的に貢献することを目指す
第3段階 サプライチェーン・ロジスティクス・システム	企業グループ全体	関係企業の協力システムで管理	サプライチェーン全体の協力化
第4段階 グリーン・ロジスティクス・システム	全社会的地球環境を視野に	アースからアースまで（大地から大地まで）	循環経済として持続的発展

（出所）　阿保栄司＝矢澤秀雄[2000]13頁

第6章　アグリビジネスのビジネス・システム

　第三に，ロジスティクスのグローバル化があげられる。秋谷重男[1996]は，わが国では食品流通のグローバル化が進展し，情報・輸送・保管分野での技術革新と多様なネットワークの形成がなされ，チャネルシステムの革新が始まったと指摘している。わが国における生産者や組織は，「海外産地の存在」と「情報の国際化」を前提にした生産・供給システムを構築しなければ，経営が成り立たない時代に入ったと述べている[29]。

　つまり，アグリビジネス企業は，国内生産力の維持・発展のために，地元で生産された生産物を地元で消費する狭域的な流通，すなわち，地産地消の流通の形成も十分に考慮した上で，ロジスティクス・イノベーションを行うことが重要であろう。

❷　ロジスティクスが抱える課題

　上述したように，農業を生産面からのみ問題にするのではなく，関連製造業，関連投資，飲食業，関連流通業を含めた総合的なアグリビジネスの一環として把握すべきである。最近のわが国の動向をみると，農業生産は停滞しているが，関連流通業は持続的な成長・発展を遂げている。しかし，それが逆に問題を引き起こしていることも事実である。流通業の中でも量販店やコンビニの拡張は顕著であり，それが多頻度少量配送を要請し，物流効率化の阻害要因になっている[30]。

　先述したように，1990年以降，食品販売ルートである流通が大きく変化しており，食の供給面における流通コストは生産コストより大きくなった。図表6－6は，「農業・食品関連産業の農業計算」を利用して，農業・漁業・食品工業と付加価値額について作成したものである。図表6－6に示されるように，生産コストと流通コストの割合は70対30であり，2000年時点では，52対48になっている。すなわち，生産コストと流通コストの割合をみると，生産コストは年々減少し，流通コストが年々増加しているのが分かる[31]。

　わが国の農産物の物流システムは，市場取引に依存しており，市場以外の物流システムは十分に整備されているとはいえない。しかし，大手スーパーでは，産地に直接入り込んで，価格取引では市場を通すが，品物は直送するというシ

図表6－6　生産部門（農業・漁業・食品工業）と流通部門の割合

	国内総生産額（単位：10億円）割合（％）			
	1970年	1980年	1990年	2000年
生産部門	7,125億円（70.8％）	16,688（64.7％）	21,696（58.6％）	20,976（52.2％）
農業・漁業	3,887億円（38.6％）	7,579（29.4％）	9,390（25.4％）	6,624（16.5％）
食品部門	3,238億円（32.2％）	9,089（35.3％）	12,306（33.2％）	14,352（35.7％）
流通部門	2,934億円（29.2％）	9,083（35.3％）	15,261（41.4％）	19,097（47.8％）
商　業	2,658億円（26.4％）	8,173（31.8％）	13,543（36.7％）	17,106（42.6％）
運輸業	276億円（2.8％）	910（3.5％）	1,718（4.7％）	1,991（5.2％）
合　計	10,059億円（100.0％）	25,751（100.0％）	36,957（100.0％）	40,703（100.0％）

（出所）　芝崎希美夫＝田村馨［2007］78頁

ステムに変わりつつある。このため，日本の生鮮品の物流について，今後とも市場取引中心でいくのか，市場機能を見直すのか，市場以外のシステムに変えていくのか，という点が大きな課題となっている[32]。

　また，道路，港湾，貨物ターミナル，空港などの物流インフラは徐々に整備され，冷蔵車の普及など物流技術が高度化しているので，農産物の集荷範囲は大幅に拡大している。その結果，安価な野菜までも国内の市場遠隔地からの集荷が一般的となり，ひいては，近隣諸国からの安価な野菜の輸入が増大する可能性も高いと考えられる[33]。

❸　今後の展望

　わが国の農産物は，少量多品種という特性からこれまで販売上，不利な条件を抱えてきた。一方で，消費者や需要者の農産物に対するニーズは多様化しつつある。様々な地域や農家による特徴ある農産物の生産が伝統であるわが国の農業にとって，ロジスティクスの進展は極めて厳しい状況にある。

　岸川［2006］によれば，ロジスティクスの最大の基盤は，情報ネットワークと，物流を中核とする資源ネットワークである。また，企業によるロジスティクスの形態と業績の関係についての実証研究を行った結果，供給連鎖全体をロジスティクスの対象とし，オープン・ネットワークを用いたロジスティクスを展開

した企業の業績が，最も高い成長率を示した，と述べている[34]。

門間敏幸[2009]は，農業経営のネットワーク化により，多様なニーズに対応できる農業経営の実現が行われていることを指摘しており，ネットワーク型農業経営組織が，わが国における新たな農業の担い手として注目されていると述べている[35]。

岸川[2006]は，顧客満足を充足するためには，ロジスティクスを原動力として企業間関係の設計・再設計を行うことにより，供給連鎖の組換えを行うことが重視されると述べている。流通の多様化が進展しつつあり，新たなビジネス・システムの台頭が続いている現状を考慮すると，流通の変革との間に深い関連を持つビジネス・システムの多様化は，今後も継続すると考えられる[36]。

門間[2009]は，企業的農業経営者が，知識やノウハウ・技術開発・情報の受発信などの手段を活用して，一定の地域範囲，もしくは全国段階で同様な経営目的・形態を持つ農家を統合し，経営の標準化を実現することによって，多様な実需者ニーズに対応するフランチャイズ型の農業経営と呼ぶべき組織間連携を実現していると主張している[37]。今後，顧客志向型のビジネス・システムを構築する上で，継続的に，適切なロジスティクス活動を行うことが極めて重要な課題であるといえる。

現在，農業分野におけるIT活用によって，農業関係のサイトが増大しつつあり，農産物販売や地域の紹介に注力している。最近では，インターネットを積極的に活用するサイトも増加傾向にある。今後，農業・農村の健全な発展と真に豊かな生活の確立のために，一般消費者から外食，食品産業，農業生産者まで，幅広い層が参加した総合的なネットワークの構築が急務になっている[38]。

先述したように，オープン・ネットワークを用いたロジスティクスを推進することによって，わが国農業における農家経営の問題点をいかに克服し，生産性および効率性の高い農家経営を実践するかが，今後の重要な課題である。

第4節　供給連鎖の意義

❶　供給連鎖の重要性

　初期の物流段階では，輸送・保管・包装・荷役という業務領域が物流の対象範囲であり，それらの業務をいかに低コストで行うかが最大の管理テーマであった。ロジスティクス段階では，製品物流が生産管理や原材料の調達活動とリンクし，供給連鎖上の企業内活動に広がっている[39]。

　岸川[2006]によれば，供給連鎖（サプライチェーン）は，「生産者起点による製品の流れ，機能連鎖，情報連鎖のこと」であり，製品の開発から消費に至る一連のプロセスであると述べている。これを実現するためには，ロジスティクスの本来的な機能である，①多機能領域の垂直的統合，②情報駆使，③ライフサイクル指向，④顧客満足重視，⑤活動の連鎖，⑥全体最適，⑦実需に応じた供給，⑧経営戦略と連動，⑨フレキシビリティ，が必要不可欠であると述べている[40]。

　食と農の距離の拡大は，従来のように，農家が生産した農産物がそのままの姿で各家庭の台所に持ち込まれ，調理されるという場面が減少し，食品製造業や外食産業で加工され，調理されたものを消費することが大幅に増加している。その結果，図表6-7に示されるように，食料・食品の連鎖の地理的な距離，時間的な距離，それに，多くの業種にまたがる段階的な距離という3つの局面で課題が発生している。その中で最も複雑なものが，外食産業における多くの流通業者にまたがる段階的な距離の拡大である[41]。

　要するに，食と農の間に様々な食品産業が入るようになり，食料経済を捉えるには，それらの食品産業の動向を含めた全体の流れをトータルに把握しなければならない。

　さらに，農業・農村側の経済主体は，農協，農業生産法人，第三セクター，地元資本などの形態が，多様化している。そして，川中・川下を統合化した地

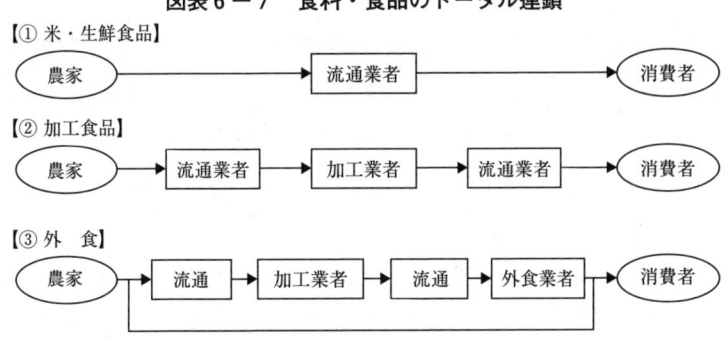

図表6-7　食料・食品のトータル連鎖

【① 米・生鮮食品】
農家 → 流通業者 → 消費者

【② 加工食品】
農家 → 流通業者 → 加工業者 → 流通業者 → 消費者

【③ 外　食】
農家 → 流通 → 加工業者 → 流通 → 外食業者 → 消費者

(出所)　高橋正郎[2004] 6-7頁を筆者が一部修正

域内発型アグリビジネス経営体として，生産にとどまらず，加工施設，直販所，レストラン，体験交流施設などを集積して価値連鎖を形成してきた。このような経営体は地域内から調達した原料や食材を利用して，高齢者・婦人の雇用の場を創出し，新規参入者の受け皿としての機能を持つようになった。上述した，川中・川下の統合化は，多様な地域資源の活用と多様な機会を提供しやすくしている[42]。

❷　消費者志向の供給連鎖

　近年，食品業界や関連する流通・小売業界を取り巻く環境は厳しさを増している。食品メーカーは，市場の変化や消費者の嗜好の多様化に伴う生産の多品種・小ロット化，製品の短命化，消費期限や鮮度管理の問題，流通側の要求などに，迅速かつ柔軟に対応しながら在庫を削減する必要性に迫られている。このような状況の下で，必要な製品を過不足なく生産し，適切なタイミングで供給する体制を整える必要があろう。具体的には，サプライチェーン・マネジメント（SCM）を成功させることに他ならない。そのためには，一連の生産・供給活動の起点となる需要予測の精度を向上させることが不可欠である[43]。

　農林水産省は，2002年4月「食品の流通部門の構造改善を図るための基本方針」に基づいて，食品流通の合理化を目的とした施策を提示した[44]。この方針は，流通機構の合理化および流通機能の高度化に関する基本的な方針を指し

示したものである。①情報ネットワーク化の推進，②ロジスティクスの推進，③多元的な流通経路の形成，④品質管理機能の向上，⑤情報提供機能の向上，の5点が指摘されている。特に，①情報ネットワーク化の推進について，ITの活用に基づくサプライチェーン・マネジメントやトレーサビリティ・システムの構築，情報機器の活用による需要動向の把握などの具体的な方向性が示されている[45]。

近年，多発した食品の安全性をめぐる事件は，これまでの小売主導型サプライチェーンが，食品の品質・安全性を確保する機能を必ずしも十分に内部化していなかったことを露呈させた。そのため，先述したように，食の安全・安心の確保のための手法として，ITを活用したトレーサビリティ・システムが導入されつつある[46]。

図表6－8に示されるように，信頼のフード・セーフティ・チェーンとは，農産物を購入した消費者に対して，被害を出さない，あるいは，被害を少なくするためのシステムである。サプライチェーンの初期段階において，GAPを実施することによって，生産者から販売店まで一貫して管理するために，確保

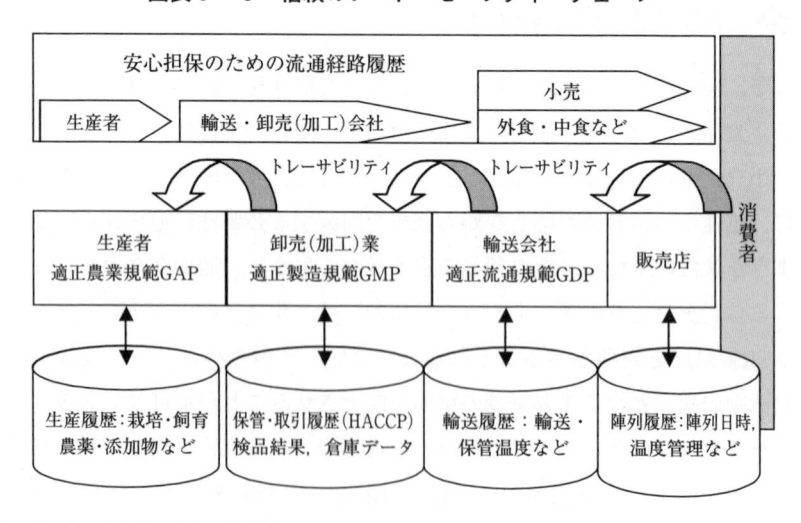

図表6－8　信頼のフード・セーフティ・チェーン

(出所)　初谷誠一[2005]41頁を筆者が一部修正

の体制（フード・セーフティ・チェーン）ができるようになった。フード・セーフティ・チェーンのスタートラインに立つ生産者が、GAPの実施で農場のリスク管理を十分行って情報発信を実現することにより、農産物が生産者を離れてから消費者の手に渡るまでの流通段階の各段階で、誰がどのような責任を負うかが明確に規定されることになる[47]。

❸ 社会性を意識した供給連鎖

阿保＝矢澤[2000]は、「サプライチェーンは、1つあるいはそれ以上の関連する製品群について、購買、生産、物流活動に対して集合的に責任を持っている自律的もしくは、半自律的なビジネス実体のネットワークであると定義することができる」。また、企業は、サプライチェーン内のプロセスをリエンジニアリングすることを強制されている。具体的には、将来を予測することはリスクを伴うので、意思決定を用いて各種の代替策を分析し、その結果を公平に定量化し、組織が正しい意思決定ができるようにしなければならない、と述べている[48]。

図表6-8に示されるように、サプライチェーンだけではなく、単に食品安全性のみにとどまらず、生産者自らがリスクへの対策および環境配慮に適切な農産物生産・流通を実現しなければならない。そのためには、サプライチェーン構成者の信頼関係を構築するネットワーク形成が重要である[49]。

食の安全が問われる現在、農場から食卓までの農産物流通における透明性を確保するシステムを、生産者は受け身ではなく、戦略として捉えることが必要な時代であるといえる。したがって、農業・食料産業の中核としての農業生産者は、経営において、情報または情報化問題に主体的に取組むことが必要である。

今後、消費者の安全・健康志向が高まり、市場独自のブランド形成や品質保証システムが他のチャネルに対する競争優位性を左右すると考えられる。その際、業者間の信頼感やシステム的な優位性、はたまた公共的な立場にあることを訴求することによって、消費者が直接関与する仕掛けを持つ方が効率的であろう[50]。

近年,消費者ニーズを的確に把握することは困難を極めている。消費者ニーズは時間とともに変化するため,個々に合わせたカスタム・メイド農産物を生産することが望ましい。情報ネットワークは,ロジスティクスの最大の基盤である。農作物の産地のIT化を進展させることによって,ロジスティクスの基盤を整備することが,アグリビジネスにとって非常に重要な課題であるといえる。

商品の生産から物流,販売まで一貫して管理,トータルの視点で業務効率の最適化を目指すサプライチェーンを構築し,物流コストや販売価格の引き下げを実現することも課題であるが,今後,消費者ニーズに最適なディマンド・チェーンの構築がますます重要になっていることを認識しなければならないであろう。

第5節　米沢郷牧場のケーススタディ

❶ ケース

本ケースでは,新しい農と畜産の文化を地域から創造している米沢郷牧場のアグリビジネス・システムについて,理論をベースとしながら分析する。米沢郷牧場の循環型農業・農産加工について問題点を指摘し,それに対する課題および解決策としてトレーサビリティ・システムを中心に考察する。

米沢郷牧場の事業は,水稲,ぶどう,酪農,葉たばこ,肉用牛,養豚,ラ・フランス(西洋なし),野菜などを生産し,農産加工の生産部会を持ち,約28億円の年商を上げている[51]。

水稲は不利な土地条件ながら,高水準の栽培技術を持ち,国内でも上位の多収地域となっている。果樹では,ぶどうの生産量は県内1位で,品質も全国的に高く評価されており,特産物になっている[52]。米沢郷牧場の自然循環農業とは,土,水,大気そして微生物の間の自然の物質循環を全体的に取り戻そう

という考え方である。そのために，畜産，野菜，米，果実，農産加工をすべて行い，その間を「菌体飼料工場」「堆肥センター」「BMWシステム」[53]などで結びつけている。

このシステムの中に有機栽培も含まれている。また，米沢郷牧場の「BMWシステム」とは，図表6－9に示されるように，牛の尿を何槽もの槽を通しながら自然石や腐葉土で処理した，バクテリア（B），ミネラル（M），活性化した水（W）のことを指し，家畜の飲水や飼料・堆肥の発酵，稲・野菜・果樹の有機栽培に効果的に用いられている。「BM菌体」での生ゴミ処理など，米沢郷の物質循環の要として，大きな役割を果たしているシステムで，1992年から導入されてきた[54]。自然循環農業集団リサイクルシステムは，無理をしない，無駄を出さないという米沢郷牧場の自然の循環農業スローガン「世界一の技術集団をめざす」の実現を目指している[55]。

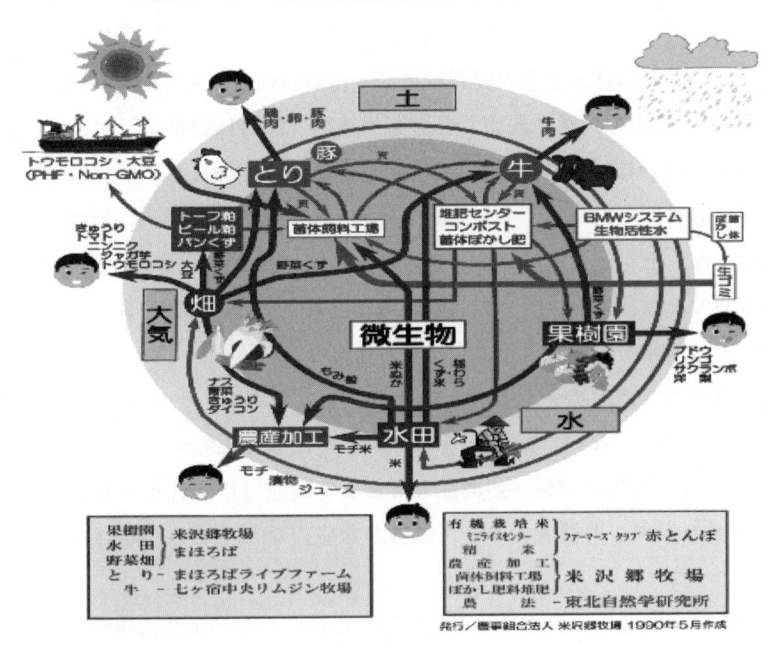

図表6－9　自然循環農業集団リサイクルシステム

(出所)　大澤[2000]80頁

❷ 問 題 点

　近年，堆肥などによる土づくりの減退や化学肥料・農薬の不適切な使用が，生産環境に悪影響を与えている例が顕著にみられている。農業の自然循環機能の低下とともに，農業が環境に過度の負荷を与え，営農環境や生活環境を阻害することが懸念されている。

　自然条件や営農条件など，地域の実態に配慮した環境保全型農業の実践を推進するため，農林水産省は，「農業生産環境調査」(1998年7月調査) に基づいて，「環境保全型農業推進方針」を策定した。市町村（約1,000市町村）について，その取組状況をみると，「推進体制を整備し活動」，「環境保全型農業の推進協議会設置」，「農家に対する指導（講習会の開催）」などについて，実施中または実施予定とする市町村が約7割に及んでいる。このように，地域の関係機関が一体となった取組みが行われつつあるものの，農家レベルでの取組みは，農家戸数で数パーセントにとどまるなど，現場における浸透は依然として不十分な状況となっている。

　厚生労働省と農林水産省の両者による「食品の表示に関する共同会議」が開催され，JAS法の「賞味期限」と食衛生法の「品質保持期間」は，2005年には「賞味期限」に統一された。BSE問題の発生を契機にして，牛にとどまらず広範な品目にわたって，トレーサビリティ・システムの導入が展開されるようになった。トレーサビリティ・システムとは，食品の生産・加工・流通などの各段階で，原材料の出所や食品の製造元，販売などの記録を保管して，その食品とその情報が追跡できるようにする仕組みである[56]。

　米沢郷牧場の既存のトレーサビリティ・システムは，①生産者のデータを収集する仕組みがない，②データに即時性が乏しく実際の流通と消費の現場に合わない，③現物の個々の商品とデータを関連付ける仕組みが煩雑である。④データの表現が消費者のニーズに合わない，など4つの問題点があげられる[57]。

　もう1つの問題は，農薬や治療薬をいくら使ったかの履歴情報を参照できても，それが残留毒性として，どれ程の影響を持つものかどうか，一般論として，

消費者には分からないことが大半である。一方，JAS有機認証は生産過程で出る廃棄物の処理過程（静脈部分）は問わないので，それが直ちに資源循環や環境保全の農法を保証するものではないのである[58]。

また，先述したように，米沢郷牧場のビジネス・システムは，川上中心のシステムになっているのが明らかである。

❸ 課題

トレーサビリティ・システムは，消費者からの情報検索が生産者まで統合されることが必要不可欠である。具体的には，消費者がチャネルで安全を確認できるシステムの確保が不可欠である。トレーサビリティ・システムのもう1つの目的は，加工，流通の川中・川下企業との関係づくりである。米沢郷牧場から生産される，米，野菜，肉の鮮度管理および流通まで，つまり，畑から消費者までの関係性の確立が重要な課題である。

トレーサビリティは，食品安全確保の面から重要であるとともに，原料原産地表示など食品表示を正しく行うことが重要である。このため，加工食品品質表示基準第8条では，「製造業者などは，加工食品の品質に関する表示を適正に行うために，必要限度において，その販売する加工食品および当該造業者などに対して販売された飲食料品の表示に関する情報が記載された書類を整備し，これを保存するよう努めなければならないと示されている[59]。

図表6-10に示されるように，米沢郷牧場グループは，ビジネス・システムの再構築（IDタグの導入，トレーサビリティ・システムの情報公表）が必要不可欠である。流通経路履歴のトレーサビリティ・システムは，生産者が出荷するすべての生産物につき，生産者が携帯電話から直接入力した栽培履歴情報や安全証明情報，流通過程で入力した物流情報を流通関係者や消費者が検索・表示できるようになる。このシステムを導入することによって，米沢郷牧場とグループが出荷するすべての生産物につき，生産者が携帯電話から直接入力した栽培履歴情報や安全証明情報，流通過程で入力した物流情報を流通関係者や消費者が検索・表示できるようになる。

食品産業分野における最大の課題の1つは，食品の安全性である。食品の安

図表6-10　トレーサビリティ・システムの流通経路履歴

G11S02100-1	T112S02100-1	P13S02100-1	R15S02100-1
米沢郷牧場	輸送業者	加工業者	消費者
生産・栽培・飼育・履歴　農薬・飼料・添加物　GAPなど	輸送・管理履歴　輸送時温度　保管時温度など	加工履歴（トレーサビリティ・システム）検品結果など	携帯でいつでも検索
生産段階で作成・保存	流通段階で作成・保存	小売段階で作成・保存	トレーサビリティ・システム

（出所）　新山陽子[2005]65頁に基づいて筆者作成

全性は，生命に直結しているので，それがどこで生産され，どのように加工され，どのようなルートを通って小売店の店頭に並べられているかという過程において，トレーサビリティ・システムという技術が必要不可欠である。トレーサビリティ・システムを導入するためには，技術的，経済的制約による幅があり，目的や達成するべき目標と効果，必要な費用を比較してシステムを構築することが必要である。トレーサビリティ・システムを導入することによって，製品にかかるコストの削減や安全性，品質の向上によって消費者の利益にもつながる[60]。

　もう1つの課題として，肥料や農薬の使用履歴など，消費者がチェックできるように，データベースの整備とアプリケーション・ソフトの構築が必要不可欠である。

注）
1）久野秀二[2002]39頁

第 6 章　アグリビジネスのビジネス・システム

2) 中野編[1998]63頁
3) 久野[2002]40頁
4) 稲本＝桂＝河合[2006]69頁
5) 石毛直道＝鄭大声編[1995]167頁
6) 荏開津[2008]143-144頁
7) 附則（2000年3月31日，農林水産省告示第517号）
8) 久野[2002]206頁
9) 大澤[2000]223頁
10) 舛重正一[2005]48頁
11) 中野編[1998]64頁
12) 大澤[2000]224頁
13) 柴田栄彦[1987]19頁
14) 祖田＝太田編[2006]88頁
15) 岸川[2007a]193頁
16) 同上書192頁
17) 稲本＝桂＝河合[2006]167頁
18) 平尾正之＝河野恵伸＝大浦裕二[2002] 8 頁
19) 同上書 3 頁
20) 稲本＝桂＝河合[2006]167頁
21) 後久博[2007] 6 , 7 頁
22) 渋谷[2009]108－109頁
23) 平尾＝河野＝大浦[2002] 4 頁
24) 二木[1997]53頁
25) 竹中久仁雄＝二木季男[1997]163-164頁
26) 岸川[2006]198頁
27) 全国中小企業団体中央会編[2009]50，52頁
28) 阿保栄司＝矢澤秀雄[2000]13-14頁
29) 秋谷[1996]12-13頁
30) 杉山編[1996]152頁
31) 芝崎希美夫＝田村馨[2007]
32) 今村奈良臣＝荏開律典生[1999]47頁
33) 杉山[1996]152頁
34) 岸川[2006]208頁
35) 門間[2009]19頁
36) 岸川[2006]209頁
37) 門間[2009] 3 , 21頁
38) 中村靖彦[1998]14-15頁
39) 本間＝中村＝佐藤＝坂田[1998]26頁
40) 岸川[2006]201頁
41) 高橋正郎[2004] 6 - 7 頁
42) 斉藤修[2001]302頁
43) 初谷誠一[2005]19頁
44) 高橋[2004]69頁
45) 同上書69-70頁

46) 加藤義忠＝斉藤雅通＝佐々木保幸[2007]188頁
47) 初谷[2005]41-41頁
48) 阿保＝矢澤[2000]232頁
49) 初谷[2005]19頁
50) 秋谷[1996]238頁
51) 大澤[2000]77頁
52) 米沢郷牧場ホームページ〈http://akatonbo.cside5.jp/eco_5.html.〉を参照
53) バクテリアが，水やミネラルと共生して，有機物を分解する自然界のシステムを，自然環境浄化や農業技術として活用をはかる技術
54) 大澤[2000]81頁
55) 米沢郷牧場ホームページ〈http://akatonbo.cside5.jp/eco_5.html.〉を参照
56) 今村＝荏開律[1999]365頁
57) 筑波大学大学院（永木 正和教授，生命環境科学研究科「循環型農業」を支える畜産経営の新しいビジネス・モデル） http://lin.alic.go.jp/alic/month/dome/2004/dec/senmon1.htm
58) 矢坂雅充[2002]「環境問題と農業—農業の自然・社会環境との関わり方」東京大学大学院経済学研究科．インタビュー（http://www.maff.go.jp/hakusyo/nou/h11/html/SB1.3.6.htm）
59) 全国中小企業団体中央会編[2009]51頁
60) 新山陽子[2005]13頁

第7章
アグリビジネスと企業参入

　本章では，アグリビジネスにおける企業参入に焦点をあてて考察する。すでに総論で確認したように，伝統的農業には根本的な欠陥があり，企業など新たなアグリビジネスの推進主体が必要不可欠である。しかしながら，企業参入には解決すべき課題が山積しており，それらを概括しておく必要がある。

　第一に，農業の根本的問題について考察する。まず，伝統的農業の欠陥について理解を深める。次いで，農地問題について簡潔にレビューする。さらに，アグリビジネスの担い手の育成・確保について言及する。

　第二に，企業参入の意義について考察する。まず，拡大するビジネスチャンスについて概観する。次いで，台頭する参入企業の実態について理解を深める。さらに，アグリビジネスによる地域ブランドの確立に向けた動向に言及する。

　第三に，アグリビジネスにおける研究開発の意義について考察する。まず，研究開発の動向について概観する。次いで，バイオマスの供給加速化について考察する。さらに，研究開発を地球環境への貢献と関連づけて理解を深める。

　第四に，食料の安定供給の確保について考察する。まず，食料供給に対する取組みについて概観する。次いで，6次産業化を支える食・農連携に焦点をあてて考察する。さらに，食料自給率向上に関する動向について理解を深める。

　第五に，ユニクロのケーススタディを行う。カジュアル衣料で目覚ましい躍進を続けているユニクロが，なぜ，アグリビジネスにおいて失敗したのか。この失敗事例について，その原因と課題を考察する。

第1節　農業の根本的問題

❶ 伝統的農業の欠陥

　先述したように，わが国の伝統的農業は，小規模で家族中心の経営であった。農家は，自らが消費する食料，生産農機具，肥料など，その大部分を自給自足で生産してきた。しかし，高度経済成長下において，農家の担い手は，都市へと流出し，いわゆる，日本農家の「いえ」の崩壊・解体という問題が発生することになる。本節では，わが国の農業が抱えている耕作放棄地，担い手に関連する根本的な問題および課題について考察する。

　第二次大戦後，農業分野での化学技術や施設，設備が急速に進歩し，集約化，専門化，高投入，モノカルチャーの推進によって，世界の食料生産は飛躍的に増加した。しかし，高投入農業は安価で豊富な資源があって初めて成立するので，これらの資源が枯渇に向かっている現状では，このような伝統的農業（在来型農業）は困難になりつつある[1]。

　農業において，天然資源その他の投入財が有限である限り，いつまでも高投入，エネルギー多消費型の生産システムを継続することは不可能である。また，穀物の大量生産のためのモノカルチャー（単作化）農業は，土壌劣化などの弊害を発生させている。そして，農業の集約化と地域集約化の結果，家畜の排泄物（有機肥料）が不足する地域では，化学肥料の多用によって，公害が発生していることが多い[2]。

　時子山＝荏開津[2005]は，新高収量品種の穀物生産量を増加させるためには，在来農法から近代農法への転換という農業生産の全面的変革が必要であると述べている。そして，その変化は，大量の農薬と化学肥料の投入を伴うものであり，穀物生産量を増加するために，大量の農薬と化学肥料の投入をしていいのか，という問題を提起することになった[3]。

　わが国の農業は，高度経済成長期以来，図表7－1に示されるように，農産

第7章 アグリビジネスと企業参入

図表7－1　日本の行政価格導入，基準価格の引き上げ・据え置き・引き下げ，行政価格の廃止

年　次	特　徴
1960～1970年	制度の導入・基準価格の引き上げ
1970～1975年	基準価格の引き上げのピーク
1975～1980年	引き上げ率の低下
1980～1985年	引き上げ率の低下・基準価格の据え置き・引き下げ
1985～1990年	据え置きから引き下げへ
1990～1995年	据え置きから引き下げの繰り返し
1995～2007年	引き下げ・制度の廃止・行政価格の完全撤廃

（出所）　藤谷[2008]15頁

物の行政価格の引き下げ，価格保障の撤廃，農産物価格の低落，農業者の所得形成力の低下，そして，これらの結果としてもたらされる担い手構造の脆弱化という一連の相互関係，因果関係に関する様々な問題が指摘されている[4]。

　1980年代後半における農家所得の減少は，農外就労と兼業化という形で農業の分野において離農の時代をもたらし，その離農率は，一世代世帯化が進んだ自給的農家で最も高いという状況を招いている。

　わが国の食生活（外食における安心・安全）や農業資源・環境保存を考慮すると，私たちの生活のために，伝統的農業（生産者）をある面では守らなければならない。そのため，農業技術を発展させることによって，農産物価格の安定や不利な環境条件を改善し，高い生産性を実現させなければならないであろう。

❷　農地問題

　笛木[1994]は，現在の土地・農地市場を，それをもたらした土地・農地政策を含めて抜本的に改革して，日本農業を守り，発展させることが不可欠であり，日本農業の問題として，農地の多くが，旧型自作小農の担い手の農業離脱とともに，非農業的（都市的・開発的）利用の資産価値体系に没入してしまったからであると述べている[5]。

　国は，将来とも社会的に必要とされる農地利用をいかに良好に守り，保存し

ていくのかについて真剣に取組み，解決しなければならない．

　土地の利用や権利関係の問題は，農地改革によって自作小農が社会的存立基盤を失い，解体・空洞化していることにある．また，それに伴う新しい担い手層のもとに農地利用の集積・再編を図ることが，多面的な農地利用への国民的要求を満たすことと併せて今日的な課題になっている[6]．

　高度経済成長期を通じて，農家労働力に対する吸引力は強かったが，質的には兼業化という形でしかなく，離農に結びつかなかった．しかし，都市計画や農地転用の決定権限は，マクロの国土利用の視点からミクロの住民生活の視点への転換に応じて，国から地方への委譲をもたらされた[7]．

　わが国は，欧米諸国に比べて利用可能地が少なく（欧米の国土面積の5～7割に対し，わが国は2割強），しかも，道路や水利用に恵まれ，歴史的にも都市的利用と農地利用が混在しているという特徴を持っている．そのため，直接・間接に農地と他用途利用との競合が避けられないものの，必要な農用地を将来的に農用地として守っていく必要がある[8]．

　『農業センサス』によれば，耕作放棄地の拡大が，農地面積の減少の大きな要因となっている．耕作放棄地面積は，図表7－2に示されるように，1985年

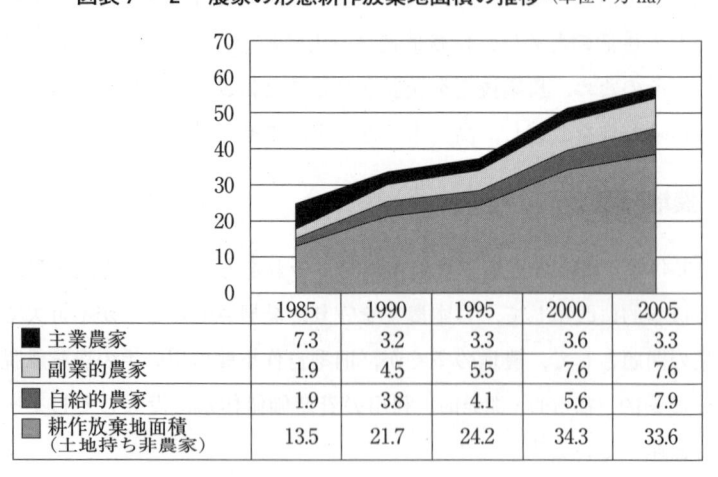

図表7－2　農家の形態耕作放棄地面積の推移（単位：万ha）

	1985	1990	1995	2000	2005
■ 主業農家	7.3	3.2	3.3	3.6	3.3
□ 副業的農家	1.9	4.5	5.5	7.6	7.6
■ 自給的農家	1.9	3.8	4.1	5.6	7.9
耕作放棄地面積（土地持ち非農家）	13.5	21.7	24.2	34.3	33.6

（出所）　農林水産省[2007]『農林業センサス』に基づいて筆者作成

までは，13万haで横ばいであったが，1990年以降増加に転じ，2005年には，東京都の面積の1.8倍に相当する38.6万haとなっている。一方，主業農家の耕作放棄地面積は，1985年から2005年にかけて減少しているという現状にある[9]。

近年では，農地の利用集積において，売買による取得は困難になっている。一般的に，貸借，作業受委託によるものが多く，したがって，農地および水管理においては，貸し手，委託者の手によることが多い[10]。

わが国の農地減少の問題は，輸入農産物の増加や農家所得の悪化，高齢化・担い手の不足がその主な原因になっている。すなわち，土地生産性の持続的向上のために，農地利用・保存を行う人材育成など，少子・高齢化時代における農地政策が国民的な課題であるといえよう。

❸ 担い手の育成・確保

先述したように，農業者の減少や高齢化に伴って，個別の農業経営だけでは地域農業を維持していくことができなくなり，農作業をサービス事業体に委託するケースが多くみられるようになった。

農政改革大綱は，幅広い担い手を確保するために，多様な就農ルートを通じて幅広い人材の確保・育成を推進するとともに，地域の実情に即し，法人経営を含めた多様な形態による足腰の強い農業経営の展開を図ることを目的としている。その主な政策としては，①新規就農の促進，②多様な担い手の確保（地域農業の維持・発展を確保するため，担い手への施策の集中を図るほか，集落営農の活用，市町村・農協など公的主体による農業生産活動への参画促進などにより，地域の実情に応じた多様な担い手を確保・育成する），などがあげられる[11]。

新しい担い手の確保と地域農業の振興を図るために，都道府県や市町村などの地方自治体あるいは外郭団体において，当該行政区地域内の農産物などの利用拡大，地域農業の振興を目的とした地産地消の試みが展開されている。具体的には，図表7－3に示されるように，生産者個人あるいは生産者組織（任意グループ，農協，農業法人など）が中心になって，新たな販路や流通コストの削

図表7－3　地産地消の主たる担い手に基づく類型区分と特徴

類型名	主たる担い手	典型事例	取組みの主な目的
生産者組織主導型	・生産者個人 ・任意組織 ・農協 ・農業法人	・ファーマーズ・マーケット ・庭先販売 ・観光農園 ・農家・農村レストラン	・有利販売，販路確保 ・流通経費などの削減 ・消費者との交流 ・地域農業の理解向上
消費者組織連携型	・生協 ・NPO ・消費者協会	・生協地場産直 ・農産物のトラスト運動 ・共同組合間地内提携産直	・安心・安全な食糧の入手 ・地域環境保存・農業者との交流
加工・飲食業者連携型	・食品加工業者 ・飲食業者	・地域特産品 ・郷土料理店	・売上げの維持・向上・出荷者の確保 ・生産者と消費者の仲介
行政主導型	・地方自治体 ・自治体の外郭団体	・地産地消運動の推進 ・学校給食での地場産品利用 ・地域食品の認証制度	・地域の農業・食品産業の振興 ・住民への地場産品の提供 ・地域の農業・食品産業の理解向上

（出所）橋本他編[2004]52頁を筆者が一部修正

減による所得向上，消費者との交流や地域農業の理解促進などを目的として，地産地消に取組んでいる。

　これらの地産地消の試みは，近年，全国的に急増している朝市・直販所などのファーマーズ・マーケットのほか，庭先販売，沿道販売，うね売りなども含まれる。このような地産地消の動向は，内発的発展によって地域経済を活性化させるとともに，地域内発型アグリビジネスを起業化し，雇用拡大に結び付く可能性を内包している[12]。

　そのため，地域内発型アグリビジネスの取組みは，多様な方面における担い手の確保（就農）にもつながるケースも多い。また，生産者は，消費者との「顔のみえる」場を構築することが可能になるため，農業生産活動および農家の耕作放棄地を減少することにつながる。

第2節　企業参入の意義

❶　拡大するビジネスチャンス

　2003年，構造改革特区制度により，農地法の例外的な適用が行われ，企業の農業経営に関する規制緩和が実現した。また，2005年，農業経営基盤強化促進法において，企業は，特定法人貸付事業として位置づけられ，一般的な制度となった[13]。

　農政改革大綱によれば，「農業経営の安定と発展」について，経営感覚に優れた効率的・安定的な農業経営を育成し，その創意工夫を発揮した経営展開を行えるよう，意欲ある担い手に施策を集中するとともに，その施策内容について，資本装備，雇用確保，技術向上など経営全般にわたる支援策として体系的に整備することが強調されている。

　梶井[2003b]は，国は，効率的かつ安定的な農業経営を育成し，これらの農業経営が農業生産の相当部分を担う農業構造を確立するため，営農の類型および地域の特性に応じ，農業生産の基盤整備の促進，農業経営の規模拡大その他農業経営基盤の強化が必要であり，全国各地域において農地・担い手など物的・人的資源の最大限の確保を図るとともに，地域の条件や特色を活かした自由で多様な経営展開が必要であると述べている[14]。

　農家以外の農業事業体の動向としては，これまでいわゆる加工型畜産を中心とする資本装備の卓越した大規模経営が注目されてきた。一方，土地利用型部門の事業体は，1事業体当たりの土地および資本装備からみれば，かなり大規模な経営の集積といえる。しかし，日本の土地利用型農業の構造は，いまだ農家中心であり，当該部門における経営耕作面積，借地面積，農業労働力，資本装備のいずれをとっても，対農家に占める地位は微々たるものであった[15]。

　わが国の経済・社会・農家・農業・農村社会をめぐる多面的な変化の中で，家族経営における伝統的な経営継承の形態が適切に機能しなくなり，農家の後

継者問題が重要な問題となっている。また，農業における共同経営，法人経営の登場，農業関連企業の多様な形態での農業参入が進展し，わが国の伝統的な農業経営に新たな動向がみられている[16]。

企業が農地を使った農業経営に参入するには，「農業生産法人方式」と「農地リース方式」の2つの方式がある。農業生産法人方式は，企業の経営者などが自己所有農地などを用いて，農地法で決められた農業生産法人を設立し，2003年に始まった農地リース特区で行う形態を指す。企業本体が農業経営を行うことができるものの，農地は所有ではなく借入に依存したものになる[17]。

近年，企業の持つ事業開発力を利用した農産物を中心にした事業への新規参入が増加している。わが国の食料生産および自給率を向上するためには，農林水産省は，農政を見直し，企業が効率的・安定的な農産物の生産をするように，経営環境を整備し，農業参入へのビジネスチャンスを誘発する必要性があろう。

❷ 台頭する参入企業

先述したように，担い手の不足・農家の高齢化が進展する一方で，耕作放棄地が増加しており，その解決策として，企業の農業参入が認可されることになった。

1990年代末以降の農地改革によって，企業の農業生産法人への出資や農地取得の規制緩和は，大手企業のアグリビジネス参入への追い風となっている。樫原＝江尻[2006]は，大手企業のアグリビジネス参入について，農村地域の現状は多様であり，その担い手も多様であるので，この農村地域の多様性を尊重しながら，その活性化の方策を樹立することが必要であると述べている[18]。

農林水産省は，新たな食料・農業・農村基本計画において，2015年の「農業構造の展望」を提示している。構造改革に向けた施策は，①地域における担い手を明確にして経営強化を集中的・重点的に実施する，②法人化したか法人化を目指すような集落営農組織を支援育成する，③農外からの新規就農者を増やす，④特定法人貸付事業で企業の農業参入を促進する，としている[19]。

農地法によれば，農業生産法人は，農地の権利を有して農地を耕作し，農業経営を行うことのできる法人であり，法人の組織形態要件，事業要件，構成員

図表7－4　企業参入の意義

対象	区　分	内　　容
企業	新規事業の創出としての意義	自社の持つ経営資源の有効活用 新たな企業成長の機会獲得
企業	本業への貢献としての意義	環境保存や食糧自給に貢献する企業として，企業効果向上 本業の製品差別化による競争力強化（食品産業の場合）
地域	地域農業にとっての意義	耕作放棄地の発生防止，農地・水利施設などの維持保全 地域農業として後継者の確保 既存農家の意識改革と高付加価値など新たな農業展開期待
地域	地域経済にとっての意義	地域の雇用の維持・創出 農業の関連産業の需要創出
国	国全体にとっての意義	農地という限られた資源の有効活用 食料自給率の向上とわが国農業の再生

（出所）　渋谷住男［2009］69頁

要件，業務執行役員（経営者責任）要件，の4つの要件をすべて満たすこととされている。現在，食の安全性が問われ消費者のニーズが多様化している中で，企業が注目しているのが農業であり，アグリビジネスを手掛けるケースが目立っている。現実的には，農業や食とは関係のない異業種から参入する企業も少なくない。現在の新農業法では，株式会社形態の農業生産法人に対する企業の出資比率は25％，単独企業で10％，法人の役員の過半数が，常時農業従事者でなければならないなどの制限があり，企業にとっては，農業参入の条件は厳しいものになっている[20]。

　図表7－4に示されるように，企業が新たな発想や能力を発揮してアグリビジネスに取組めば，日本農業全体の再生につながる可能性がある。従来の農業や農業法人が持っていない技術やノウハウによって，地域農業再生に貢献することも期待でき，これらの企業参入の意義をいかにして拡大していくかが今後の課題である[21]。

3 地域ブランドの確立に向けた動向

　1995年,コミュニティ(地域社会)への配慮を推進するために,協同組合は,組合員によって承認された諸政策を通じて,自分たちのコミュニティの持続的発展のために働くことを原則として設立された。すなわち,協同組合構成組合員の利益擁護だけではなく,組合員の所属している地域社会で地域住民とともに,地域社会の持続的発展のためにも,その力量を発揮する必要性を提起したものであり,画期的な試みであるといえよう。

　地域社会に広く存在する地域生活関連労働(農業・食料・教育・文化・福祉・医療・環境など)を,公共セクター,協同組合,民間の地場産業と連携することによって,地域の持続的発展という共通課題の実現に向けて取組むことが必要となりつつある[22]。

　中山間地域では,自然景観を活かした交流事業など,リゾート適地としての利点,また,気温の日較差を利用した農業生産やその素材を活かした加工・販売事業などが盛んになっている。しかし,このような有利な側面を考慮しても,なお,埋め切れない地理的・生産的条件の不利,すなわち,社会資本整備の遅れが存在する[23]。

　現在,地域内発型アグリビジネスにおける起業を可能にしているのは,近年の国民のライフスタイルや価値観の変化に伴って,消費者や都市住民の間で広がっている農業・農村に対する多様なニーズとの結び付きがその背景にある。これらの多様なニーズによって,農村の中で新しいビジネスチャンスが生まれ,需要創造型の新しいビジネスを可能にしているといえよう。例えば,地域資源を活用することにより,地域産品の直販から地域独自のサービス提供まで及ぶ地域内発型アグリビジネスの起業が可能になる[24]。

　島田晴雄=NTTデータ経営研究所[2006]は,地域ブランド確立のポイントとして,①住民が主役となること(ブランド意識の共有),②独自の方法論によること(地域の特性を活かし,地域全体を巻き込む仕組みを構築),③地域密着型であること(ヒトや生活の重視),④強力なリーダーシップの存在(首長やゼネラルマネージャーなどのリーダーシップ),⑤ステークホルダーの協力・連携

図表7-5 京都産農林水産物に関するブランド認証の概要

ブランド産品の条件	ブランド認証基準
① 京都産農林水産物全般を対象とする	① イメージが京都らしい
② 高規格のブランド認証基準をクリアする	② ①以外のもので販売拡大を図る必要がある
③ 市場流通する生産量を確保できる	④ 次の要件を備えている ・出荷単位としての適正な量を確保 ・品質・規格を統一 ・他産地に対する優位性・独自性の要素がある
④ 加工向け産品は除く（消費者の目に触れる）	
⑤ 有職者の審査会で認定を受ける	

（出所）島田晴雄＝NTTデータ経営研究所[2006]184頁

（行政，地域企業，NPOなどの各種団体，地域の大学などの協力・連携），の5つをあげ，地域商品・サービスのブランド化や地域そのもののブランド化のために活動し，それに成功するだけでも大変な時間と知恵が必要であると述べている[25]。

ここで，京都産農林水産物の事例についてみてみよう。図表7-5に示されるように，品質・量とともに優れた京都産農林水産物を市場や消費者にアピールするために，行政・農業関係団体・流通業界が一体になって，認証基準を設定し，ブランド構築の根本となる「ものづくり」を行っていることが分かる。また，京野菜トレーサビリティ・システムを構築し，水菜・壬生菜など一部の京野菜を対象としたトレーサビリティ・システムが適用されている[26]。このような地域ブランドが各地で構築されることは，アグリビジネスにとって望ましいことであるといえよう。

第3節　研究開発の意義

❶　研究開発の動向

　生産，流通，加工の諸部門における農業科学技術の発達に支えられた戦後の農業・食料システムは，高い生産力と安定した供給力を実現した。畜力に替わる農業機械開発は，労働生産性を著しく上昇させ，高収量品種の開発は，化学肥料や農薬の大量投入と比例して，土地生産性を飛躍的に向上させた。しかし，過度の機械化による自然環境への負荷や農民層の分解＝中小家族農家の疎外などの問題，流通・加工過程における大規模遠距離流通や高度加工の諸矛盾，すなわち，食品鮮度や栄養の低下，健康リスク，食の画一化などが深刻な問題になっている[27]。

　今村＝荏開律[1999]は，農業生産性を向上させる新しい技術導入の1つが遺伝子組換え技術であることを提起し，現在の限られた耕地面積を大幅に増加させ，食料の増産を図ることができると述べている[28]。

　遺伝子組換え技術（GMT：Genetically Modified Technology）とは，ある生物から有用な遺伝子を取り出して他の生物に組み込んだり，都合の悪い遺伝子を機能不全にする技術のことである。いわゆるバイオテクノロジーの中でも，先端的な技術として位置づけられている。しかし，遺伝子組換え技術の活用は，動物，植物，微生物などの生物の境を超えた品種改良が可能になるなど，革新的技術であるがゆえに賛否両論が渦巻く原因でもある[29]。

　農業社会学グループのグッドマン＝クロッペンバーク（Goodman, D. B. ＝ Kloppenburg, J. R.）[1988]は，バイオテクノロジーなどの新技術が農業に及ぼす否定的影響を一貫して強調してきた。特に，1980年代から進行していた研究開発過程の制度的問題（公的試験研究機関や州立大学と産業界との関係のあり方）やアグリビジネスの産業再編（生産の集中・集積と市場の寡占化）の問題について，実証研究も含めた議論が今日に至るまで展開されている[30]。

第7章 アグリビジネスと企業参入

　1970年代末に始まるバイオテクノロジーの実用化は，1980年代を通じて「種子戦争」と呼ばれる熾烈な市場争奪戦を展開させる契機となった。そうした状況下において，わが国でも新聞や雑誌で種子産業が大々的に取上げられることになる。しかし，わが国の産業経済学や政治経済学の研究対象として，種子産業が系統的に取上げられることは依然として少数派である。つまり，種子産業の実態を分析するためには，種子商品の生産と流通だけではなく，その川上である育種過程や基礎研究段階まで含めた種子事業の全体を俯瞰する必要があろう[31]。

　現在，わが国では，アグリビジネス戦略として，本格的にバイオテクノロジー技術の共同開発および提携が進展している。参入企業の事例をあげてみると，秋田今野商店（秋田県）は，組換えDNAおよび細胞融合による醸造，朝日麦酒（東京都）は，遺伝子組換えによる食品開発，酵素による医薬品開発，細胞融合による植物育種，バイオマスからのアルコール生産など，多くの企業がバイオテクノロジー技術の活用によって，アグリビジネスに次々と参入している。また，雪印種苗（北海道）の細胞融合および組織栽培による種子の開発は，東京大学，農林水産省野菜試験所と連携して参入するなど，多様な取組みがなされていることでも知られている[32]。

❷　バイオマスの供給加速化

　バイオマス（biomass）は，ファイトマス（phytomass）とも呼ばれ，生物資源や生物由来資源と訳されることが一般的である。広義には，光合成によって作られるすべての有機物質と定義される。具体的には，バイオマスは，カーボンニュートラルな環境負荷の低いエネルギー源として有望であり，バイオマスを燃焼してエネルギーとして利用しても，排出された二酸化炭素CO_2が発生しにくいという特徴を持っている[33]。

　2007年11月，わが国では，これまでのバイオマスの利活用状況や，京都議定書発効などの戦略策定後の情勢の変化を踏まえて見直しを行い，国産バイオ燃料の本格的導入，林地残材などの未利用バイオマスの活用等によるバイオマスタウン構築の加速化を図るための施策を推進している[34]。バイオマスは，家

畜排せつ物や生ゴミ，木くずなどの動植物から創出された再生可能な有機性資源のことを指す。地球温暖化防止，循環型社会形成，戦略的産業育成，農山漁村活性化等の観点から，農林水産省や産学官が連携して，バイオマスの利活用推進に関する具体的取組みや行動計画として，「バイオマス・ニッポン総合戦略」を2002年12月に閣議決定した[35]。

図表7－6に示されるように，農産物については，食料・飼料として，バイオマスの利活用は，地球温暖化の防止や地域の活性化等に貢献していることが分かる。つまり，従来の食料等の生産の枠を超えて，農林水産業の新たな領域を開拓するものといえる。わが国においては，特に，バイオ燃料の推進について，食料と競合しない間伐材や稲わら（麦わら）などの非食用資源の原料から，効率的にバイオ燃料を生産する取組みを推進している点に大きな強みを持っている[36]。

農林水産省のバイオリサイクル研究の中では，バイオマス多段階利用の「都市近郊農畜産業型」として実施されている。具体的には，独立行政法人農業・

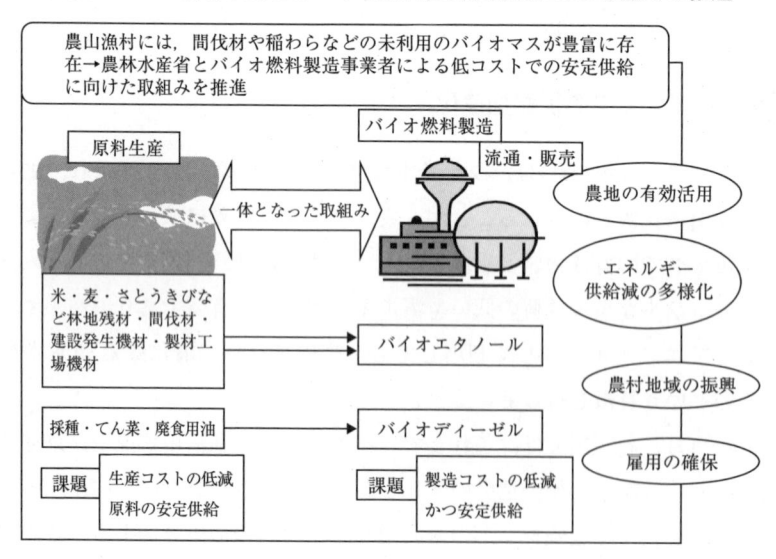

図表7－6　農林水産省とバイオ燃料製造事業者による取組みの推進

農山漁村には，間伐材や稲わらなどの未利用のバイオマスが豊富に存在→農林水産省とバイオ燃料製造事業者による低コストでの安定供給に向けた取組みを推進

- 原料生産
- バイオ燃料製造
- 流通・販売
- 一体となった取組み
- 米・麦・さとうきびなど林地残材・間伐材・建設発生機材・製材工場機材 → バイオエタノール
- 採種・てん菜・廃食用油 → バイオディーゼル
- 課題：生産コストの低減　原料の安定供給
- 課題：製造コストの低減かつ安定供給
- 農地の有効活用
- エネルギー供給減の多様化
- 農村地域の振興
- 雇用の確保

（出所）　農林水産省[2008]『バイオマス利活用の推進　11月発刊』4頁を筆者が一部修正

食品産業技術機構農村工学研究所，東京大学生産技術研究所，荏原製作所など多くの組織が参画している。すなわち，バイオマスを有効に使い尽くすことで化石エネルギーの消費と環境負荷を極力小さくすることを目標としている[37]。

今後，バイオテクノロジーおよびバイオマスなど，高度な技術については企業の方が技術開発に向いているので，わが国の農業の根本的な問題を解決するためにも，企業参入は重要な課題であるといえよう。

❸ 地球環境への貢献

近年，世界的な環境保護意識が高まっている。経済活動による環境破壊が社会的問題になり，農作物の減少，水の汚染・不足，大気の汚染など，環境保全に対する取組みがますます重要になっている。

UNEP（国際環境技術センター）[2002]の報告によれば，食料生産の鈍化の要因は，環境問題であると論じた。地球上の陸地面積約130億ha余りのうち，約15％が土壌劣化の影響を受けており，その原因として，① 過放牧，② 森林減少，③ 農業の生産方式，④ 過剰開発，⑤ 工業化の進展，をあげている。農地の汚染・劣化，水の汚染・不足，大気の汚染などの環境問題が食料安定供給に影響を与え，人口増加に見合った食料生産を支えきれなくなることが懸念される[38]。

従来の「緑の革命」において，高収量品種は病害虫に対する抵抗力が弱く，多量の農薬投入を必要としたことでも知られている。高収量品種とは，大量に投入された化学肥料を吸収して結実させる能力を持った品種のことである。この結果，農業生産において大きな環境問題を引き起こすことになった[39]。

現在，日本の農業は，農薬・化学肥料による環境負荷の軽減を配慮した，持続可能な農業を目指す動きが広がっている。特に，無農薬，無化学肥料を基本とした，有機物の土壌還元による土地づくりを目的とする有機農業は，消費者の安全志向，自然志向を追求している。しかし，労働時間の増大，収量や収入の低下を招くことがあるので，さらなる有機物のリサイクルシステムの確立が必要不可欠であろう。

バイオテクノロジーは，環境破壊が問題になっている化学，医薬品，紙，パ

ルプ，食品，飼料など，エネルギー分野を中心に，一層の発展が期待される環境調和型のクリーンテクノロジーであるといわれている[40]。

今村＝荏開律[1999]は，植物バイオテクノロジーの研究が主に遺伝子を扱う技術であり，現在までに行われている多くの分子育種的研究は，微生物に由来する単一遺伝子を主要な作物に導入することによって，耐病性，耐虫性，除草剤耐性などの形質を付加したと述べている。つまり，植物バイオテクノロジーは，21世紀における食料および環境問題の解決あるいは軽減にある程度の力を発揮すると主張している[41]。

バイオエネルギーは，地域社会，特に，農村部で大きな役割を果たす大きな可能性を持っている。新エネルギービジョンに取組んでいる宮城村の事例をみてみよう。宮城村は，畜産の盛んな村の特徴を活かし，堆肥づくりを通して有機農業の展開を図り，首都圏の安全な食料供給基地の形成を目指している。1998年からは，生活に不可欠な電気，石油，ガスなどのエネルギーと環境のかかわりをテーマに一郷一学運動に着手し，自然環境保全に貢献している[42]。

第4節　食料の安定供給の確保

❶　食料供給に対する取組み

2003年に成立した食品安全基本法は，食品規格などにかかわる国際機関であるコーデックス委員会（WTOとFOAの合同委員会）の提言を受け入れて，食品の完全性を確保するためリスク分析を全面的に取入れている。日本の場合，リスク評価を食品安全委員会が担当し，リスク管理を農林水産省と厚生労働省などが担当している[43]。

一方，農林水産省では，従来から推進してきた農業・食品産業などの産業振興部局とは別に，消費者に視点をおいた消費・安全局を設置し，産地段階から消費段階にわたる安全性を確保するため，農薬・肥料・飼料などの生産資材，

農産物・家畜・水産物の生産における衛生管理，食品加工や流通過程における安全性確保，さらには，輸入検疫の的確な実施に取組んでいる[44]。

食品安全基本法の基本理念として，国民の健康の保護が最も重要であるという基本的認識の下，必要な措置を実施すること，また，食品供給工程の各段階において，安全性を確保することが謳われている。農業生産の現場においても，食品供給工程の最初の工程であることから，十分な安全性を確保することが求められている。

総合衛生管理製造過程承認制度のHACCP (Hazard Analysis and Critical Control Points：危害分析重要管理点) システムは，政策の展開方向の，①産地段階から消費段階にわたるリスク管理の確実な実施，②食品の製造・加工，流通における取組みの促進として，取入れた衛生管理であり，営業者による食品の安全確保に向けた自主管理を促す仕組みのことを指す[45]。つまり，野菜・果実の生産から消費に至るまで一貫した衛生管理を求めることが目的である。

近年，食品の生産と消費との距離が拡大し，その間に多くの経済主体が介在するようになったので，食品の表示は，生産者と消費者との信頼関係を結ぶものとして，その重要度が増大している。農林水産省では，食品の生産・製造，流通などの履歴情報を入手する際，IT技術を用いることによって，食品とともに流通させるモデル的なトレーサビリティ・システムを開発することに成功した。トレーサビリティ・システムとは，図表7-7に示されるように，食品・生産，処理・加工・流通・販売のフードチェーンの各段階で食品とその情報を追跡し，また，遡及できる点に特徴を持つ。「追跡」とは，川下方向へ向かって，残された記録をたどり，食品の行方を追いかけることを指す。「遡及」は，川上方向にさかのぼって，残された記録をたどり，食品の出自ないし履歴を探索することである[46]。

商品の生産，処理・加工・流通・販売を追跡管理する一気通貫のシステムであるトレーサビリティを実施するためには，わが国の多くの零細農家では設置することは事実上不可能である。そのため，新たな技術および資本を持つ企業が参入することによって，国民の健康保護や信頼を最優先に取組むことが可能となり，商品の信頼性を消費者が認識することは，結果として，企業のブラン

図表7-7　食品トレーサビリティの実現効果

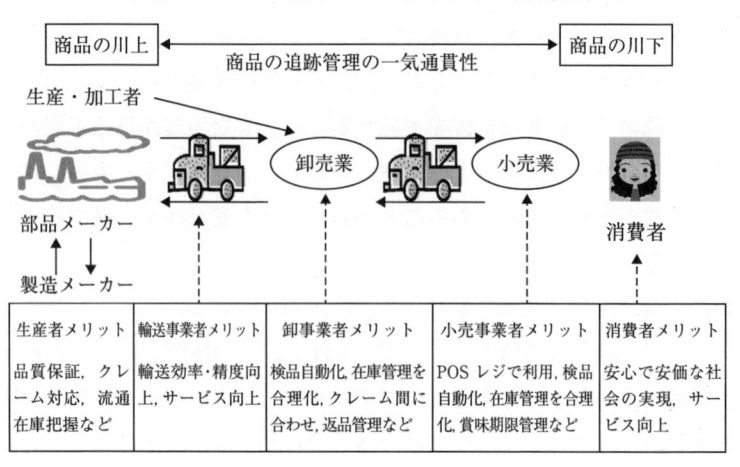

生産者メリット	輸送事業者メリット	卸事業者メリット	小売事業者メリット	消費者メリット
品質保証，クレーム対応，流通在庫把握など	輸送効率・精度向上，サービス向上	検品自動化，在庫管理を合理化，クレーム問に合わせ，返品管理など	POSレジで利用，検品自動化，在庫管理を合理化，賞味期限管理など	安心で安価な社会の実現，サービス向上

（出所）　新山陽子[2005]103頁を筆者が一部修正

ド価値を高めることになる。

❷　6次産業化を支える食と農の連携

　前述したように，食の外部化の進展とともに，食（消費）と農（生産）とが大きく乖離するようになった。つまり，食にかかわる調理工程の多くが，家庭内から分離し，調理食品や外食を提供する食品産業に委ねるようになったため，食品製造業者，流通業者，外食産業などの企業活動を構造的に把握することなしには，現代の食にかかわる問題を解明することは困難になりつつある。そして，わが国においても，「食」=「農」+「食品産業」という枠組みにおいて，食料問題の解決にアプローチしようとする研究が，近年盛んに行われている[47]。

　今村＝荏開律[1999]は，情報化による地域活性化を目指す地域システムにおいて，地場の組織（農協，商工会，教育機関，金融機関など）が自治体の将来計画の策定に参画し，役割分担や組織間協調を行い，地域活性化のそれぞれの機能を果たすことが，地域づくりの仕組みであると述べている[48]。

　また，農業の生産性・付加価値を向上させるために，農業の総合産業化について指摘している。農業の総合産業化とは，播種から収穫までのプレハーベス

ト（生産の1次産業）によって，食料生産の高品質化，低コスト化が可能になり，ポストハーベスト（加工，流通の2次，3次産業）に需要を確保することが可能になる。さらに，2次，3次産業が車の両輪となってシステム統合を実現することが，アグリビジネスの発展につながる。近年，食料生産産業の人口は，年々減少しているが，2次，3次産業の人口は年々増加している。そのため，食料供給産業は人口増加，4次の情報産業を積極化し，雇用を拡大すれば，生活充実産業における雇用拡大を期待することができる[49]。

ここで，地域活性化の機能を果たしている企業の事例をみてみよう。鹿児島県では，5つの農業特区の認定を受け，合計30社が参入している。例えば，外薗運輸機工が参入している地区は，干拓地とは別のブロックであるが，それでもバックフォーを持ち込んで，排水溝づくりなど，参入企業に対して県と市が共同して独自の支援策を講じているため，リース料を通常価格よりも安く抑えている[50]。

わが国の農産物（米，果実など）は，従来，個人農家が主流であるため，農業全体としての需要体制が構築しづらいなど，業種間，地域間において跛行性がみられる。このような現状を踏まえて，今後，地域資源を活用した効率的な需要変化に適応した，6次産業化推進の体制作りを推進するためには，企業参入が不可欠である。

❸ 食料自給率向上に関する動向

『農林水産省白書2005年』によれば，食料自給率向上を命題として，政府，地方公共団体，農業者・農業団体，食品産業事業者，消費者・消費者団体等の関係者からなる「食料自給率向上協議会」が設立された。「食料・農業・農村基本問題調査会」は，2008年，同協議会において策定された行動計画に基づき，関係者の適切な役割分担のもと，食育，地産地消，担い手の育成・確保等が推進されていることが示されている[51]。

藤谷[2008]によれば，現行農政は，「新基本法」によって農政理念と政策の枠組みが与えられている。「新基本法」は，第15条で「政府は，食料・農業および農村に関する施策の総合的かつ計画的な推進を図るため，『食料・農業・

農村基本計画』を決めなければならない」と定めており，基本計画で明確にすべき事項として「食料自給率の目標など」が決められている。しかし，基本計画は，食料自給率の目標を45％に設定しているが，自給率は8年連続40％と低迷を続けている。2006年度の食料自給率が39％に転落したという事態をみても，農業者や一般国民が，現行農政の取組みに不信感を持っていることは明らかである[52]。

わが国の食料自給率の低下は，前述したように，食生活の高度化・多様化とそれに伴う食料の需要構造の変化が原因である。

国内における農業生産力の安定的向上を図ることは，長期的にみた国の安全保障の面からも極めて重要であり，食料供給産業としての農業の振興と，それに基づく食料自給率の確保が必要であるのはいうまでもない。また，食料自給率の増強だけではなく，国民の食生活の方向転換を促す努力も必要になる。すなわち，日本農業を効率性追求一辺倒や比較優位性の中で縮小させるのではなく，農業・農村の潜在的な役割・機能を最大限に発揮させ，持続的な発展を目指す必要があろう[53]。

図表7－8に示されるように，企業参入による総合産業化の取組みとして，

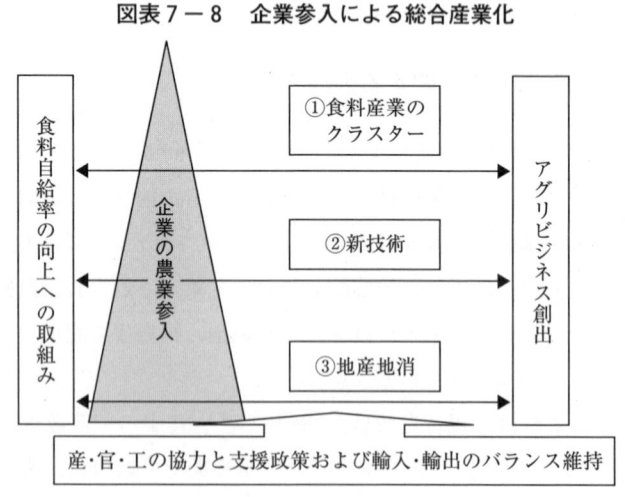

図表7－8　企業参入による総合産業化

食料自給率の向上への取組 ←→ 企業の農業参入
- ①食料産業のクラスター
- ②新技術
- ③地産地消

→ アグリビジネス創出

産・官・工の協力と支援政策および輸入・輸出のバランス維持

（出所）筆者作成

① 食料クラスターによる特産トウガラシの新規加工品開発（青森県弘前市　在来津軽の青森ナンバのブランド確立研究会），サッポロビール（東京都）による微生物を用いた農薬生産，細胞融合による大麦の品種改良，食品開発，植物組織栽培など[54]，② 新技術による地域資源を活用した効率的な食料自給率の向上，③ 地産地消を切り口とした農産物の多品目化，新たな加工品の開発（青森県十和田市の農事組合法人，道の駅とわだ産直友の会ほか），などがあげられる。

つまり，わが国の農業の将来を長期的にみた場合，耕地面積，高齢化，農業従業者の減少などを考えると，食料自給率を向上させるためには，上述した①，②，③にみられるような取組みは，極めて重要な課題であるといえよう。

第5節　ユニクロのケーススタディ

❶ ケース

ユニクロ（ユニーク・クロージング・ウェアハウスの略）は，1949年，山口県宇部市で柳井等が個人経営として創業した「メンズショップ小群商事」が母体であり，1962年5月に「小群商事株式会社」として設立された。同社は1984年6月に，カジュアル小売業に進出し，広島県広島市にユニクロ第1号店をオープンし，1991年に，社名をファーストリテイリングに変更して，カジュアル衣料専門店のチェーン展開を始めた。

ユニクロの転換期になったのは，1998年11月に，首都圏初の都心型店舗である原宿店をオープンしたことである。この頃からユニクロは，全国企業として歩み始めることになる。その後，ユニクロは，SPA（製造小売業）という独自のビジネス・システムを武器に，新規事業への進出，グローバル化の積極的な展開など，目覚ましい躍進を遂げている。

また，ユニクロは，2002年1月に永田農業研究所や緑健研究所などと業務提携を行い，高品質の農産物を流通させることを構想立案することになる[55]。

2002年9月に，食品事業子会社エフアール・フーズを設立，「スキップ（おいしい・楽しい・安全・納得）」というブランド名でインターネット通信販売を開始した。ここでいうユニクロ野菜と呼ばれるスキップは，旬の野菜や果物などの製品ブランドのことである。

農産物事業において，生産・販売を直結したユニクロのビジネス・システムを応用することによって，青果物のマーケティングに新しい息吹を吹き込み，日本の農業を活性化させる一因になるなど，新聞やビジネス雑誌も大々的に取りあげた。しかし，生産者や消費者の関心は低く，実際には，生産者の確保もままならない状況での出発になった。会員制宅配の客単価も予想を下回り，2002年の売上高は，当初見込みの約半分の6億円にも満たなかった。そして，業績が低迷したまま，2004年6月に解散を迎えることになり，社内では3年で黒字化を目指して事業を推進したものの，3年で約28億円の赤字を出す結果となった[56]。

当時の主要な販売チャネルは，会員制宅配とオンラインショップであった。会員数は1都3県で1万3500人，オンラインユーザーは3万6000人に達し，事業開始当初は着実に増加していった。2002年11月から1年間の売上げ目標は16億円であった。

❷ 問題点

ユニクロが揚げるローコスト戦略は，全社的な低コスト化を図るとともに，多店舗展開を推進するというビジネス・システムを基盤としている。

ユニクロにおける農作物販売のビジネスは，衣料品のように計画生産ができないなど，様々な問題点が表出化することになる。そのため，自らの能力では事業化が不可能になり，2004年に農作物販売から完全撤退することになった[57]。

食品通販の問題は，生鮮食品だからというわけではなく，スキップより前に失敗していた千趣会の食品部門 e-shop でも同じような問題が発生していた。農産物の販売は，オーダー自体はネットから簡単にできるが（当初はクレジット決済のみ），難しいのはどういう野菜の組み合わせで買うかという点にある。

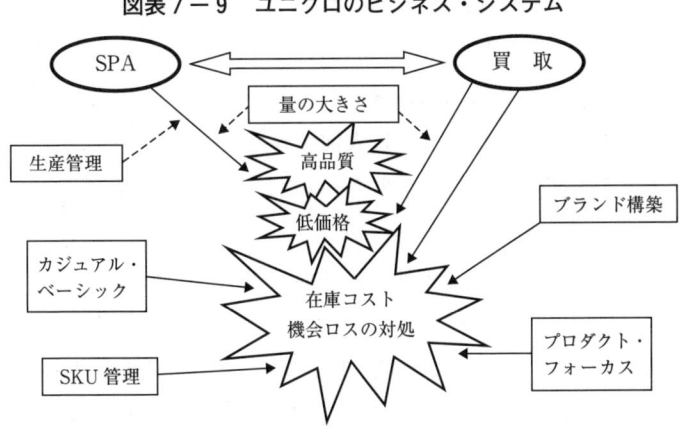

図表7-9　ユニクロのビジネス・システム

（出所）浅羽茂＝新田都志子［2004］54頁

　スキップ野菜は，あまり保存の利かない生鮮食料であるため，ある程度はグロスで買い，買ってから献立を考えなければならず，商品の配送日が予測できないことも大きな問題として生じることになった。

　結局，ジャガイモ，サツマイモ，カボチャなど，保存の利くものをメインに購入し，他に配達時に即食べられるサラダやお浸し用の葉野菜や果物がその他の品揃えを整備することになる。従来，生鮮食品は，在庫管理やマーケティングが極めて難しいとされてきたため，このような結果となってしまったのである[58]。

　上述したように，アグリビジネスの企業参入は容易ではない。ユニクロにおける農産物販売の失敗の原因として，①ビジネス・プラン策定時での検討不足，②戦略性の低さ，③商品が割高で，固定客が確保できなかったこと，④最大の販路として予定していた食品スーパーの買収構想が宙に浮いて，コストを吸収するだけの売上げを確保できなかったこと，⑤青果物は，商品寿命が短く生産管理も不確定要素が多すぎること，などがあげられる。

❸　課　題

　上述した問題点を踏まえて，ユニクロにおけるアグリビジネスの課題につい

て考察する。ユニクロの課題は，枚挙にいとまがないほど多いので，多くの課題の内，マーケティングとロジスティクスに焦点を絞って考察する。

　図表7－10に示されるように，マーケティングは，マネジリアル・マーケティングと関係性マーケティングに大別される。図表7－10は，マネジリアル・マーケティングと関係性マーケティングについて，①基本概念，②中心点，③顧客観，④行動目的，⑤コミュニケーション，⑥タイムフレーム，⑦マーケティング手段，⑧成果形態，の8つの切り口を用いて比較したものである[59]。

　マネジリアル・マーケティングは，まさにユニクロが採用したマーケティングの手法である。顧客を中心点に据えるものの，プッシュ型マーケティングになりやすい。プッシュ型マーケティングは，一般的に，生産者志向，販売者志向といわれている。

　一方，関係性マーケティングは，企業と顧客との相互作用による関係性の構築をビジネスの基盤とする。つまり，顧客との相互作用の中から，新たな価値の創出を目指すことになる。

　第6章で述べたように，農産物に対する消費者ニーズの多様化に対応するためには，効果的なマーケティングを推進する必要があろう。様々なリスクを抱える農産物のマーケティングでは，個々の顧客（個客）を対象とした，関係性

図表7－10　マネジリアル・マーケティングと関係性マーケティング

	マネジリアル・マーケティング	関係性マーケティング
基本概念	適合（フィット）	交互作用（インタランクト）
中心点	他者（顧客）	自社（企業と顧客）
顧客観	滞在需要保有者	相互支援者
行動目的	需要創造・拡大	価値共創・共有
コミュニケーション	一方向的説得	双方的対話
タイムフレーム	一時的短期的	長期継続的
マーケティング手段	マーケティング・ミックス	インタラクティブ・コミュニケーション
成果形態	購買・市場シェア	信頼・融合

（出所）　和田充夫[1998]72頁

マーケティングが最も適切であると思われる。

　また，関係性マーケティングと連結したロジスティクス・システムの構築も必要不可欠である。すなわち，マーケティングと多品種少量生産の農産物の生産，販売，消費を一気通貫することができるロジスティクス・システムは，アグリビジネスの展開にとって車の両輪といえよう。

注）
1）駒井[1998]172頁
2）同上書184-185頁
3）時子山＝荏開津[2005]42頁
4）藤谷[2008]21頁
5）笛木[1994]209頁
6）同上書212頁
7）田代[2003a]216頁
8）笛木[1994]214頁
9）農林水産省[2005]
10）甲斐道太郎＝見上崇洋編[2000]85頁
11）矢口[2002]170-171頁
12）橋本他編[2004]51，56頁
13）渋谷[2009]28頁
14）梶井[2003b]153，155頁
15）橋詰登＝千葉修編[2003]151頁
16）稲本＝桂＝河合[2006]108頁
17）渋谷[2009]161頁
18）樫原＝江尻[2006]91頁
19）日経グローカル[2005] 9 頁
20）藤谷[2008]192頁
21）渋谷[2009]33，68頁
22）三国[2000]59頁
23）矢口[2002]22頁
24）井上和衛[2003]271頁
25）島田晴雄＝NTTデータ経営研究所[2006]196-197頁
26）同上書183頁
27）久野[2002]24頁
28）今村＝荏開律[1999]43頁
29）大澤[2000]227頁

30) 久野[2002]26頁
31) 今村＝茬開律[1999]44頁
32) 柴田[1987]12, 143頁
33) 横山伸也＝芋生憲司[2009]1頁
34) 小林弘明＝廣政幸生[2007]35-51頁
35) 高橋編[2005]201頁
36) 大臣官房環境バイオマス政策課総括班（http://www.maff.go.jp/j/answer/12.html)
37) 横山＝芋生[2009]133-134頁
38) 高橋編[2005]201頁
39) 大澤[2000]225, 230頁
40) 今村＝茬開律[1999]340頁
41) 同上書41頁
42) 山地憲治[2000]182頁
43) 高橋[2004]193-194頁
44) 全国中小企業団体中央会編[2009]1頁
45) 新山陽子[2005]3頁
46) 橋本他編[2004]34頁
47) 今村＝茬開律[1999]73頁
48) 同上書74-75頁
49) 今村＝茬開律[1999]74-75頁
50) 日経グローカル[2005]14頁
51) 農林水産省「2018年における世界の食料需給の見通しについて」[2009], OECD-FAO[2008]
52) 唯是康彦＝三浦洋子[1997]177頁
53) 筑波[2006]29頁
54) 池戸重信[2007]199頁
55) (2004年3月22日, News Drift)
56) 日経デザイン[2003]
57) (2004年3月22日, News Drift)
58) 財界[2004]
59) 岸川[2007a]196頁

第8章
コメとアグリビジネス

　本章では，コメとアグリビジネスについて考察する。わが国においてコメは基幹的作物であり，コメを巡って様々な法規制が成立・施行されてきた。そこで，コメビジネスの問題と展望を考察し，アグリビジネスの発展を俯瞰する。

　第一に，日本人とコメについて考察する。まず，わが国におけるコメビジネスの先行研究レビューを行い，過去から現在までのコメの歴史を概観する。次いで，コメとアグリビジネスの存続・発展との関係性について理解を深める。

　第二に，国内視点でみるコメについて考察する。わが国における旧食糧法から新食糧法の施行までの変遷を俯瞰する。次いで，基幹的作物であるコメを巡る政党の争いの概要について理解を深める。

　第三に，国際的視点でみるコメについて考察する。まず，ガット・ウルグアイ・ラウンドの意義と重要性を認識する。次いで，コメの自由化に焦点を当て，流通自由化の動向や市場メカニズムの導入によって，変わり始めたコメの価値について理解を深める。

　第四に，コメが抱える問題と展望について考察する。まず，稲作経営の構造改革としての RICE 戦略を概観し，流通チャネルの変化に焦点を当てて考察する。次いで，消費者ニーズに合致したコメづくりと中山間地域における水に着目した，環境保全としてのコメづくりの役割について理解を深める。

　第五に，コメとアグリビジネスのケーススタディとして，キリンビールについて考察する。キリンビールは，外国産米を使用したビジネス展開を行っており，コメをアグリビジネスに結びつけた好例として本章で取上げる。

第1節　日本人とコメ

❶ 先行研究のレビュー

　コメは約2,300年前に，農耕文化の展開が始まって以来，わが国の基幹的地位を確立している作物である。わが国においてコメは，品種改良や栽培技術の改善が行われ，日本独自の食文化を形成してきた[1]。しかし，近年では「食」の多様化・外部化が急速に進展したことによって，コメの存在意義が希薄になりつつある。近年，わが国におけるコメの生産量は，主要産地である中国やインドに大きく差をつけられ，1967年の3位から10位に転落している。

　わが国の生産技術は，世界的にみても非常に高い水準にあるものの，コスト削減やマーケティング努力の怠惰にみられるように，古い固定観念に束縛されてきたため，コメビジネスの国際競争力は低迷している。わが国におけるコメの流通構造は，図表8－1に示されるように，アグリビジネスの存続・発展の中で，歴史的に制約条件となってきたことは紛れもない事実である。

　今日では，わが国におけるコメの流通構造を牛耳っている団体はJAである。

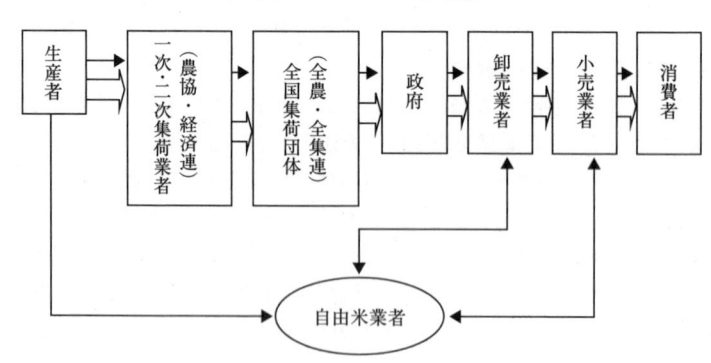

図表8－1　コメの流通

生産者 → 一次・二次集荷業者（農協・経済連） → 全国集荷団体（全農・全集連） → 政府 → 卸売業者 → 小売業者 → 消費者

自由米業者

（出所）　千田正作[1991]55頁に基づいて筆者作成

特に，JA全農は，政府米や自主流通米を含めた約95％のコメ集荷量に携わっており，コメの流通において絶大な影響力を誇っている[2]。そのため，JA全農の存在は，その巨大さゆえにコメの競争力低迷の根源であるといわれることが多い。つまり，わが国におけるコメの流通改革を推進する上で，JAが抱える問題にメスを入れざるを得ないのである。

また，コメの競争力低迷の要因として，減反政策があげられる。減反政策とは，1970年代に開始されたコメの生産調整政策のことであり，政府による需給バランス維持を目的としている[3]。

減反政策が開始されるようになった背景としては，わが国におけるコメ需要が頭打ちになったことがあげられる。政府による減反政策の推進は，強制的にコメの生産を調整するため，生産効率の改善が実現されないという弊害を生むことになった。

すなわち，減反政策の推進は，わが国における食料不足を前提とした古い枠組みに縛られてきたためといわれている。高コスト体質を内包しているわが国のコメは，後述する新食糧法の施行によって，「コシヒカリ」や「ササニシキ」などのブランド米の生産・販売が増大し，消費者もブランド米を求める動向が顕著になっている。つまり，わが国のコメは，外食産業によるアグリビジネス参入や個食化が進展する中で，歴史的な転換期を迎えているといえよう。

❷ コメビジネスの諸要因

上述したように，わが国のコメは，消費者離れと外食利用などによる外部環境の変化によって，需要構造が転換しているため，新たな局面を迎えている。若者を中心とした中・外食化傾向は，現代社会における食の洋風化を如実に表している[4]。わが国の外食産業は1970年を契機として，マクドナルドやKFC（ケンタッキー・フライド・チキン）などの多国籍アグリビジネスが参入し，新しい食関連ビジネスが誕生した。さらに，同時期には，ファミリーレストラン最大手の「すかいらーく」に代表されるチェーン方式が全国各地で展開されるようになり，今日に至るまでその産業規模を拡大している[5]。

さらに，多様化する消費者ニーズの中で，外食・食品産業は，コメを使用し

た商品開発を行い，コメビジネスへの本格的な参入を展開している企業が増加している。ハンバーガーチェーンを展開する「モスバーガー」では，コメを使用した"ライスバーガー"という画期的な商品を開発し，コメ離れをしている若者から多くの支持を得て，今日では，好調な業績を維持している[6]。

ジャパンエナジー（JE）でも同様に，コメの新商品開発を積極的に推進しており，"おこめサンド"という商品を系列コンビニである am/pm から発売している[7]。

中食の分野でも，セブン－イレブン・ジャパンのようなコンビニエンスストアでの弁当販売量の増大が顕著にみられ，加工飯の市場は，ますます拡大していることが分かる。1960年代後期になると，家庭用冷凍食品の市場が急速に拡大し，JT，味の素，日清製粉などの大手メーカーが，冷凍食品事業に乗り出した[8]。さらに，今日では，ニチレイや加ト吉などの有力な食品メーカーがコメ関連の商品開発を積極的に行っており，各社の競争は激化に向かう一方である[9]。

また，国内における外食産業を中心としたアグリビジネスの動向は，食料供給のみに留まらない。アグリビジネスを展開する企業が，海外貿易を拡大するにつれて，食品産業の食材調達や現地加工などの経営形態へ移行し，多種多様な形態へと進化している。そのため，アグリビジネスを展開する企業にとって，コメは，戦略的商品へと変貌しつつあるのが近年の潮流である。

上述したように，アグリビジネスにおける川上・川下関連企業の国際的な競争激化を背景として，新製品開発，事業構造の革新を目的とした様々な経営戦略が展開されている。そのため，経営規模の拡大を目的とする垂直統合戦略がアグリビジネスにおいて進展しており，コメビジネスにおいても同様のことがいえる。

コメビジネスの存続・発展に大きく貢献するものとして，化学技術の存在があげられる。具体的には，遺伝子組換えや細胞融合・培養などがその中核を占めている。コメの種子ビジネスは，種苗法改正による規制緩和が直接的な契機となり，消費者にとって魅力的な品種が開発可能であれば，普及する素地がようやく整備されつつある[10]。そうした背景を受けて，三菱化学では，稲の弱

点である「倒れやすさ」を克服する種子の研究開発が積極的に推進されている[11]。コメの化学技術は，将来的に実用可能性が高く，稲栽培技術の中心を担っていくことが期待されている。

近年では，機械化や化学技術の進展によって，生産力や効率性は飛躍的に上昇し，品質管理もこれまで以上に容易になっている。そのため，生産者は消費者ニーズに対応したコメを提供していくことができるマーケティング力が必要不可欠になっているといえよう[12]。

❸ コメビジネスの成長性

わが国におけるコメの特徴として，高コスト・低収益体質という性質を持っているため，世界的な食料高騰下での海外市場開拓は，国際競争力の欠落によって遅々として進展しなかった。つまり，米国発の金融危機後，わが国の農産物輸出は逆風に見舞われることになったのである。

わが国におけるコメの国内需要は，図表8－2に示されるように，1979年以後，毎年逓減しつつあり，コメビジネスの将来は決して明るいとはいえない。そのため，わが国のコメの性質上，ブランド米による高付加価値化は不可避である。具体的には，パンなどへの米粉の活用，飼料用米の作付け拡大などの様々なビジネス・チャンスを掴んでいく必要性があり，従来にはない発想の転換がコメビジネスの存続・発展には求められている。

また，コメ貿易の拡大，新たな輸入国と輸出国の出現によって，グローバルな規模でのビジネス・チャンスが拡大しつつある[13]。コメ市場のグローバル化とともに規制緩和が進展し，国内におけるコメビジネスは，重要な局面に立たされている。このような状況下で，総合商社の台頭や外資系企業による米流通業への参入などが顕著であり，既存業者に対する資本参加や系列企業への米販売によって，コメビジネスを展開しているのが一般的である[14]。

今日における消費者ニーズの変化と規制緩和の推進によって，一般的な商品となったコメは，消費量が減少傾向にある中でも，魅力的な市場へと成長しているのである[15]。

さらに，国土保全，二酸化炭素排出量の抑制などの環境関連ビジネスも台頭

図表8－2　コメの消費量推移

会計年度	1人当たり消費量（精米キロ）		総需要量（万トン）	
	数量	対前年比	数量	対前年比
1979	79.8	▲2.2%	1122	▲1.2%
1980	78.9	▲1.1%	1121	▲0.1%
1981	77.8	▲1.4%	1113	▲0.7%
1982	76.4	▲1.8%	1099	▲1.3%
1983	75.7	▲0.9%	1098	▲0.1%
1984	75.2	▲0.7%	1094	▲0.4%
1985	74.6	▲0.8%	1085	▲0.8%
1986	73.4	▲1.6%	1080	▲0.5%
1987	71.9	▲2.0%	1065	▲1.4%
1988	71.0	▲1.3%	1058	▲0.6%
1989	70.1	▲1.3%	1050	▲0.8%

（出所）　藤澤＝高崎［1991］17頁に基づいて筆者作成

しているため，アグリビジネスに関する追い風の材料は増加しつつある。

　近年，多様な農作物の開発に取り組むアグリビジネス企業の台頭や，加工・流通・観光業などの6次産業化の実現によって，様々なビジネス展開が可能になっている。6次産業化とは，第7章で述べたように，農業・漁業（第1次産業）を加工業（第2次産業）・流通業（第3次産業）の一部として捉える考え方を指す。一般的に，農業に関する規制緩和の実施や6次産業化の実現によって，アグリビジネスは多様化しているといわれている。すなわち，アグリビジネスを取り巻く外的環境の変化が，コメビジネスの存続・発展に寄与するといえよう。

第2節　国内視点でみるコメ

❶ 政府食管と旧食糧法の成立

　食料管理制度は，食糧管理法を柱とし，近代日本のコメ政策の基礎を形成したものである。この制度は，成立以降50年に渡って実施された政府食管によるコメの生産・流通・販売を規制する体系のことを指し，国による全量管理体制を基礎としている[16]。食管制度におけるコメは，政府が直接買い入れる政府米と，生産者の委託を受けた政府指定の集荷業者と卸売業者が直接取引する自主流通米に分類される[17]。

　1942年，国民生活の安定を目的とした食糧管理法（以下，旧食管法）が施行された。旧食管法は，コメの生産・流通構造を規定し，政府による直接統制を確立するために施行された法律である。この法律が成立した背景として，コメ価格の大暴落や米騒動などの様々な弊害が一因であるといわれ，コメを中心とした食料の生産・流通・消費に対する政府介入が法的に定められることになった[18]。

　旧食管法の目的は，国民に対してコメを平等に配給することであり，現在の食管制度の出発点を意味している[19]。しかし，この法律が成立したことによって，政府に対する売り渡し義務が課せられ，1971年からは生産過剰のため，本格的な生産調整が開始されることになる。

　1969年に入ると，「コシヒカリ」や「ササニシキ」などのブランド米に消費者の関心が集まったため，自主流通米制度が導入されることになった。その20年後には，消費者ニーズの多様化や自主流通米のウェイトの増大に対応するため，流通の弾力性を目的としたコメの流通改革が求められることになる。そこで，わが国では，自主流通米形成機構が設立され，コメ入札取引が開始されることになった[20]。

　1993年には，著しいコメ不足と価格の高騰によって，ミニマム・アクセス

(以下，MA) が実施され，米国産コメの緊急輸入が開始されることになった。MAとは，ガット条文の中に設けられた最低限の輸入を行わなければならない水準のことを指す[21]。

上記の緊急輸入によって，政府による食管制度の脆弱性が露呈することになったため，全量管理の旧食管法から民間主導の旧食糧法へ移行することになった。これに伴って，入札を通じてコメ取引の指標となる適正な価格形成を実現するために，政府は自主流通米価格形成センターを設置することになる。

旧来の食管法から旧食糧法への転換に伴って，政府による法的規制は緩和され，①輸入規制，②生産調整の法定，③計画流通制度，④価格規制，⑤流通規制，⑥備蓄・調整保管制度，という6つの基本的枠組みが再構築されるに至った[22]。

旧食糧法における流通制度改革の特徴として，基本的枠組みの維持と規制緩和の実現があげられる。具体的には，①許可制から登録制への転換，②流通ルートの多様化，という2つの制度改革があげられる[23]。食管法から旧食糧法への移行によって，米価政策は，統制原理から市場原理に変わったと考えられているものの，価格・流通規制は大幅に緩和され，米政策の内部に市場原理の浸透が進んだのは事実である[24]。

旧食糧法の施行による変化として，農協を主体とする農協食管システムが容認されたことや農家による食料の自由販売の許可があげられる。この法律が施行された背景として，コメの販売自由化や輸入解禁などの動向がみられ，国内市場におけるコメ流通の活発化が主たる目的であったとされている。

しかし，1970年代には食生活の多様化・外部化が顕著になると同時に，化学肥料や農薬の普及によってコメの生産が容易となった。結果として，調整保管されていたコメの備蓄量が年間生産相当量にのぼり，深刻なコメ余りが発生することになったのである。

そのため，政府による減反政策が強化されると同時に，コメ生産が抑制されることになった。次いで，自主流通米価格も劇的に下落する事態を招くことになったため，様々な軋轢が生まれる原因となった。

その後も，政府と農業協同組合間における様々な問題の発生や豊作による減

反政策の強化によって，旧食糧法は，2004年に廃止されることが決定された。旧食糧法の廃止に伴って，わが国では，水田農業経営の安定・発展を目的としたコメ政策改革が実施されることになる。

❷ 農協食管と新食糧法の成立

上述したように，旧食糧法では，コメの需給安定と価格安定を目的として，農協＝主，政府＝従という農協食管の実現を試みようとした[25]。しかし，コメの供給過剰が続いたことや需給・価格動向が不安定であったため，農協食管は完全に失敗に終わったといえる。これは，生産調整・備蓄・調整保管，計画流通制度のいずれにおいても，同様の事実が概観できよう。

そのため，2004年に施行された新食糧法では，適正かつ円滑な流通を目的として，旧食糧法の特徴である統制原理から市場原理へと転換することになる[26]。つまり，新食糧法には，旧食糧法に内在していた統制原理と市場原理の二重構造を解消することに大きな意義があったのである[27]。

図表8－3に示されるように，旧食糧法と新食糧法における生産調整，価格・流通制度を概観してみても，新食糧法では，旧食糧法を大幅に廃止・簡略化されていることが分かる。例えば，新食糧法の施行によって，米流通業への参入は届出制度に変更されたため，参入規制は，一般流通業界並みに大幅に緩和されることになった[28]。

新食糧法では，旧食糧法の自主流通法人を廃止したことによって，自主流通米制度を消滅させるという戦後の米政策における大改革を実施した意味でも画期的であったといえる[29]。一方で，新食糧法と同年に施行されたMAは，政府が生産調整を法的に容認し，減反政策を一層推進する論拠となったのである。

今日，IT革命による情報化社会の進展の中で，米流通業は，米集荷業者の小売・消費者への直接販売，集荷業者のアンテナショップ経営，生産者による直接販売など，多様な流通チャネルを構築している[30]。旧食糧法における計画流通制度が廃止されたことによって，新食糧法では，多様な流通チャネルの形成が可能になったのである。

しかし，新食糧法は，消費者ニーズに対応したコメの構造を変貌させること

図表8－3　旧食糧法と新食糧法の比較

	旧食糧法	新食糧法
基本計画・基本指針	国が基本計画を策定 需給の見直し，生産目標 備蓄運営の方針，輸入方針の規定 策定に当たり学識者の意見聴取	国が基本方針を策定 需給の見通し，輸入方針を規定 策定に当たり審議会の意見聴取 需給見通し策定は知事の協力要請
生産調整	備蓄米買入対象を限定するために生産調整を法定 水田の転作を実施した者に対して，政府が備蓄米を買入れる仕組み	政府の施策推進に当たり①生産者の自主的努力の支援，②関連施策との有機的連携，③地域特性の重視を法定化
価格・流通制度	計画流通制度・関連制度 ・自主流通法人の指定 ・業者登録制 ・農産物検査の受検義務 自主流通米価格形成センター 計画流通米を対象とした緊急措置	米穀安定供給確保支援機構の創設 ・過剰米処理に係る無利子資金の貸付 ・安定供給の確保に資する売買取引に係る債務保証 米穀価格形成センター 米全体を対象とした緊急措置

（出所）　佐伯尚美[2005b]11頁に基づいて筆者作成

になったものの，旧食糧法が抱えていた様々な問題を抜本的に改革したものではなく，後に各政党の激しい紛争を呼ぶほどの大きな欠陥を内包していた。

　そのため，新食糧法は，コメの自由化や規制緩和に伴う動向の中で，旧食管法や旧食糧法に内在した構造的問題を引き継いでいたため，これまで以上に不安定な法律であったといえよう。

❸　政党とコメ生産

　旧食糧法の本丸である農協を主役とした農協食管に移行する過程において，政府による管理システムを明記した政府案が存在していた。

　図表8－4に示されるように，食管改革に対する解釈は，自民党・社会党で全く異なっていたことが分かる。そのため，自民党と社会党は食管改革をめぐって，法案提出期限直前まで対立していた[31]。自民党は政府案に近く，社会党は系統農業案に近く，生産調整，市場価格変動防止策，規制緩和問題など

が取り上げて,食管改革に対する議論が紛糾していたのである[32]。

両党による攻防の結果,社会党の制度が起用されることになり,農協食管が

図表8－4　食管改革に対する自民・社会党と与党合意案

	自民党	社会党	与党合意
1．基本的考え方	公的規制の極力排除	生産から消費まで公的規制	
2．生産調整 ①主体	生産者・地域の主体性	国の責任の明確化	国と生産者団体が一体
②実効性の確保	参加農家から市場米価で政府買い上げ	再生産を補償する価格で,全量無制限買い上げ	政府買い上げと助成金
3．備蓄 ①主体	政府と農業団体が分担	政府中心,民間は補完	基本：政府,一部：民間
②形態	一定期間ごとに更新	回転備蓄と棚上げ備蓄併用	回転備蓄が中心
③数量	150～200万トン	200万トン	150万トン,一定の幅
4．自主流通米価格 ①性格	基本目標,本格的市場形成	現行価格形成機構の維持	
②変動防止	一定範囲内に限定	コメ価格安定基金の設置	減反,備蓄,調整保管
5．流通規制 ①基本方針	公的規制の極力緩和	必要な規制の存続	必要な規制の存続
②生産者段階	生産者の販売多様化	生産者の販売業者へ直接販売禁止	計画外流通の公認
③集荷段階	販売業者の直接参入認可	集荷業者への生産調整協力義務	生産調整への協力義務
④卸・小売	登録制	結びつき登録制の維持	登録制

(出所)　佐伯尚美［2005a］16頁に基づいて筆者作成

実現することになった。しかし，社会党も政府案に譲歩した部分もあり，旧食糧法は自民党と政府の指揮のもとで施行されたため，食管制度の抜本的な問題解決には結実しなかった。

元来，自民党は対米追従・輸出主導型であり，1993年のガット・ウルグアイ・ラウンド交渉に伴う米国からの輸入圧力に対する支持によって，コメの減反政策に拍車がかかったという見方も存在している。

また，非自民であった当時の細川首相は，「例外なき関税は認められない」と示唆したものの，衆院農林委員会の申し入れに従って，ラウンド交渉に合意している。この背景として，当時の最大勢力が自民党であったため，衆院農林委員会に対して大きな影響力を持っていたことが合意に至った一因であると考えられる。

小泉政権下における食糧法改正によって，汚染米の不正転売が行われており，自民党と農林水産省の不透明な癒着は，現在でも根強く残っている。

第3節　国際視点でみるコメ

❶　ガット・ウルグアイ・ラウンドの枠組み

現在，国際貿易の舞台においてもっとも大きな影響力を持っているのが，1986年から開始されたガット・ウルグアイ・ラウンドである。ガット・ウルグアイ・ラウンドは，123カ国で議論が行われることになり，関税引き下げ以外にも，農業・サービス貿易の自由化や知的財産権保護のルールなども交渉対象に含まれていた。世界貿易ルールの枠組みを決定したガット・ウルグアイ・ラウンドの会合では，農業問題は最大の難関として位置づけられていた。

その背景としては，農業保護の廃止を求める米国と農業競争力が弱いEUの意見が対立したため，1988年のラウンド中間レビューにおいても実質的な合意形成がなされず，議論は紛糾を極めた[33]）。

そして，5年後の1993年12月に，ガット・ウルグアイ・ラウンドの農業合意がようやく決着を迎えることになる。この農業合意の成立に伴って，戦後50年続いた旧食管法が廃止されることになった。わが国では，図表8－5に示されるように，コメ市場の部分開放が実施されるとともに，その他の農産物も市場開放されることが決定された[34]。つまり，ガット・ウルグアイ・ラウンドの農業合意は，アグリビジネスの国際化が進展する契機となったのである[35]。

ガット・ウルグアイ・ラウンドの農業合意が成立した1993年は，「平成コメ騒動」と揶揄されるほど，未曾有の大不作の年であった[36]。

しかし，ガット・ウルグアイ・ラウンド農業合意の発効によって，わが国にMAの導入が推進されるようになる。先述したようにMAとは，最低輸入量を意味し，国内需給に関係なく一定量のMA米が輸入されることを指す[37]。2008年3月時点で，政府は約120万トンものMA米を保有している。MA米の増加によって，わが国では，急激な米価の下落や品質低下などの諸問題が発

図表8－5 ガット・ウルグアイ・ラウンド農業合意の概要

保護の内容	基準年	削減内容（1995-2000年までの6年間）	日本への影響
国内支持	1986-88	削減対象となるすべての保護政策の支持総額を6年間に20％削減する	5兆円→4兆円
国境措置	1986-88	すべての保護措置を内外価格差に相当する関税に置き換え（関税化），平均36％削減する	コメ以外の1,400品目を関税化
輸出補助金	1986-90 1991-92	支出総額で36％，補助金付き輸出数量で21％削減する。新たな輸出補助金は非認可	日本は輸出補助金はなし
輸出禁止・制限に対する規制		農産物の輸出禁止・制限を行う国は農業委員会に通報し，実質的な利害関係のある国と協議する	
検疫・衛生措置		国際基準にもとづかせることを原則とするが，科学的正当性がある場合は国際基準より厳しい措置をとることができる	

（出所） 黒川宣之[1994]39頁に基づいて筆者作成

生しており，コメの意義が希薄になりつつあることも紛れもない事実である。

❷ 市場開放に向けたコメの動向

わが国が1955年に，ガットに加盟して以降，自由貿易の維持・拡大を命題として，今日の経済発展を遂げてきた。コメの発展契機となった新食糧法が施行されると，"作る自由，売る自由"が容認されたため，市場メカニズムが作用するようになった[38]。しかし，米国の全米精米業者協会が，日本のコメの輸入制限に対して市場開放を求めていたため，日米間でコメの自由化をめぐる対立が発生した。

その結果，1995年の新食糧法施行に伴う規制緩和によって，1999年には，コメの輸入が関税化されることになる。新食糧法の施行は，不正流通米（ヤミ米）の公認などの様々な問題が存在していたものの，生産者にとっては，販売チャネルの開放というビジネス・チャンスを生むことになったのである[39]。

今日，わが国では，コメの消費量が伸び悩んでいる。近年の潮流として，食品加工米の市場への企業参入が進展し，その市場規模は着実に拡大している。

そのため，わが国におけるコメ消費量の減少傾向に歯止めをかけるためには，外食産業を中心としたアグリビジネス企業による製品開発・販売が重要になっ

図表8－6　冷凍食品売上高上位10社（2002年）

冷凍食品メーカー	売上高（億円）
ニチレイ	1,656
加ト吉	1,332
味の素冷凍食品	890
ニチロ	812
日本水産	760
極洋	498
キューピー	430
日東ベスト	339
ヤヨイ食品	311
日清フーズ	291

（出所）『酒類食品統計月報』［2003］に基づいて筆者作成

てこよう。世界最大の穀物商社であるカーギルの日本法人カーギルジャパンやアンドレイ・ファーイーストなどの多国籍アグリビジネスは，わが国のコメ市場に大きく関わっており，市場開放下でグローバルな競争が過熱しているといえる[40]。

また，図表 8 - 6 に示されるように，米飯加工食品市場に冷凍食品メーカーが続々と参入し，ニチレイ，加ト吉，永谷園なども自社ドメインと関連した商品開発を行い，積極的にコメビジネスを展開している。

❸ 変わり始めたコメの価値

上述したように，新食糧法の施行によって，計画外流通米が公認され，販売・仕入れの自由化が進展することになった[41]。つまり，計画流通米と計画外流通米が実質的な競争関係になったため，外国産米と同じ舞台に立ったといえる。

新食糧法下では，酒販店でも登録すればコメを扱うことが可能になるため，潜在的な販路を持っている。そのため，国分，三友食品，伊藤忠食品などの企業においても，コメ流通への参入を試みている[42]。

また，同法の施行によって，農協以外の組織が農家からコメを集荷できるようになった。そこで，JT では，タバコ集荷システムを用いて，タバコ事業で培った知識・ノウハウを，コメビジネスへの応用化を図ろうとしている。JT は，タバコ栽培を通じた約 3 万もの国内農家とのパイプを持っており，農家との関係を有効活用することによって，大きな潜在成長力があると考えられる[43]。このような潮流の中で，西友でも，長野県産コシヒカリの PB 米を開発・販売し，全国各地の140店舗で販売が開始するという動向をみせている。

ここで，食の安全性を獲得するために，フードプラン事業を推進しているコープ神戸について考察する。コープ神戸では，生産・流通される農産物は，減農薬・有機質肥料による栽培を柱とするフードプラン事業を推進している[44]。安全な食品を供給するためには，産地を守ってもらわなければならないガイドラインが必要不可欠である。フードプランを推進するコープ神戸は，規格外の農作物を取り扱うことによって，生産者による安全性に結実してい

図表8－7　大手総合商社によるコメビジネスの関連図

総合商社	食品卸売業者	外食産業	コンビニ	病院	炊飯事業
丸紅	丸紅食品	てんや	ローソン am/pm ミニストップ		
伊藤忠商事	西野商事 伊藤忠食品	吉野家 ごはん処おはち	セブン－イレブン ファミリーマート	ガードナー	コメックス
三菱商事	菱食	ロイヤルホスト まぐろ市場 寿司田	山崎製パン ローソン am/pm ジャパン	ソデッソ	
三井物産		大戸屋		エームサービス	赤坂天然ライス
住友商事		和幸		RM&SC	
ニチメン	ニチメン食糧	なか卯	サンクス		

（出所）　大塚＝松原編[2004]92頁に基づいて筆者が一部修正

る[45]）。

　今日，コメ流通への参入が盛んになる中で，コメ専業企業が生き残るためには，関連食品産業に自社の事業ドメインを拡張する必要性があろう。そのため，今日のコメ流通は，大競争時代を迎えており，様々な連携を通じて企業は生存戦略を立案することが求められている。

第4節　コメが抱える問題と展望

❶　稲作経営の構造改革

　1995年，旧食管法から旧食糧法への移行に対応する形で，RICE 戦略が策定

図表8－8　JA新潟におけるRICE戦略の概要

RICE戦略	基本目標	●多様な需要に応えられる安全・安心・高品質の米づくり
	3つの挑戦	◎こしいぶき，業務用，こだわり米などの多様な需要に応える「新潟米」 ◎減農薬・減化学肥料栽培を通じた安全・安心な「新潟米」 ◎高品質な「新潟米」
	重点目標	○用途別・価格帯別の生産・販売による新潟米のシェア拡大 ○「売れる新潟米」に向けた生産者・JA・産地の主体的な取組み ○安全・安心・高品質米と環境保全型農業の取組み促進 ○JAグループ米穀販売機能の強化

(出所)　JA新潟ホームページ〈http://www.jan-tis.com/〉に基づいて筆者作成

された。RICE戦略とは，「Restrucuturing（再構築）」，「Identity（JAらしさ）」，「Concentration（結集）」，「Efficiency（効率化）」の4つを基軸としたコメ生産・販売戦略のことである[46]。つまり，消費者の多様なニーズに対応するために，食の安全・安心・高品質のコメづくりを推進することを指している。

RICE戦略を策定した背景には，国による減反政策の存在や輸入米の台頭などの様々な諸要因が存在し，わが国の稲作経営は岐路に立たされているといっても過言ではない。また，近年では，米価の低下などの問題も生じているため，コメを生産する農家の収入は逓減しているのが現状である。

そのため，減農薬・減化学肥料栽培米の生産拡大によって，"顔の見える販売"の強化に動いている農家が顕著にみられている[47]。今日では，RICE戦略が機能不全に陥っているため，わが国のコメは競争力を失っている。したがって，消費者に対して魅力的なコメづくりを訴えかけるような生産・流通・消費を一本化したコメシステムの構築が喫緊の課題となっている。

❷ 顔の見えるコメづくりの推進

食の洋風化によって，消費者のコメ離れが進展し，コメの生産現場に関心がある消費者は急激に減少している。国による減反政策の推進は，水田の景観を

喪失させ,「コシヒカリ」や「ササニシキ」などブランド米のニーズが高まったことで環境保全の動向が鎮静化することになる。つまり,市場メカニズムが導入されたことによって,効率的かつ画一的に特定のブランド米を作ることに傾斜し,一部の研究機関が優良品種の開発に取組むようになったのである。

このような背景の中で,食の安全に関する様々な問題が発生しているため,消費者は"顔の見える販売"を求める動きが顕著になっている。2004年に施行された新食糧法によって,売る自由が国に認められたため,インターネット販売を始めとする販売チャネルの多様化が主流となった。さらに,生産者による農協との独自提携も進展するなど,今日のコメ流通のあり方は大きな変貌を遂げており,消費者視点でのコメづくりが求められているといえよう。

また,業態の自由化も急激に進展しており,産地独自の付加価値の提供やPBの販売によって,固定客の獲得に邁進する動向も見受けられる。すなわち,生産者は"顔の見える販売"というアドバンテージを活用し,個性的な稲作経営を行っていることを消費者と対話することによって,消費者に近いコメづくりが可能になると考えられる。

つまり,企業は,コメの生産から流通まで,独自のコントロールによる市場の拡大を行う傾向にある。一方,地方農家は,より消費者に密着した農業を行うことによって,安全性や品質を強みとして,コメを売り出す傾向にある。つまり,外側に向かう企業と,内側に向かう地方農家の傾向が,現在のコメ市場にはみられる。しかし,この両者の融合が近年注目を集めている。その一例として,ベネフィットワンの活動がある。

東京都渋谷区に本社を置く,ベネフィットワンは,官公庁や企業の福利厚生業務の運行代行サービスを行っている。その業務の一環として,農業体験を行っている。「ベネ・ワン村」と称した交流の場を設け,地元農民と共同でグリーン・ツーリズムを実施している。

また,同社は,季節に応じたイベントの企画や景観のプロデュースや支援など,コミュニティの形成を行っていることでも知られている。さらに,技術やノウハウを持つ農民は,ベネフィットワンの企画に応じて,体験参加者との交流を深めながら,農業への理解を促している。

実際に，埼玉県ときがわ町にある「ベネ・ワン村」では，全国各地から参加者を募り，稲刈り体験が行われている。体験作業は，地元の酪農家の指導に従い，一般参加者だけでなく，ベネフィットワンの社員も一緒に行うことになっている。

このように，企業と地方農家は，互いの強みや弱みに応じて，補填し合い，稲作を筆頭に，様々な農業普及活動を行っていることが分かる。ベネフィットワンのような地域に密着した新しい形態のアグリビジネス企業は，今後もますます増加していくと考えられる。

❸ 環境保全としてのコメ

近年，国土保全や二酸化炭素排出量の抑制を指針とした動向が顕在化しており，わが国における中山間地域の保護が重要な課題になっている。特に，低迷するわが国の農業は，主食用のコメを中心とした食料政策への転換が求められているといえよう。わが国では，コメづくりの約4割が中山間地域で営まれているため，加工用・飼料用コメの増産を実現するためには，中山間地域における水田を活用することが不可欠である。

1999年に制定された食料・農業・農村基本法では，"農業の多面的機能の発揮" を目的として，中山間地域における多面的機能の保全を目指している[48]。水田は，治水・調節機能を持っており，緑化作用や大気浄化作用が機能しているため，中山間地域を維持する役割を果たしている。

今日では，疲弊する地域経済の中で，中山間地域における水田保全を訴える動向が顕著になりつつある。水田の消失という事態を放置しておくと，無人化や共同社会の消滅などの諸問題が発生してしまう。そのため，農林水産省では，市場メカニズムの影響を受けた中山間地域の保全を主張しているのである。

WTOの貿易交渉においても，日本や韓国は "農業の多面的機能" の重要性を主張しており，農業・農村における水田の保全機能を強調している[49]。つまり，持続可能な成長を実現するために，環境保全政策が重要となるのである。

このような観点から，先進各国では，農業の保護・育成を国政の重要な柱と位置づけ，農工間の格差是正や環境保全，地域社会の維持を積極的に図ってい

る。国際的に環境保護に向けた動向が高まっており,環境関連ビジネスやアグリビジネスに関する追い風の材料はますます増加している。

また,20世紀末の米国やEU諸国では,環境保護に向けた具体的な指針として,「低投入持続可能農業」(Low Input Sustainable Agriculture : LISA) が提唱された。これは,環境保全を維持・促進するため,肥料・農薬を必要最小限に抑制し,土壌浸食や地下水の水質汚染の防止を実現するものである。LISAにみられるような環境保全対策は,水田・中山間地域にも同様のことがいえる。

わが国の基幹的作物であるコメを栽培する水田は,環境保全型農業システムから成立している。そのため,水田の維持・保全は,国土や地域社会の保全に結実し,中山間地域において重要な役割を果たしていると結論づけることができる[50]。

第5節 キリンビールのケーススタディ

❶ ケース

本章では,コメとアグリビジネスについて概観してきた。その中で,コメの研究開発を積極的に推進しているキリンビール株式会社(以下,キリンビール)は,コメの種子開発を考察する際の好例であるといえよう。そこで,本項では,キリンビールによるコメビジネスについて分析する。

分析の手順としては,①キリンビールが取組むコメビジネスについて概観し,②キリンビールが展開するコメの研究開発における問題点および課題について考察する。

キリンビールは,日本を代表する酒造メーカーであり,国内酒類事業の中核を占めている。同社は,ビール・発泡酒・第3のビール事業を主軸として総合的な事業を幅広く展開している。キリンビールでは,商品開発研究所を筆頭として,常に,消費者に対して"食と健康"を提供するために,様々な分野にお

ける技術力と商品開発力の向上に邁進している。

　キリンビールでも，1982年の種子法改正を契機として，研究開発活動の一環としてコメの種子開発事業に乗り出すことになる。同法の改正に伴って，JTや三井化学などの大手企業もアグリビジネスへの参入を果たしており，競ってコメ事業におけるシェア獲得にしのぎを削っていた。

　この事業を開始した背景としては，食の洋風化に伴い，エスニック料理がわが国で一般的な食として定着したことがあげられる。わが国におけるエスニック料理の普及によって，インディカ米の需要が増加したため，キリンビールでは，商品化を目指した研究開発を推進していたのである。

　インディカ米は，世界で作られているコメの約90％を占める品種であり，主に熱帯アジアで栽培されているコメである。キリンビールは，まず，東南アジアを中心としたインディカ米の種子を集め，日本の土地や，日本人の味覚に合った品種改良を行うことから実験を始めた。その後，約10年の試作期間を経て，1989年，キリンビールが独自開発したインディカ米は宮崎の小林農協を通じ，集荷・販売されることになる[51]。

　ブランド米である「コシヒカリ」や「ササニシキ」と同等の値段で販売されたにもかかわらず，タイ，インド料理店および一般消費者を中心として入手困難になるほどの売上を達成することになった。

　さらに，キリンビールが開発したインディカ米を全国各地に普及させるため，地元農家と契約関係を締結することによって，大規模生産体制を実現したのである。その結果，生産量は爆発的に増加し，キリンビールによるコメビジネスは成功したかのようにみえた。

　しかし，1995年にガット・ウルグアイ・ラウンド農業合意においてコメの部分開放が決定されると，インディカ米を含めた大量の輸入米が日本に流入することになる。わが国に大量の輸入米が流入したことによって，国内でインディカ米を研究開発する意義が希薄になった。

　そのため，キリンビールでは，インディカ米の生産・販売を直ちに休止し，それに代わるジャポニカ米の生産・販売を開始することになる。1995年，キリンビールは，ジャポニカ米をベースとした「ねばり勝ち」という新規ブランド

米を商品化し，北関東地域のお弁当チェーンをターゲットに売り込むことに成功している。

キリンビールにおけるコメビジネスの成功を受けて，次々とコメ商戦に臨む企業が増加傾向にある。具体的な事例として，ユーユーフーズがあげられる。ユーユーフーズは，インディカ米と国産米を配合したホシユタカを開発し，冷凍食品業界やファミリーレストラン業界への流通展開を図っている。

今日，わが国におけるコメは，流通規制下にあるため，様々な制約条件が存在している。このような状況下でも，アグリビジネスを展開する企業は，新たなビジネス・チャンスを虎視眈々と狙っており，関連産業への参入を積極的に行っているのである。

❷ 問 題 点

上述したように，キリンビールでは，インディカ米やジャポニカ米を自社の研究機関で実験・開発し，国内における生産から流通までの一貫体制を整備していたため，コメビジネスの戦略展開は成功した。しかし，わが国におけるコメは，輸入米と比較して国際競争力が欠落していると同時に，薄利多売という特有の性質を持っている。

そのため，図表8－9に示されるように，コメだけではなく，関連多角化を推進していくことが，キリンビールにおけるコメビジネスを展開する上で不可欠であるといえよう。

ここで，キリンビールにおけるコメの種子開発を手がけたキリンアグリバイオの概要について考察することにしよう。キリンアグリバイオは，KIRIN グループのアグリ部門を担っており，ビール麦やホップ栽培から培った技術を基礎とする育種力・商品開発力を駆使して，新品種の開発に努めている[52]。

つまり，キリンビールは，品種開発や栽培指導などの自社が持つ強みに特化し，コメの栽培は地元農家にアウトソーシングしているのである。そのため，キリンビールの収益は過度に制限されることになる。同社は，このような問題を抱えているものの，地域社会との関係性を維持するために，地元農家や農協との契約関係は維持・強化していくことが必要不可欠であろう。

図表8－9　キリンアグリバイオ株式会社における事業沿革

1983年	キリンビール原料研究所設立
1985年	人工種子技術の研究開始
1989年	「インディカ米」の商品化
1990年	バレイショ新品種「ジャガキッズ」商品化
1994年	「ねばり勝ち」の商品化
2000年	ジャパンポテト社設立
2001年	キリン・グリーンアンドフラワー社設立
2002年	キリンの花事業のアンテナショップ「フロレアル」設立
2004年	中国　キリンアグリバイオ上海有限公司設立
2007年	静岡県浜松市に「花き商品開発センター」設立

(出所)　キリンアグリバイオ株式会社ホームページ〈http://www.kirin-agribio.co.jp/index.html〉に基づいて筆者作成

❸　課　題

　近年，アグリビジネスを展開する企業が台頭する中で，数多くの企業が自社の経営資源との相乗効果を得ることができず，止む無く撤退するケースが相次いでいる。キリンビールでも，世界各国の料理に合うインディカ米やジャポニカ米を販売するために，試行錯誤が繰り返し行われている。

　しかし，厳しい経済情勢が継続する中で，莫大な研究開発費用と採算が合わず，今日では，馬鈴薯や花きビジネスへとドメインの再定義を図っている。

　コメビジネスに参入したキリンビールは，既存の販売チャネルを活かして，地元農家や農協の賛同は得られたものの，自社が持つ経営資源との相乗効果が得られなかったため，次第に事業規模が縮小していったものと考えられる。

　つまり，食品メーカーが農業分野を始めとしたコメビジネスに参入することは極めて難しく，持続的に収益性を確保していくためには，既存の販売チャネルを活用して，地域社会との共生を図ることが必要不可欠となる。図表8－10に示されるように，キリンアグリバイオが行っている馬鈴薯・花きビジネスに参入し，これまで培った品種改良力を活かすことが望ましいと考えられる。

図表8－10　キリンビールが抱える問題点と解決策のフローチャート

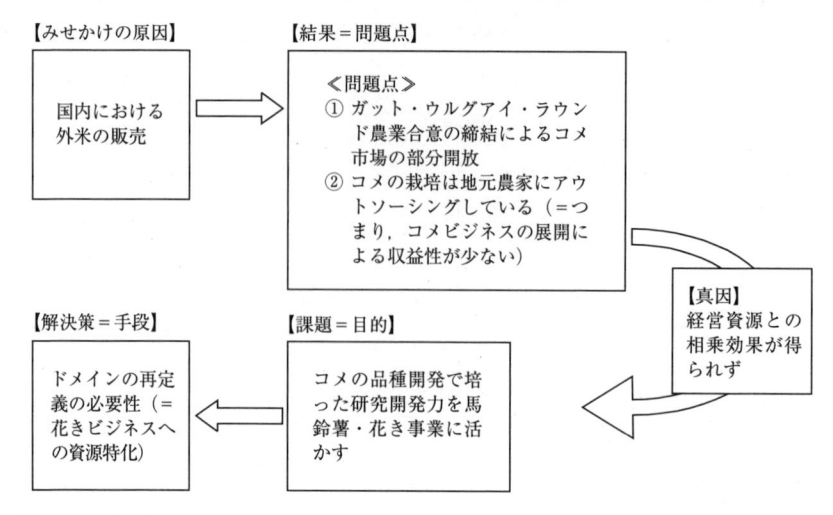

【みせかけの原因】
国内における外米の販売

【結果＝問題点】
≪問題点≫
① ガット・ウルグアイ・ラウンド農業合意の締結によるコメ市場の部分開放
② コメの栽培は地元農家にアウトソーシングしている（＝つまり，コメビジネスの展開による収益性が少ない）

【真因】
経営資源との相乗効果が得られず

【解決策＝手段】
ドメインの再定義の必要性（＝花きビジネスへの資源特化）

【課題＝目的】
コメの品種開発で培った研究開発力を馬鈴薯・花き事業に活かす

（出所）　筆者作成

注）
1 ）稲本＝河合［2002］56頁
2 ）藤澤＝高崎［1991］24頁
3 ）農林水産省ホームページ〈http://www.maff.go.jp/〉を参照
4 ）藤澤＝高崎［1991］24頁
5 ）時子山＝荏開津［2003］154頁
6 ）藤澤＝高崎［1991］26頁
7 ）大辻＝伴［1995］146頁
8 ）大塚＝松原編［2004］152-153頁
9 ）藤澤＝高崎［1991］26頁
10）大辻＝伴［1995］150頁
11）駒井［1998］167頁
12）藤澤＝高崎［1991］35頁
13）大塚＝松原編［2004］79頁
14）同上書87頁
15）同上書90頁
16）磯辺俊彦＝常盤政治＝保志恂［1986］179頁
17）黒川宣之［1994］23頁
18）藤澤＝高崎［1991］46頁

19）持田恵三［1990］133頁
20）柴田＝榎本＝安部［2008］124頁
21）持田［1990］234頁
22）佐伯尚美［2005a］18頁
23）同上書29頁
24）同上書10頁
25）同上書38頁
26）佐伯［2005b］10頁
27）同上書10-11頁
28）同上書26頁
29）同上書25頁
30）同上書27頁
31）佐伯［2005a］17頁
32）同上書15頁
33）荏開津＝時子山［2003］51頁
34）日本産業新聞編［1996］16頁
35）駒井［1998］35頁
36）日本産業新聞編［1996］16頁
37）柴田＝榎本＝安部［2008］129頁
38）駒井［1998］88頁
39）日本産業新聞編［1996］16頁
40）大塚＝松原編［2004］82頁
41）日本農業市場学会編［1997］27頁
42）日本産業新聞編［1996］124頁
43）同上書128頁
44）中村［1998］65頁
45）同上書69頁
46）JA新潟ホームページ〈http://www.jan-tis.com/〉を参照
47）JAcom.ホームページ〈http://www.jacom.or.jp〉を参照
48）柴田＝榎本＝安部［2008］114頁
49）荏開津＝時子山［2003］52頁
50）黒川［1994］1頁
51）キリンアグリバイオホームページ〈http://www.kirin-agribio.co.jp/index.html〉を参照
52）大辻＝伴［1995］148頁

第9章
アグリビジネスの国際比較

　本章では，アグリビジネスの国際比較について考察する。本章で論じる4カ国（および地域）は，アグリビジネスを展開する企業の動向が顕著である。そのため，各国におけるアグリビジネスの取組みが注目されており，わが国の存続・発展を実現するためにも，ベンチマークとなる事例ばかりである。

　第一に，農業分野のリーダーである米国のアグリビジネスについて考察する。多国籍アグリビジネスの先進国である米国が先導したガット・ウルグアイ・ラウンドからWTOの成立に至るまでの潮流を把握する。そして，近年のマクドナルド化現象を課題とし，環境保全やバイオマスエネルギーの意義について理解を深める。

　第二に，中国のアグリビジネスについて考察する。まず，内陸部と沿岸部の格差問題について理解した後に，都市・農村部における二重構造について理解を深める。

　第三に，東南アジア諸国のアグリビジネスについて考察する。まず，東南アジアの特徴である華人資本の役割や歴史的背景を概観し，1960年代のタイやフィリピンの動向について理解する。次いで，緑の革命が与えた効果と功罪について分析し，東南アジア諸国における新たなアグリビジネスの勃興を展望する。

　第四に，アフリカのアグリビジネスについて考察する。特に，植民地政策下のアフリカにおける多国籍アグリビジネスの参入に至るまでの変化について理解する。

　第五に，ネスレのアグリビジネスについて考察する。具体的には，世界最大の食品会社であるネスレがアフリカで展開するビジネス・モデルの功罪について概観する。

第 1 節　米国のアグリビジネス

❶　先行研究のレビュー

　米国におけるアグリビジネスは，M&A を基本戦略とする穀物メジャーを筆頭に，古くから現代に至るまで，グローバルな規模で事業活動を展開し，「世界農業・食料体制（global agri-food regime）」としての位置づけを確立してきた[1]。この体制は，政府による農業政策，制度，技術開発に対する支援が，多国籍アグリビジネスの育成に集中された結果，米国のアグリビジネスを世界最大の規模へと導いたと考えられる[2]。現在では，米国の多国籍アグリビジネスは，国際競争力を持った巨大なコングロマリットへとその多くが変質している。

　米国におけるアグリビジネスの勃興は，1930年代の世界恐慌時にその潮流が生み出され，米国主導による農業保護体制が確立された。1950年代に入ると，米国のアグリビジネスは，農業資材産業や加工産業における大量生産システムを構築し，グローバルな規模において強固な影響力を及ぼし始めた。1970年代には，米国の穀物輸出に大きな寄与を果たした世界最大の穀物商社カーギルが台頭し，規模の拡大を主軸とした新自由主義的な農政展開が実現されるようになる。つまり，利潤の最大化を追求する多国籍アグリビジネスの動向と米国の食料戦略は密接な関係性を持つようになった[3]。

　また，米国のアグリビジネスは，1973年に施行された目標価格制度や価格支持制度によって保護されるようになった。同時期には，世界的な食料危機に見舞われるようになったものの，多国籍アグリビジネスによるイメージ刷り込み戦略がグローバルな規模で展開するようになる。結果として，米国における食料戦略の牽引役である多国籍アグリビジネスの活動に拍車がかかり，グローバル規模での利潤獲得を，M&A を中心とした多角化戦略によって実現されることになった。

第9章　アグリビジネスの国際比較

　しかし，1980年代に入ると，米国農業の不況に端を発した農産物の輸出低迷が顕在化したため，米国は，新たな食料戦略を求められることになる。その中心となったのが，1985年に施行された食糧安全保障法である。同法は，米国における新戦略の礎としての役割を果たし，ガット・ウルグアイ・ラウンド農業交渉の妥結まで継承されることになった[4]。同法による保護政策の下で，米国におけるアグリビジネスを展開する企業は，これまで以上にM&Aを積極的に行うことが可能になったため，アグリビジネスの先進国としての位置づけを実現したのである。

　すなわち，米国のアグリビジネスは，政府による保護政策によって，食料戦略をグローバルな規模で展開し，農産物市場を開拓・拡大してきた。そのため，米国は現代に至るまでアグリビジネス分野において巨大な影響力を保持し，農産物貿易の供給者としての威厳を誇っているといえよう。

❷　ガット・ウルグアイ・ラウンドによる変化

　1980代後半から，米国政府においてガット・ウルグアイ・ラウンドによる自由貿易体制に基づき，農業改革が開始されるようになった。この結果，第2次米国主導のアグリビジネスが勃興し，国際貿易の主導者としての位置づけを占めるようになったのである。つまり，米国政府による農業保護政策によって，各国の農産物市場で確固たる地位を確立することに成功し，当時，台頭し始めていたEU諸国や新興国を始めとした農産物輸出国に対応していくことになった。

　ガット・ウルグアイ・ラウンドによる対外的政策の確立は，農業分野において流通・加工部門のグローバル・スタンダードを形成し，覇権国家（パックス・アメリカーナ）を推進することにつながっている。これは，国際貿易ルールの主導者が米国であるという事実を，世界各国のアグリビジネス企業に対して指し示している。

　また，ガット・ウルグアイ・ラウンド交渉の過程において，政府による財政赤字削減という制約を受けながらも，米国は，1990年に食糧・農業・保全・貿易法を制定し，食糧安全保障法の枠組みを踏襲することになった[5]。

1993年に，ガット・ウルグアイ・ラウンドが妥結されると，翌年度には世界貿易機関（WTO）の設立協定が調印されることになる。WTO協定における農業合意によって，国内農業保護向け支出と輸出補助金の削減，非関税障壁の撤廃など，全面的貿易自由化を基礎とする農産物貿易の新たな枠組みが形成された[6]。それに呼応して制定されたのが，1996年米国農業法である。同法の特徴としては，①生産調整の廃止と作付けの自由化，②不足払いの廃止と固定支払いへの移行，③価格支持の継続，④生産者の自由判断による保険加入，⑤環境保全対策の維持，などがあげられる。

　この法律は，農業財政支出の削減を目的としており，自由化と競争意識の向上を目指すことによって，効率的かつ低コストな農産物の販売を実現し，米国

図表9－1　1996年米国農業法の概要

適用期間	1996年～2002年
農産物価格・所得支持制度	(1) 小麦，飼料作物，米および綿花について，従来の不足払い制度および減反計画を廃止し，その代わり農家への直接固定支払い及び作付けの自由化を認可 (2) 農家直接固定支払いの導入 ①過去5年のうち1回以上減反計画に参加した農家は，政府と契約を結ぶことによって，一定の直接支払いを7年間受給できる ②農業経営者1人当たりの支払い上限は年間4万ドル (3) 従来の価格支持融資は継続されるが，融資単価は95年水準を上限とする
作付けの自由化	従来の減反計画を廃止し，契約面積には原則として野菜，果実を除いたすべての作物が作付け可能になる
農産物輸出政策	(1) 輸出奨励計画（EEP）は継続されるが，毎年の支出上限を設定 (2) 米，綿花に対するマーケティングローンは継続
環境対策	(1) 土壌保全留保計画（CRP）は継続するが，参加面積の上限を3,640万エーカーに設定（全耕地の8％） (2) 新たに環境改善奨励計画を設定

（出所）　小田紘一郎[1999]286頁に基づいて筆者作成

第9章 アグリビジネスの国際比較

を農業大国と位置づけているものである。

　米国におけるアグリビジネスの特徴として，農産物輸出拡大による貿易赤字削減，覇権国家（パックス・アメリカーナ）体制の維持が依然として一貫していることがあげられる。すなわち，多国籍アグリビジネス企業の代表格であるウォルマートやカーギルの"マクドナルド化"戦略によって，世界各国の市場を占有する危険性を持っているため，今後の動向に十分注視する必要性があろう。

3　課題と展望

　上述したように，米国は，政府による保護政策を後ろ盾として，莫大なパワーを保有している多国籍アグリビジネスの先進国である。

　図表9－2に示されるように，多国籍アグリビジネスを展開する企業には，食品加工・穀物商社など様々な形態が存在し，各種関連企業のM&A戦略によって，事業を多角化してきたという特徴がある。

図表9－2　米国の食品会社上位10社

	食品販売額（億ドル）	世界ランク	従業員数（人）	海外販売シェア(%)
1．フィリップ・モリス	359.7	10	151,000	27
2．コナグラ	206	26	90,781	4
3．カーギル	186.7	11	70,000	—
4．ペプシコ	179.5	21	480,000	24
5．コカ・コーラ	161.7	48	31,000	54
6．ADM	126.7	92	14,833	19
7．IBP	115.9	94	34,000	—
8．アンホイザー・ブッシュ	113.6	97	42,529	6
9．サラ・リー	88.9	50	149,100	22
10．H. J. ハインツ	77.9	162	42,200	37

（出所）　中野[1998]43頁に基づいて筆者が一部修正

FAO は，"World Agriculture Toward 2000" の中で，米国を始めとした先進国の農薬・化学肥料の使用，土壌劣化などの問題について指摘している[7]。多国籍アグリビジネスは，世界各国で制定されている一連の国境障壁を独占的に活用して，巨万の富を享受することができる仕組みを開発しているため，環境問題に深く関係しているといえよう。

　しかし，近年では，人口急増や経済成長による食料需要の増大などの不安要素が顕在化している。これらの問題は，グローバル経済に大きな影響を与えるため，喫緊の課題として解決すべきものである。米国は世界の農業大国としての位置づけを確立して以降，国際的なアグリビジネスに対して，多大な影響力を及ぼしている。

　近年，米国のアグリビジネスにおいて，①土壌流出，②水質汚染問題，③湿地の喪失，が特に問題視されている。そのため，個々のアグリビジネス分野においても，環境保全やバイオマスエネルギーの活用が積極的に展開される必要性があろう。特に，アグリビジネスの環境保全に関わる問題は，米国主導による京都議定書の条文実現が，世界各国から求められている。

　1996年に公布された米国農業法の中にも，アグリビジネスにおける環境保全の維持・発展が組み込まれている。同法は，農業を起因とする環境問題に初めて全体的に切り込み，積極的姿勢で環境保全を行うと公的に示したものとして画期的な法律であった。2002年の農業法においても，環境保全型農業の推進が強調されており，水質改善奨励プログラムや湿地保全プログラムの実施に約20億ドルの政府資金が投入されている[8]。

　また，その他の環境保全措置としては，保全優先地域を指定し，集中環境保全対策を行う環境保全面積留保プログラム（ECARP）が政府主導で施行されている。ECARP は，保全留保計画として環境団体や農業団体の支持の下で実施され，罰則規制の明文化やインセンティブによる誘導などが明示されている。ECARP における罰則規定は，アグリビジネス関係者に対する影響力も大きく，成果をあげているものの，環境保全対策には年間18億ドルもの莫大なコストがかかる。そのため，米国財政の逼迫によって，保全留保計画の維持が困難になってきている。このような状況の中で，米国のアグリビジネスは利潤の獲得

と環境保全の両立をいかにして実現していくかが存続・発展のカギとなっているのである。

第2節　中国のアグリビジネス

❶　先行研究のレビュー

　近年，BRICsの代表格として著しい経済成長を遂げている中国は，世界有数の歴史と文化を持ち，人口・土地の優位性から農業大国として位置づけられている。1978年に開始された改革・開放政策によって，市場メカニズムの導入や郷鎮企業の台頭が実現されることになり，中国は市場経済時代に突入することになった。中国における一連の改革は，旧来の集権的な社会主義システムからの脱却を目指したものであり，わが国に匹敵するほどの高度経済成長を実現する契機になった[9]。

　"改革・開放"時代における中国の特徴として，漸進的市場化があげられる[10]。改革・開放政策による市場メカニズムの導入は，中国における食生活が大幅に改善し，漸進的市場化の進展によって，1978年の路線転換以降，十数年で実質GDPは約4.2倍に拡大した[11]。

　中国における農産物の流通チャネルは，古くから政府統制・規制のもとにあり，農業生産構造が規定されていた。これは，国内の食料不足を解決するために，農村から都市までの流通網を政府が一括管理していたからである。

　しかし，1985年に，農産物に対する国家統制が撤廃されると，流通業へのさまざまな企業参入が認可され，市場メカニズムの機能性を活かした市場取引へと移行することになる。つまり，本格的に社会主義市場経済体制が推進されることになり，中国におけるアグリビジネスが台頭する契機となった。

　しかし，中国における資本主義の進展によって，農村では「三農（農業・農村・農民）問題」や沿海部と内陸部における地域格差などの事態が発生し，食

料生産率の低下や労働者の都市流出などの様々な問題が発生した。このような三農問題による農村の不振は，内需を抑制することになり，中国経済に深刻な影響を与えかねないかどうか，十分に注視する必要があろう。

また，中国の内陸部では，経営資源が圧倒的に不足しており，市場経済の担い手である郷鎮企業の設立・運営が困難であるという重要な課題が内在化している。そのため，産業育成が困難であり，市場メカニズムが機能するほど，沿海部と内陸部の地域格差は拡大してしまうことが現代中国の課題となっている。

❷ 市場化するアグリビジネスの台頭

上述したように，改革・開放政策以前の中国は，政府主導による計画経済を踏襲し，伝統的農業を行ってきたといえる。しかし，市場メカニズムが機能し始めると，沿海部では，郷鎮企業という非国有セクターが急成長を遂げ，計画経済から市場経済へと移行することになる[12]。

一方，農村地域でも，産業構造の変化や都市化の進展を通じて，伝統的農業が疲弊し，その結果，中国国内の生産体制を一変させることになった。そのため，漸進的市場化の進展によって，中国における農村地域は，大きく発展することになる。

近年，歴史的な経済成長の中で，中国の郷鎮企業がますます台頭しており，近代的な農業へと転換しつつある。中国における近代農業の特徴として，大規模生産と生販一体の経営システムがあげられる。全国各地の農家とのネットワーク形成を行うことによって，より効率的な利潤獲得が可能になっている。

また，先端技術や管理手法の導入による工業化を推進することによって，国内におけるアグリビジネス企業の台頭に大きく貢献しているといえよう。現代の中国経済は，図表9－3に示されるように，計画メカニズム，市場メカニズム，自給自足メカニズムという三者から構成されている。今日では，社会主義市場経済体制の推進によって，市場メカニズムが機能し始めているため，外資企業や私営企業が経済主体になりつつある。

このような自給自足メカニズムから市場メカニズムへの移行は，沿岸大都市近郊の農村地域でも顕著になっており，郷鎮企業による企業間競争が激化する

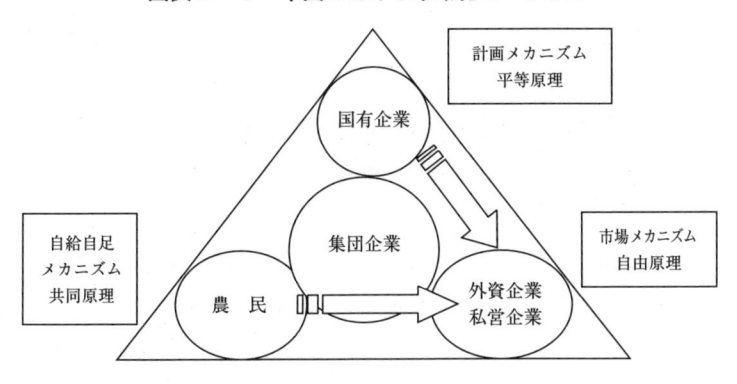

図表9-3　中国における市場化のベクトル

（出所）　加藤弘之編［1995］5頁

などの問題が表出化している。

　中国のアグリビジネスは，食料・農業関連産業の振興を名目とした"改革・開放"政策以降，飛躍的な経済成長を遂げてきた。1990年代後半からは，海外直接投資が急増し，政府協力による企業主導のアグリビジネスが拡大・成長しており，今後も世界の農業大国として各国から注目されている。そのため，中国では，大規模生産と環境保全を両立するための生産技術の開発・普及や農業政策の施行が求められている。

3　課題と展望

　ブラウン（Brown, L. R.）［2004］は，現代中国における急速な経済成長と都市化は，優良農地の減少，農村労働力の枯渇，国土の砂漠化，土壌劣化などの環境問題を発生させていると述べている。また，2002年には，中国産輸入野菜における残留農薬問題が発生し，わが国を始めとした世界各国に大きな衝撃を与えることになる。

　それゆえ，中国のアグリビジネスが抱える大きな課題の1つに，環境保全型農業開発があげられる。1992年に発表された「中国の21世紀議定に関する農業行動計画」の中で，国家発展の要は"高生産・高品質・高収益"農業を指針とした持続的発展にあると明示している[13]。この政策の施行によって，中国に

おける耕地の保護や生態系の維持が推進され，環境保全型農業開発に向けた動向が活発化することになる。

　環境保全型農業開発の目的としては，沿海部と内陸部における地域格差を改善するために，合理的かつ効率的な一体化を推進することが大きな課題となっている。つまり，他分野による農業保護や支援が不可欠となっており，環境保全の観点を加味したシステムづくりが喫緊の課題であるといえよう。

　このような長期的な生態系農業システムの構築と環境保全型農業開発を実現するためには，高度な技術の導入・開発が不可避になっている。中国の沿海部を中心とした国民所得の上昇や巨大化する食料需給などの諸要因が重なり合い，国内生産量が追いつかない状況になりつつある。

　"改革・開放"政策の推進によって，図表9－4に示されるように，生産・加工・流通を一体化した生産力向上が目標とされた。そのため，市場メカニズムが顕著に機能するようになり，自律的開放社会の実現に結実するようになった。

　また，国内では地域格差も大きく，その発展が不均衡である。つまり，アグ

図表9－4　中国における地域コミュニティ構造の変遷

	伝統的な農村社会	人民公社時期	「改革・開放」時期
社会関係の基礎	血縁は主 地縁は従	地縁は主：組織＝社会 血縁関係は潜在化へ	業縁＝利益関係は主 血縁・地縁は従
支配階層	地主など富裕階層	公社の幹部	企業の経営管理者等
権力の源泉	「郷紳」・地主：財力	共産党からの支持	法制度に基づく公職権
階層化の状況	経済的・政治的不平等	経済的階層の平面化	経済的階層の重層化
外部社会との関係	経済：自給自足的 文化：伝統指向	経済：計画経済 文化：政治指向	経済：市場経済指向 文化：都市指向
総合評価	自律的閉鎖社会	他律的閉鎖社会	自律的開放社会

（出所）　加藤編[1995]224頁を筆者一部修正

リビジネスの存続・発展には，土地を集約化した生態系農業システムの構築が急務となっている。特に，中国の郷鎮企業にはアグリビジネスを展開する企業が多いため，政府との連携を積極的に行うことによって，さらなる農業発展が求められているといえる。

今日では，社会主義市場経済体制の移行を目指す一方で，中国のガット復帰とWTO加盟に向けた動向が顕著となっている。国際協定への加盟が実現すれば，国際農産物市場との結びつきが強まるため，中国におけるアグリビジネスの活発化に結実し，食料安全保障（common security）システムの形成に向けた動向が進展すると思われる[14]。

近年，中国では，一人当たり耕地面積が少ないため，いかに生産効率性を高められるかが課題になっている。すなわち，中国におけるアグリビジネスの存続・発展には，食料政策と環境政策を融合した環境保全型農業開発が不可欠であるといえよう。

第3節　東南アジア諸国のアグリビジネス

❶　先行研究のレビュー

東南アジア諸国におけるアグリビジネスは，1980年代後半に到来した輸出志向型工業を基軸として，NIEs・ASEAN諸国の台頭とともに表舞台に出現することになる[15]。多くの東南アジア諸国では，稲作を中心とした産業構造を保有しており，コメが各国の競争力を獲得してきた歴史が存在する。

例えば，ベトナムでは，1980年後半から国策として開始されたドイモイ政策（刷新政策）によって，コメ生産で世界有数の国際競争力を勝ち得ることになった[16]。ドイモイ政策とは，農業を含めた各分野に市場メカニズムを導入することを指し，この政策の推進によって，ベトナムは，飛躍的な経済成長を実現することになる。

また，ベトナムと同様に，タイも様々な農作物を生産している大農業国である。近年では，国内資本の発展や多国籍アグリビジネスの介入によって，えび養殖の水産業や農産加工業が急速に台頭している[17]。低コスト戦略を主軸としたベトナムやインドとの市場競争が激化しているため，東南アジア諸国におけるアグリビジネスは佳境を迎えているといえよう。

　ここで，東南アジア諸国におけるアグリビジネスの動向を紐解くために，各国の歴史の変遷について概観することにしよう。インドネシア・マレーシア・スリランカなどのASEAN諸国では，各々の文化や歴史に依拠して，古くからプランテーション経営によるゴムやヤシの栽培が行われてきた。特に，欧米列強による植民地政策下にあった東南アジア諸国は，プランテーション経営と住民農業という二重構造の特徴を持つ一方で，零細農業を強制されてきた歴史が存在している。

　現在，東南アジア諸国におけるアグリビジネスの多くは，実質的な経済実権を華僑が掌握しており，現地住民に対する強力な支配権を行使している。しかし，最先端の技術を駆使したハイブリッド種子の開発や海外市場の新規開拓の分野では，多国籍アグリビジネスが優位性を保持しており，東南アジア諸国の発展に大きく貢献している[18]。

　1970年代に入ると，東南アジア諸国でインフラ整備や技術革新が積極的に行われるようになり，流通部門の改善が実現されるようになった。その結果，東南アジア諸国は，先進国から大きな注目を浴び，総合商社や多国籍アグリビジネスによる介入が実施されたのである。米国や日本による高収量品種や灌漑システムの導入といった技術提供は，東南アジア諸国における飛躍的な生産力の向上に寄与することになった。

　1990年代には，多くの東南アジア諸国において自給率の大幅改善が実現されたため，農業・食料部門の国際化が急速に拡大し，国際競争力のある農作物生産体制を構築している。タイのブロイラー産業では，図表9－5に示されるように，集荷・製造から販売・輸出までのすべての段階を垂直統合したCP（チャルンポーカパン）などがアグリビジネス企業として東南アジアで台頭している[19]。つまり，アグリビジネス企業の登場によって，既存の農産物流通が

図表9－5　CPグループの事業拡大

項目	1920～40年代	1950年代	1960年代	1970年代
産業基盤	野菜種子，鶏卵輸出輸入（香港）	新規事業開始 ※豚解体業	製造業へ進出 ※飼料（67年）	垂直統合化 ※ブロイラー ※コメ（失敗） 海外投資開始

項目	1980年代	1990年代	1997年～危機
産業基盤	垂直統合第2期 ※養殖えび，豚	事業多角化 中国投資本格化	事業縮小，特化

（出所）稲本＝河合[2002]209頁に基づいて筆者作成

変化し，その巨大さが日々重要性を増しているのである。

上述したように，今日における東南アジアのアグリビジネスは，NIEsやASEAN諸国などの影響を大きく受けながら，独自のアグリビジネスが創出される転換期を迎えている。

❷　緑の革命による功罪

緑の革命とは，メキシコ政府とロックフェラー財団の資金援助によって設立された国際トウモロコシ・小麦改良センターや国際稲作研究所で開発された高収量品種の導入によって，大幅に収穫量が増加した農業生産の革命を指す[20]。

第二次世界大戦後，発展途上国を中心として推進された緑の革命は，農作物品種改良・普及や近代的農業技術による農業生産性の向上を実現し，東南アジア諸国の農業を活性化させることになる。結果として，数多くの発展途上国における食料不足を解消し，食料自給国へと転換させる契機となった[21]。そのため，東南アジア諸国における栽培方法を革新させるだけではなく，農村社会と生活水準を変貌される意義を持っていたのが，緑の革命であったといえよう[22]。

ここで，緑の革命に関する動向について考察することにしよう。1960年代に入ると，IR-8などの高収量品種が東南アジア諸国で普及し，農業生産力を飛躍的に高めることに貢献した。高収量品種の普及は，農業生産力を高める技術

発展途上国における栄養不足人口の減少や食料危機に大きな貢献を果たすことになった。IR-8は，高収量品種の中でも，驚異的に収量が高かったため，"ミラクル・ライス"と揶揄されるようになった[23]。

さらに，品種改良に際しては，世界銀行・FAO・国連が協力して，国際農業研究協議グループ（CGIAR）を結成し，発展途上国の農業振興に資金とノウハウを結集する体制を確立することになる。

CGIARの後ろ盾もあって，緑の革命における新品種の導入は，農薬・化学肥料の使用，農地の大規模化，モノカルチャー化を実現する効率的な生産方式であり，莫大な富をもたらすことになった。

しかし，東南アジア諸国における高収量品種の導入は，様々な問題を引き起こす原因となった。化学肥料や農薬の大量使用によって，①土壌劣化，②地下水の大量使用による水源枯渇，③農地の環境悪化，などの公害問題が顕著になり，伝統的な相互扶助的農業が崩壊する契機となった。

さらに，先進国で禁止されている有害な農薬を使用しているケースも存在する。農民の健康被害のみならず，生態系の破壊が進展している地域が点在しており，東南アジア諸国における負の側面は，今後の発展を鑑みても熟慮する必要性があろう。

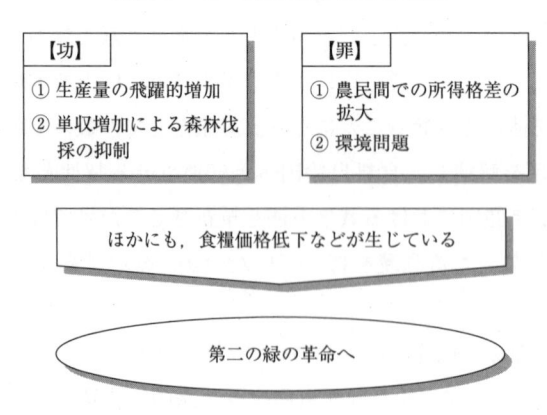

図表9－6　緑の革命による功罪

【功】
① 生産量の飛躍的増加
② 単収増加による森林伐採の抑制

【罪】
① 農民間での所得格差の拡大
② 環境問題

ほかにも，食糧価格低下などが生じている

第二の緑の革命へ

（出所）　柴田＝榎本＝安部[2008]171頁を筆者が一部修正

化学肥料と農薬を多量投入する高収量品種の導入は，二期作の展開などの効率的農業を可能にしたが，集約的な経営管理を要求されるため，灌漑施設の導入に莫大な資金負担が不可避となった。

そのため，緑の革命の特徴として，農民による資金負担が増大したため，その格差が顕著なものになった。図表9－6に示されるように，東南アジア諸国における緑の革命は，新品種や新技術を積極的に導入した大規模生産者と恩恵を受けることができない小規模生産者との間で大きな格差が創出されることになったのである[24]。

さらに，富の集中は，特定の国・地域に限定され，他の多くの国々に普及せず，負の痕跡が現在でも数多く残っているため，緑の革命の功罪を両面から考えていく必要があろう。

❸ 課題と展望

上述したように，東南アジア諸国におけるアグリビジネスは，国内企業と多国籍アグリビジネスの開発輸入の導入によって，存続・発展を遂げてきたといえよう[25]。ユニリーバやドールのような多国籍アグリビジネスは，東南アジア諸国において，広大なプランテーション経営を行い，契約農業（contract farming）を実現させることによって，東南アジアの市場を制覇したといっても過言ではない[26]。

東南アジア諸国における多国籍アグリビジネスの台頭が顕著になる一方で，近年，単収当たりの伸び率が低迷し，生産力の向上に向けた第二の緑の革命が待たれている[27]。第二の緑の革命は，遺伝子組換え技術が果たす役割が大きいと考えられており，生産コストの低減が大きな課題になっている。緑の革命では，公的な研究機関がイノベーションの担い手であったが，第二の緑の革命は，遺伝子情報に関する特許を多く保有する民間企業がその主導役と見なされている[28]。

第二の緑の革命に向けた動向は，1980年代以降に顕著になり始め，その背景には，多国籍アグリビジネスが遺伝子組換え技術の研究開発を開始したことがあげられる。同時期には，東南アジア諸国に対する直接投資が急速に増大し，

NACs（新興農業国）へと発展する契機となった。

そこで，多国籍アグリビジネスが，東南アジア諸国の農業関連産業に数多く参入し，各国は特定の農産物輸出に特化することになる。つまり，東南アジア諸国は，世界の農産物市場における国際分業体制の一翼を担うことになったのである。数多くの特許を保有する多国籍アグリビジネスの台頭によって，第二の緑の革命が実現可能性を秘めるようになったのである。また，近年の技術革新とIT革命の進展も，第二の緑の革命を推進する上で不可欠な要因となってこよう。

また，東南アジア諸国では，農業やアグリビジネスの存続・発展に貢献する担い手不足という重大な課題が存在している。上述したように，東南アジア諸国の農業は，次第に独自路線を歩み始めてはいるものの，現在でも植民地時代に培われた二重構造問題を抱えている地域が多い。これは，ヨーロッパを中心とした支配のもとで，農業経営の形態が零細かつ家族成員に限定されていたことが一般的であったことに起因する。

さらに，東南アジア諸国では，教育環境が整備されておらず，女性に対する人権も否認されていた。しかし，1980年代以降の多国籍アグリビジネスの参入を契機として，雇用機会の充実や教育環境の整備が進展しつつある。それは，農業従事者にも該当し，女性に対する社会への参画も認可されたことによって，農業分野における更なる発展可能性を内在しているといえよう。

このように，東南アジア諸国における教育環境の整備は，国内の発展に結実するため，国民に知識・ノウハウを提供する教育機関の存在がますます重要になっている。そのため，農業従事者は，より多くの利益を得るために，主体的に農業教育受講を自発的に行うようになった。

今後，東南アジア諸国で農業・アグリビジネスの発展を追及する際には，教育事業の推進，女性農業従事者の支援などの環境整備が必要になってこよう。

第4節 アフリカのアグリビジネス

❶ 先行研究のレビュー

　アフリカは，古くからヨーロッパ諸国の植民地支配下にあり，資源開発を目的として，多国籍アグリビジネスを筆頭とした外国勢力の動向が盛んな地域である。今日では，アフリカの約50カ国が独立し，その多くが農業を基幹産業とした政策を採用している。ヨーロッパ人を中心にしたアフリカ支配の成立によって，各々の国では，商業農業（Commercial Farm）が確立・発展することになった。現在，アフリカ諸国における輸出用農作物の多くは，零細経営とプランテーション経営という2つの方法によって生産されており，外資獲得の主要な手段となっている。

　アフリカ諸国の多くは，急激かつ爆発的な人口増加に農業生産力が追いつかず，サハラ地域では1980年代から深刻な食料危機が生じている[29]。サハラ地域では，常時干ばつの被害に見舞われており，森林破壊による砂漠化が急速に進行している。

　第二次世界大戦後も植民地支配は存続し，アフリカ諸国が独立を勝ち取ることができたのは，1960年の「アフリカの年」以降のことである[30]。しかし，各国が独立を遂げたものの，資金力・技術力・経営能力が欠如していたため，アフリカ系資本が十分に成長することはなかった。農業生産力が極度に低下したのは，このことが大きく影響している。そのため，農業生産力が極度に低下したアフリカ諸国では，農産物市場の拡大を好機とした多国籍アグリビジネスの参入が顕著にみられるようになった。

　アフリカ農業の特徴として，東南アジアと同様に，植民地支配下で輸出用一次産品に大きく依存するモノカルチャー型があげられる。かつてアフリカ諸国は，ヨーロッパ諸国の植民地支配下にあり，西欧の資本主義国に原料供給を行うためにモノカルチャー型が推進された。

近年，アフリカ各国に多大な影響を与えているのは，世界銀行やIMFによる構造調整政策である[31]。1980年代以降，国際機関による構造調整が実施され始めると，民間資本の積極的導入やコーヒー・紅茶などの輸出拡大が促進されることになった。

　特に，エジプトは，図表9－7に示されるように，肥沃な土地とナイル川の恩恵を受けて，アフリカ諸国における農業生産力は群を抜いていることが分かる[32]。

　その一方で，アフリカ諸国では，様々な問題を抱えており，いずれも国際社会において難題として議論にあげられることが多い。例えば，アフリカの熱帯土壌における継続的工作によって，砂漠化の進展に一層の拍車をかけている。また，エチオピアやサヘル地方における飢餓問題も注視すべきものであり，人口爆発や栄養失調といった諸問題は不可避なものとなっている[33]。

　このような問題を内在するアフリカ農業は，過度に大農場へ依存する生産・流通体制に特徴を持つことから，干ばつの多発や需要の増大によって，危機的

図表9－7　アフリカの主要国における米の生産状況

	生産面積（千 ha）	単収（t a）	生産量（精米千 t）
アフリカ合計	5,634　(100%)	1.28　(100)	7,201　(100%)
エジプト	420　(7.5%)	5.00　(391)	2,100　(29.2%)
ギニア	700　(12.4%)	0.64　(50)	450　(6.2%)
コートジボアール	640　(11.4%)	0.72　(56)	460　(6.4%)
リベリア	120　(2.1%)	0.63　(49)	75　(1.0%)
マダガスカル	1,250　(22.2%)	1.28　(100)	1,600　(22.2%)
マリ	250　(4.4%)	1.10　(86)	275　(3.8%)
ナイジェリア	700　(12.4%)	0.86　(67)	600　(8.3%)
シエラレオネ	260　(4.6%)	0.96　(75)	250　(3.5%)
タンザニア	360　(6.4%)	1.11　(87)	400　(5.6%)

（出所）　小田［1999］303頁に基づいて筆者作成

状況に陥っているといえよう。

❷ アフリカにおける二重構造問題

アフリカにおける農地の多くでは，図表9－8に示されるように，多国籍アグリビジネスによるコーヒーを主とした大規模なプランテーション農業が推進されており，機械化が大幅に進展している。

しかし，農業従事者の大半は，伝統的農業に依拠した低生産体制によって生計を立てている。こうしたアフリカ諸国で顕著にみられる事態は，二重構造問題と呼ばれることが多い。さらに，政府による公的な支援も乏しいため，貧困層には大規模農場への就業を希望している者も多く存在している。

近年，二重構造問題がさらなる進展を迎える中で，農民による環境破壊が深刻な被害として問題視されている。アフリカ諸国の農民は，限られた耕作用地を活用するために，一年中農作物を栽培することが一般的である。

そのため，アフリカ諸国では，過耕作・過放牧が進展し，土壌劣化などの環境問題も生じている。結果として，アフリカ諸国における砂漠化を一層進展させる原因になっており，水資源が不足するという深刻な事態に見舞われている。

国連開発計画編［1997］は，貧困者が十分な所得を得ていないにもかかわらず，自然資源の劣化を回復させる資材や生産技術を利用できないことが環境破壊の

図表9－8　生豆取扱量のシェアでみる世界の大手コーヒー貿易業者・焙煎業者

大手コーヒー貿易業者の生豆取引量のシェア（％）(1999年の推定値)		大手焙煎業者の生豆使用量のシェア（％）(2000年)	
ノイマン・カフェー（ドイツ）	13	クラフト・フーズ（米国）	13
ヴォルカフェ（スイス）	11	ネスレ（スイス）	13
カーギル（米国）	8	サラ・リー（米国）	10
エステヴェ（ブラジル）	7	P&G（米国）	4
イーディーエフマン（英国）	3	チボー（ドイツ）	4
その他	58	その他	56
合　計	100	合　計	100

（出所）　大塚＝松原編［2004］179頁に基づいて筆者作成

主要因であると主張している。さらに，貧困者の農地や農業資源を保有していないこともアフリカ諸国における重要な課題になっている。

上述したように，アフリカの農業貧困者を取巻く状況は依然として厳しいものであり，①農村貧困軽減のための政策変革，②農外雇用機会の創出，③農村信用サービスの供与，④土地所有システムの構造改革，⑤農産物流通システムの効率化，⑥技術普及のシステム，がアフリカの二重構造問題を解決に導くために必要となってこよう。

特に，サハラ以南アフリカの経済実績は，基幹的輸出産品の価格上昇，アフリカ財政共同体（CFA）地域諸国における通貨切上げに伴う競争力増大，市民・政治紛争の減少といったことも影響し，比較的改善されている[34]。

3 課題と展望

アフリカにおけるモノカルチャー経済の問題は，過酷な状況下で地域住民を搾取し，飢餓問題の発生をもたらしている。かつて欧米が推進した帝国主義によって，巨大なプランテーション経営が構築され，コーヒーやバナナ，カカオなどの輸出産品の生産を強制した歴史が存在する。プランテーションは，ドールやモンサントなどの多国籍アグリビジネスに引き継がれており，今日でも植民地時代と同様の支配体制が色濃く残っている。

また，アフリカの農業に介入する調整者として，世界銀行の存在があげられる[35]。世界銀行は，自由貿易体制と自己責任生産体制の新しい枠組みのもとで，世界人口に対する食料供給量の増大という責務を遂行するために存在する。その中でも，IBRDやIMFの存在は，今後のアフリカの動向に直接的な影響力を持っているため，特に重要である。

第5節　ネスレのケーススタディ

❶ ケース

　本章では，アグリビジネスの国際比較について概観してきた。本項では，世界最大の食品・飲料会社であるネスレ社（以下，ネスレ）の発展途上国への進出について考察する。分析の手順としては，① ネスレの企業概要を整理し，② 発展途上国，特に，アフリカにおけるネスレの戦略展開に関して，その問題点・課題を中心として分析する。

　ヨーロッパ食品産業のトップ企業であるネスレは，世界84カ国に500の工場を展開し，約25万人もの従業員を雇用する世界最大の多国籍アグリビジネスである。スイスのヴェヴェイに本拠を置くネスレの主力ドメインは，図表9－9に示されるように，乳製品の製造・販売であるものの，冷凍食品製造や医薬品の製造・販売も手がけるなど幅広い事業展開を行っている。

　ネスレは，1938年に同社の主力商品である「ネスカフェ」の製造を開始し，現在では，キットカット，ヴィッテルなど，約8,000もの製品ブランドを保有している。同社は，積極的なM&A戦略を通じて自社の発展を実現する一方で，コカ・コーラやフォンテラと合弁事業を立上げ，新規市場開拓を推進するなどの経営政策を踏襲している。

　EU諸国では，食品加工業は最大の産業の1つであり，スケールメリットが競争優位の源泉である加工分野や冷凍食品分野での大企業の成長が著しいものになっている。このような大規模生産型の食品産業は，19世紀以来アフリカを中心とする旧植民地から容易に入手できるコーヒー・ココア・茶などの原材料を使用していることから，世界各国の市場を占有しているといえよう。

　ネスレは，グローバルマーケット戦略（＝世界的な生産分業体制による製造・販売）を展開することによって，世界各国のシェアを独占し，農業や食料生産に大きな影響を与えてきた。

図表9－9　世界の食品・飲料製造企業上位20社（2001年度）

	企業名	本社	食品販売額（億ドル）	主な製品
1	ネスレ	スイス	466.2	乳製品，飲料
2	クラフト・フーズ	米国	381.2	乳製品
3	コナグラ	米国	276.3	食肉，穀物製品
4	ペプシコ	米国	269.4	飲料，スナック
5	ユニリーバ	英国	266.7	油脂，乳製品
6	ADM	米国	234.5	穀物製品，原材料
7	カーギル	米国	215.0	穀物製品，食肉
8	コカ・コーラ	米国	200.9	飲料
9	ディアジオ	英国	166.4	アルコール
10	マース	米国	153.0	菓子
11	アンホイザー・ブッシュ	米国	122.6	ビール
12	ダノン・グループ	フランス	121.8	乳製品，飲料
13	キリンビール	日本	112.9	ビール，飲料
14	アサヒビール	日本	110.5	ビール
15	タイソン・フーズ	米国	107.5	食肉，家禽
16	ディーン・フーズ	米国	97.0	乳製品
17	H. J. ハインツ	米国	94.3	冷凍食品
18	サラ・リー	米国	92.2	食肉，ベーカリー
19	ケロッグ	米国	88.5	穀物製品
20	雪印乳業	日本	85.1	乳製品

（出所）　大塚＝松原編［2004］63頁に基づいて筆者作成

　このような多国籍アグリビジネスの動向は，発展途上国に対して多大な影響力を持っており，"新植民地主義"と揶揄されることが一般的である。その背景には，ネスレに対する対外援助や多国籍銀行の存在が散見され，旧来の植民地におけるプランテーション経営に積極的な介入を行っている。

❷ 問題点

　上述したように，ネスレによるグローバルマーケット戦略を展開することによって，発展途上国における売上は全体に対する17%を占めており，近年では，そのシェアがますます高まっている。このような発展途上国における高いシェアは，多国籍アグリビジネスによる圧倒的なPR活動に依拠しており，国際社会からの批判を誘発している。ここで，ネスレに対する社会的批判の一例を取上げることにしよう。

① 途上国での粉ミルク販売と不買運動：1970年代初頭，粉ミルクと乳児の栄養失調・死亡率の関連性が，国際社会で問題として各方面から取上げられることになった。当時，ネスレは世界の粉ミルク市場を占有しており，自社の利益追求を目的とした過度なPR活動は，アフリカにおける乳幼児の栄養失調を増大させることになった。そのため，市民団体や小児栄養の専門家から社会的批判を浴びたが，ネスレは自社の利益を防衛するために，対決姿勢を強めたことによって世界各地で不買運動を招くことになった。

② コーヒー豆の国際価格暴落問題：2002年，コーヒー豆の国際価格は40年前の4分の1の水準まで低下した。2,500万人もの途上国コーヒー生産者の大半が小規模零細経営であったため，外貨収入の手段をコーヒー豆輸出に依存していた国も多いことから甚大な被害をもたらした。しかし，ネスレにおけるコーヒー分野の利益率は約30%と非常に高い水準にあったため，その市場支配力に社会的批判を向けられることになった。

③ カカオ栽培と児童労働問題：カカオ豆の主要生産国である西アフリカでは1990年代までは好調であったものの，アジアでの増産体制の確立やIMF構造調整プログラムの導入によって崩壊の危機を迎えることになる。コートジボアールでは，1980年には50社存在していた国内輸出業者が2社まで減少し，ネスレやカーギルの影響力が拡大している。そのため，カカオ豆の取引・加工におけるネスレに対する社会的批判の的になっている。また，生産現場における児童労働の廃止に向けて共同声明が発布されたものの，目標期限を遵守できなかったことも批判の対象になっている。

④ 水資源の囲い込みと偽装表示問題：1999年以降，ネスレの製品ブランドである「ヴィッテル」の偽装表示問題が発生し，住民や消費者から集団訴訟を受けるなどの批判を浴びている。地下水・湧水を原料とするネスレの場合，水道水加工を基本とするコカ・コーラやペプシコとは異なり，地域水資源保護という環境保全の観点から，社会的問題に発展することが多い。

⑤ 労務管理と国際労働協約違反：ネスレの労務管理は，世界各地で様々な問題を発生させており，特に，発展途上国では，労組関係者の殺害事件，不当解雇や賃金差別などの労使対立が顕在化している。

上述したように，ネスレは世界各国の市民団体や研究者から社会的批判を浴びていることが分かる。しかし，ネスレは世界最大の食品・飲料会社として「企業倫理」や「CSR」に邁進してきたことは紛れもない事実である。

3 課題

1997年に採択された ILO の多国籍企業及び社会政策に関する原則や，2000年に改訂された OECD の多国籍企業行動指針を始め，CSR の制度化を目指す動向が顕著になりつつある。

久野秀二[2002]によれば，ネスレは，CSR プログラムの一環として，熱帯一次産品利用型アグリビジネスを展開しており，世間的には発展途上国の零細農民や農村コミュニティへの貢献が注目されている。ネスレは，様々な社会的批判に対するイメージを払拭するために，"ビジネス原則"を定め，消費者・地域社会への責任対応姿勢をみせた。具体的には，2001年に施行された国際カカオ・イニシアチブを通じたカカオ生産者の労働・生活条件の改善努力があげられる。その他にも，ダノン，ユニリーバと持続的農業イニシアチブ（SAI）プラットフォームの設立を通じて，多様なステークホルダーとの対話を実現し，持続可能な自然・地域社会を追求しており，今後の動向が注目されている。

しかし，ネスレによる CSR への対応は，自社の PR 活動の一環に過ぎないのではないかとの見方も存在する。

例えば，マクドナルド，ドール，コカ・コーラ，クラフトなど多国籍アグリビジネスも参加する SAI プラットフォームの取組みが，多国籍企業と農業生

第9章　アグリビジネスの国際比較

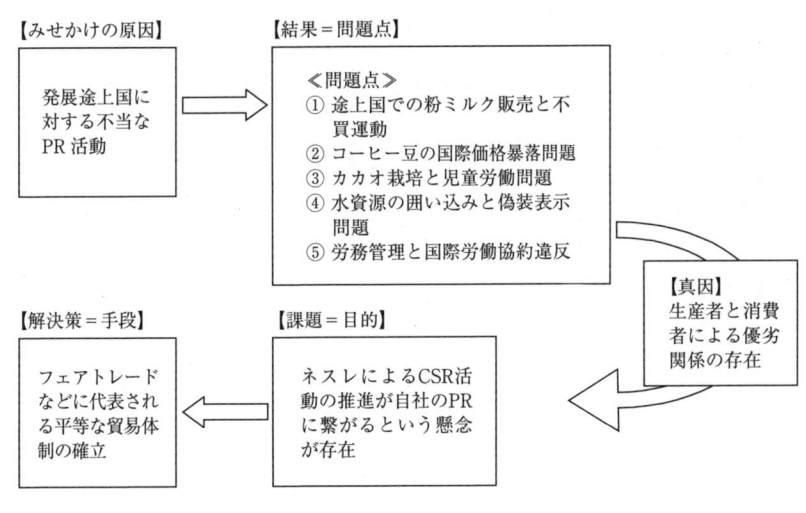

図表9-10　ネスレが抱える問題点と解決策のフローチャート

【みせかけの原因】
発展途上国に対する不当なPR活動

【結果＝問題点】
≪問題点≫
① 途上国での粉ミルク販売と不買運動
② コーヒー豆の国際価格暴落問題
③ カカオ栽培と児童労働問題
④ 水資源の囲い込みと偽装表示問題
⑤ 労務管理と国際労働協約違反

【真因】
生産者と消費者による優劣関係の存在

【解決策＝手段】
フェアトレードなどに代表される平等な貿易体制の確立

【課題＝目的】
ネスレによるCSR活動の推進が自社のPRに繋がるという懸念が存在

（出所）　筆者作成

　産者・消費者との非対称的な関係ゆえに引き起こされてきた社会経済的・環境的な諸問題を全体としてどこまで改善しうるのか，楽観できる状況からはほど遠いのが現状である。

　ネスレのような多国籍アグリビジネスは，強力な市場支配力を武器として，利潤の獲得を第一の目的にしてグローバルな事業展開を図っている。そのため，国際的な行動基準に遵守していれば，ネスレに対する社会的批判は発生しないのである。また，環境に適合した持続的な企業活動を推進しなければ，消費者に対する健全な食生活を支えることは困難になろう。そのため，図表9-10に示されるように，多国籍アグリビジネスの代表格であるネスレは，真の意味でのCSRの実行が求められているといえよう。

注）
1）中野編［1998］4頁
2）駒井［1998］13頁
3）中野編［1998］16頁
4）同上書17頁

5）同上書22頁
6）同上書23頁
7）駒井[1998]184頁
8）柴田＝榎本＝安部[2008]72-73頁
9）加藤弘之[1995]2頁
10）漸進的市場化とは，目標が明確でなく，その時々で改革が推進・実行されたことを意味する。
11）加藤弘之[1995]52頁
12）同上書7頁
13）同上書64頁
14）同上書78頁
15）小田[1999]118頁
16）同上書184頁
17）同上書194頁
18）松島正博編[1993]236頁
19）同上書236頁
20）駒井[1998]176頁
21）同上書176頁
22）荏開津＝時子山[2003]40頁
23）同上書38頁
24）駒井[1998]179頁
25）松島編[1993]238頁
26）同上書238頁
27）柴田＝榎本＝安部[2008]170-171頁
28）同上書170-171頁
29）小田[1999]298頁
30）中野編[1998]177頁
31）同上書179頁
32）小田[1999]299頁
33）駒井[1998]191頁
34）同上書26頁
35）同上書18頁

第10章
アグリビジネスの今日的課題

　本章では，アグリビジネスの今日的課題について考察する。具体的には，わが国で展開されつつあるアグリビジネスの新たな動向について理解を深める。紙幅の都合もあり，本書では独立した章として扱うことはできなかったものの，今後，教科書の独立した章として記述されるかもしれない重要課題を5つ選択した。なお，一部については，既存文献において，すでに独立した章として扱われているテーマもある。

　第一に，グローバル社会と日本型アグリビジネスについて考察する。WTOという枠組みの中で，農産物市場自由化が進行し，わが国は地域連携を意識した戦略展開が求められている。

　第二に，アグリビジネスにおけるCSRの実践について考察する。多国籍アグリビジネスの台頭と搾取される発展途上国の二面性について考察し，フェアトレードという貿易体制を基軸とした解決策に言及する。

　第三に，農商工連携とアグリビジネスについて考察する。まず，農商工連携の現状を俯瞰し，産業クラスター化に向けた動向について理解する。そして，世界的に有名なモデルであるオランダのフードバレーを概観し，産業クラスターとして優れた点について理解を深める。

　第四に，地域活性化手段としてのアグリビジネスについて考察する。わが国における農村社会の現状を認識し，コミュニティ・ビジネスとの関連を踏まえて，地域の存続・発展戦略について理解を深める。

　第五に，農業の環境保護機能に注目したアグリビジネスについて考察する。農業の多面的機能を意識したビジネス展開を行っているモデルについて考察し，産学官連携の意義を認識する。

第1節　グローバル経済と日本型アグリビジネス

❶　グローバル経済下における貿易課題

　わが国で消費されている農産物の多くは，海外から輸入されており，わが国の食生活は，これまで以上に世界各国とのグローバル経済と深く結びついている。つまり，わが国の食生活は，グローバル経済によって支えられているといっても過言ではない。グローバルな貿易を促進する機関として，WTOの存在があげられる。スイスのジュネーブを拠点とするWTOは，約150カ国（2007年1月現在）が加盟しており，アグリビジネスを内包した様々な分野において，重要な役割を果たす存在になっている[1]。

　近年，グローバルな自由化を推進しているWTOの一方で，二国間の自由貿易協定（以下，FTA）や経済連携協定（以下，EPA）が台頭しつつある[2]。FTA・EPAの意義としては，特定国・地域間における関税等の貿易障壁を取り払い，モノやサービスの貿易を自由化することによって，経済効率や産業競争力の向上を目指すことがあげられる。また，2001年には，ドーハ・ラウンドが開始され，農業・サービスを中心とした，アンチ・ダンピングや地域貿易協定に関するルールなどが整備されることになった。

　わが国でも，2006年にチリ，インドネシア，ブルネイとEPA交渉で大筋合意をしており，国際競争力の高い農産物を国内市場に流入させる脅威にさらされている。上記のように，ドーハ・ラウンド，FTA・EPA交渉において，貿易自由化の枠組みが確立しつつあり，事実上例外扱いされていたアグリビジネス分野における交渉が主要な議題になっている[3]。

　農林水産省編[2009]は，図表10－1に示されるように，世界の農産物貿易ルールの概要をまとめている。ドーハ・ラウンド，FTA・EPA交渉では，農産物に認めていた貿易上の制限が撤廃され，自由化を推進する動向が顕著となっている。

図表10－1　世界の農産物ルールの概要

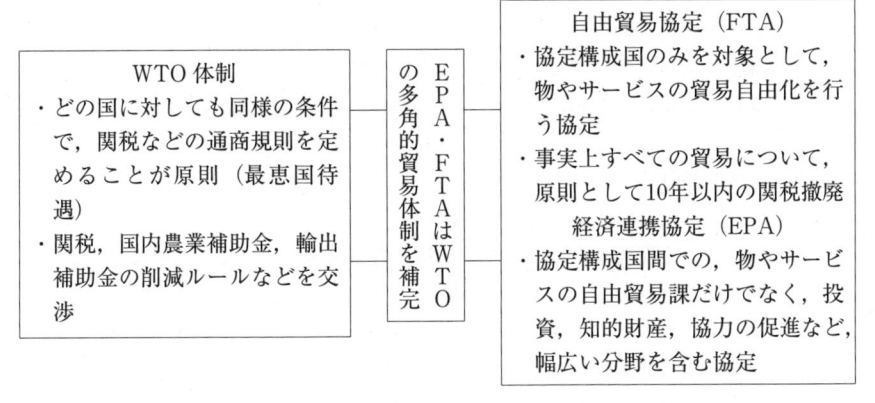

WTO体制	EPA・FTAはWTOの多角的貿易体制を補完	自由貿易協定（FTA）・協定構成国のみを対象として，物やサービスの貿易自由化を行う協定・事実上すべての貿易について，原則として10年以内の関税撤廃 経済連携協定（EPA）・協定構成国間での，物やサービスの自由貿易課だけでなく，投資，知的財産，協力の促進など，幅広い分野を含む協定
・どの国に対しても同様の条件で，関税などの通商規則を定めることが原則（最恵国待遇）・関税，国内農業補助金，輸出補助金の削減ルールなどを交渉		

（出所）　農林水産省ホームページ〈http://www.maff.go.jp/〉に基づいて筆者作成

　グローバル経済下における自由化は，多国籍アグリビジネス企業にとって，飛躍の果実を獲得するためのビジネスチャンスとなり得る。近年の貿易自由化の潮流に伴って，多国籍アグリビジネスの代表格である米国のカーギルやスイスのネスレは，広告・製品の差別化・ブランドの確立によって，商品市場を支配している[4]。

❷　日本におけるアグリビジネス戦略の展望

　上述したように，WTOの設立を始めとした農産物貿易自由化の進展によって，わが国におけるアグリビジネスは発展してきた。具体的には，農産物の加工，流通，販売，外食部門など，様々なアグリビジネスの分野が発展してきた。
　しかし，グローバル経済下においては，コスト削減を優先事項としており，海外調達志向を強めているため，国内産業の脆弱性を招く可能性が示唆されている[5]。日本国際フォーラム政策委員会［2009］は，図表10－2に示されるように，農産物貿易自由化が進展する日本において必要な戦略をまとめている。
　海外の多国籍アグリビジネス企業では，大型機械を積極的に導入することによって，効率的な企業経営を実現する動向が顕著にみられる。そのため，国内におけるアグリビジネス企業が，グローバル経済下の中で台頭するためには，

図表10−2　グローバル化の中での日本農業の総合戦略

Ⅰ．日本農業の基本的構想
1．日本農業を成長産業として捉え，世界市場に進出せよ
2．食料安定供給のため，国内に21世紀型食料基地を構築せよ
3．農地の利用は，国土全体の利用計画の中に位置づけ，効率的利用を図れ
4．地域の活性化に，農業を活用せよ
5．コメの減反政策を，抜本的に見直せ
6．食料の安全保障は，日常の安定供給と有事対策の両面に対応せよ
7．世界に開かれた日本農業を目指せ

Ⅱ．中長期的に推進すべき具体的施策
8．食料基地は150万haを想定し，100ha規模の農業経営体1万を核とせよ
9．食糧基地は，農地利用を自由化した「経済特区」とせよ
10．生産刺激融資策を導入し，優秀な経営者には融資返済免除措置を設けよ
11．農地と周辺環境のあり方を検討する土地利用計画を導入せよ
12．日本の農業技術を，世界の食料問題の解決に活用せよ

Ⅲ．緊急に取るべき施策
13．農地移譲を条件に，撤退する農業者の早期離職を助成し農地集積を図れ
14．定年退職者の就農支援と多面的機能維持の納税・寄付制度の創設を
15．WTO農業交渉の決着に向けて，リーダーシップを発揮せよ

（出所）　日本国際フォーラム政策委員会［2009］表紙を筆者が一部修正

国境や境界などの規制に縛られた制度から脱却し，世界的な視野に立って戦略を立案すべきである。

　つまり，わが国のアグリビジネス企業が，多国籍アグリビジネス企業と差別化するためには，国内における地域間連携を重視するという新たなビジネスモデルを構築することが必要不可欠である。具体的には，積極的に優秀な人材の確保や技術導入を行うことによって，農商工連携等の仕組みづくりを実現し，国内の空洞化したアグリビジネス産業を振興させていくことが求められている。

❸　グローバル経済下におけるアグリビジネスの対策

　グローバル経済下におけるわが国のアグリビジネスを強化するためには，食

料自給率の減少傾向を概観しても，国産の農作物を積極的に消費する必要があろう。BSE問題，鳥・豚インフルエンザ，輸入汚染米などの「食の安全・安心」に関する諸問題が発生して以来，高付加価値かつ生産コストを低減しつつ，国内産の農作物を生産する風潮が高まっている[6]。

近年，消費者による国産の農作物を求める動向が高まる中で，飼料米の活用に向けた取組みが注目されている。青森県藤崎町の常盤村養鶏農業組合では，2006年度から飼料米を使った養鶏事業に取組んでおり，飼料の自給率向上に大きく貢献している。一般的に，飼料米をエサとした鶏の卵は，デパートや生協で高い値段で販売され，現状では卵の売上げは好調である[7]。

また，食料問題解決に対するアグリビジネスとしての貢献も重要である。農林水産省編[2009]は，次の4点を基礎としたODAを実施している。

① わが国および世界の食料安全保障の確保。
② WTO，EPAなどの農林水産分野の国際交渉の円滑化。
③ 森林の減少・劣化，砂漠化，水問題などの地球環境問題への対応。
④ 動植物の越境性疾病や大規模かつ突発的な自然災害への対応。

東南アジアやアフリカを始めとした発展途上国では，自然災害の発生や砂漠化の進展が懸念されており，アグリビジネスの存続・発展に大きな障壁となる可能性を持っている。わが国としては，農産物を効率的かつ持続的に生産することができる技術を発展途上国に移転することによって，食料不足に苦しむ人々に対して貢献することができるであろう。農林水産省は今後も，技術移転を始めとしたODAを積極的に実施し，発展途上国における農業分野を一層充実させていくと述べている[8]。ODA支援を充実するためには，わが国が得意とする稲作技術を海外に普及させる必要があり，同時に，総合商社などの食料輸入の担い手であるアグリビジネス企業が積極的に協力することが重要となる。

第2節　アグリビジネスにおける CSR の実践

❶ 拡大するアグリビジネスの弊害

　近年,国内外を問わず,様々な業種・業態の企業がアグリビジネスに参入している。わが国では,2003年度を契機として,農業生産法人以外の一般企業などが農地を借り入れ,アグリビジネスに参入できるようにする規制緩和措置(リース特区)を導入している[9]。アグリビジネスに参入する一般企業の意義としては,耕作放棄地の利用に貢献することがあげられる[10]。

　一方,海外では,商社などが大規模農地を造成し,多国籍アグリビジネスとして農産物の生産を始めており,食料を安定的かつ安価な値段で確保することが可能であるという利点を持っている[11]。

　しかし,一般企業によるアグリビジネスへの参入は,新たな問題を引き起こしつつある。国内においては,周辺地域や住民との信頼性を構築する時間的コストの問題が生じることが多い。アグリビジネスに参入しても,損益分岐点に達するまで数年の時間を要するため,企業がすぐに撤退するのではないかという懸念が存在する[12]。

　また,海外においては,効率性を優先したモノカルチャーによる食文化の破壊,環境問題,労働・人権問題といった問題を引き起こしている。特に,様々な多国籍アグリビジネスが進出しているインドは,ビジネス化の負の側面を考察する上で格好の事例を提供している。

　図表10-3に示されるように,シヴァ(Shiva, V.)[2006]は,先進国の多国籍アグリビジネス企業によるインド農業の搾取を危惧している。具体的には,森林を切り倒したり,自然林をマツやユーカリのモノカルチャーの人工林に変えてパルプ工業の原料にし,生物多様性と土壌や水を保持する農業を奪い取る行為があげられる[13]。

　久野[2002]は,多国籍アグリビジネスによる負の側面として,ネスレの事例

図表10－3　インド農業を崩壊させる要因

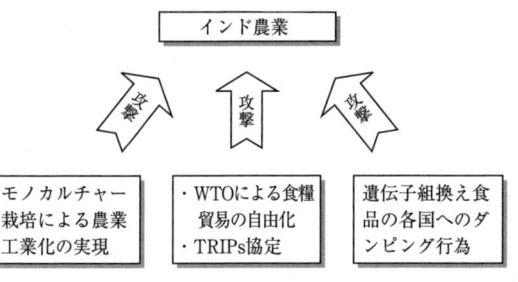

インド農業 ← 攻撃

- モノカルチャー栽培による農業工業化の実現
- ・WTOによる食糧貿易の自由化
- ・TRIPs協定
- 遺伝子組換え食品の各国へのダンピング行為

（出所）　Shiva, V.[2006]訳書12頁

をあげている。ネスレは，過度な広告戦略によって，アフリカで不利な条件で商品を売りつけ，労働争議を起こすなどの問題を引き起こしたため，社会的批判を浴びている。さらに，コーヒー豆の価格暴落問題，カカオ豆栽培における児童就労問題に関係し，社会的批判を招いたことでも記憶に新しい[14]。

　上述したように，アグリビジネスに参入した企業は，利潤を追求するだけではなく，参入地域で発生した問題を解決することも求められているのである。

❷　アグリビジネスにおけるCSRとは

　アグリビジネスを展開する企業には，一般企業と同様に多くのステークホルダー（stakeholder）が存在している。そのため，ステークホルダーに対する説明責任を果たすためにも，CSR（Corporate Social Responsibility）を積極的に実現していく必要があろう。岸川善光[1999]は，CSRを「株主，従業員，消費者，取引業者，金融機関，政府，地域住民など，企業の利害関係者に対する義務のこと」と定義している[15]。つまり，アグリビジネスにおけるCSRとは，地域社会の環境に配慮し，地域社会の発展に貢献するということである。前述したように，地域貢献のためには，信頼関係の構築が必須であり，企業は地元との意思疎通が必要不可欠である。具体的には，企業が農地や集落の農業用排水の掃除や道普請などの行動によって，地域の共同作業に参加し，地域社会に貢献することがあげられる[16]。

　また，海外で展開している多国籍アグリビジネスは，大企業の事業活動に対

する消費者や市民の関心が高まると同時に，労働や環境，人権や安全性，公衆衛生などの諸問題に積極的に対応することが求められている。豊田[2001]によれば，開発途上国のアグリビジネスは，多国籍企業と共存する新しいシステムを構築・確立する必要性があると主張している。

今日では，多国籍アグリビジネスに対する様々な行動規範が策定されている。1992年に開催されたリオ・サミット以降，法的拘束力のある規定から，自主規制へという潮流が確立され，諸問題に積極的に対処することによって，CSRを推進していくことが新たな競争力の確保につながるという認識が主流となりつつある[17]。

元来，アグリビジネスを展開する企業は，自社の利潤のみを追求したことで，参入地域の住民との間に亀裂が生じてきた。その反省として，参入地域の住民の理解が得られなければ，ビジネスを存続していくことは困難であるという認識の下で，CSRを実践しなければならない。

つまり，アグリビジネスを展開する企業にとって，CSRの推進は，地域社会から信用を獲得するために必要不可欠であり，事業の持続性に対しても極めて有効である。さらに，CSRはアグリビジネス企業にとって，新たな利益を獲得することにも結実するため，積極的に取り組む必要があろう。

❸ アグリビジネスとフェアトレード

アグリビジネスを展開する企業におけるCSRの具体的な取組みの1つとして，フェアトレードがあげられる。フェアトレードとは，発展途上国の産品を適正な価格で購入し，販売することをいう。フェアトレードは，1960年代のヨーロッパで勃興し，飢饉や戦争，天災などの被災者を救済するためのチャリティ団体に起源を持っている[18]。つまり，フェアトレードとは，市場に対して自律的な参加が可能となるように，各国の貿易システムや取引制度を公平に扱うことをいう[19]。

近年，フェアトレードを推進するため，FLO-I (Fairtrade Labeling Organizations International：国際公正貿易ラベリング機構) が設立された。FLO-Iの主な役割としては，公正貿易に関する共通の基準を設け，参加する組織や業者と

第10章 アグリビジネスの今日的課題

その活動，取引商品の審査と認可・登録を行うことがあげられる。つまり，FLO-Iは，フェアトレード基準を遵守し，生産や売買を行った企業に対して，国際フェアトレード認証ラベル貼付の許可を提供する活動を行っている[20]。

近年では，図表10－4に示されるように，フェアトレード認証商品の市場が急速に拡大していることが分かる。米国では，フェアトレードの認証を受けたコーヒーの取り扱い店舗数が急速に増加しつつあり，先進諸国における消費者の間で大きな関心を呼んでいる。2008年，EU圏のフェアトレード認証商品市場は約28億ユーロの規模にまで成長し，フェアトレード認証商品市場は，無視できない存在になりつつある[21]。

上述したネスレでは，フェアトレード認証機関から，コーヒー，有機バナナの商品においてフェアトレード認証を受けており，企業イメージ向上に一役買っている[22]。フェアトレードで購入された発展途上国のコーヒー豆は，ネスレだけではなく，クラフト，P&G，サラ・リーなどの多国籍アグリビジネスの巨人たちによって加工・販売されることになり，グローバル規模での社会貢献を実現しているのである。

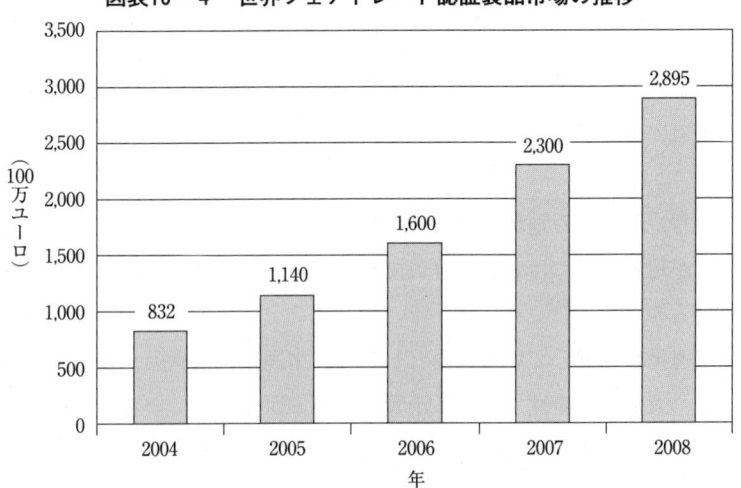

図表10－4　世界フェアトレード認証製品市場の推移

年	100万ユーロ
2004	832
2005	1,140
2006	1,600
2007	2,300
2008	2,895

（出所）フェアトレード・ラベル・ジャパンホームページ〈http://www.fairtrade-jp.org/〉に基づいて筆者作成

しかし,フェアトレード認証は,多国籍アグリビジネスによる新たな搾取を生むという指摘も存在する。多国籍アグリビジネスが,フェアトレード認証の製品ブランドを意識するあまり,基準に満たない製品を貧困に苦しむ農家から買わなくなる可能性がある。そのため,アグリビジネス企業がCSRに取組む際には,地域文化の尊重や地域貢献などを考慮して,取り組むことが肝要であろう。

第3節　農商工連携とアグリビジネス

１　農商工連携の現状

　近年,地域経済の活性化の方策として,農商工連携が活発化しつつある。中小企業基盤整備機構[2009]によれば,農商工連携とは,「中小企業者と農林漁業者が連携し,相互の経営資源を活用して,事業者にとって新商品や新サービスを創出すること」と定義している[23]。わが国における経済活動を通じて,中小企業,農林水産業は各々の分野において,様々な技術やノウハウを蓄積してきた。しかし,両者ともに経営資源を十分に活かし切れてはいないため,農商工連携は,今後,"地域活性化の切り札"としての役割を果たすとみなされている。

　すなわち,低迷する地域経済を支えている中小企業や農林水産業を活用していくことが地域復興には必要不可欠であり,農商工連携は,地域格差の解決策となり得るのである[24]。

　農商工連携が勃興している理由としては,中国産毒入食品,偽造表示の発生によって,食品の安全性に対する消費者の不安が増大していることがあげられる。そのため,高価で「安心・安全」なイメージが定着している日本の農作物をアジアに発信し,需要増を実現することが可能となる。

　また,少子高齢化社会を迎えている日本の成長力として,農商工連携は,大

第10章　アグリビジネスの今日的課題

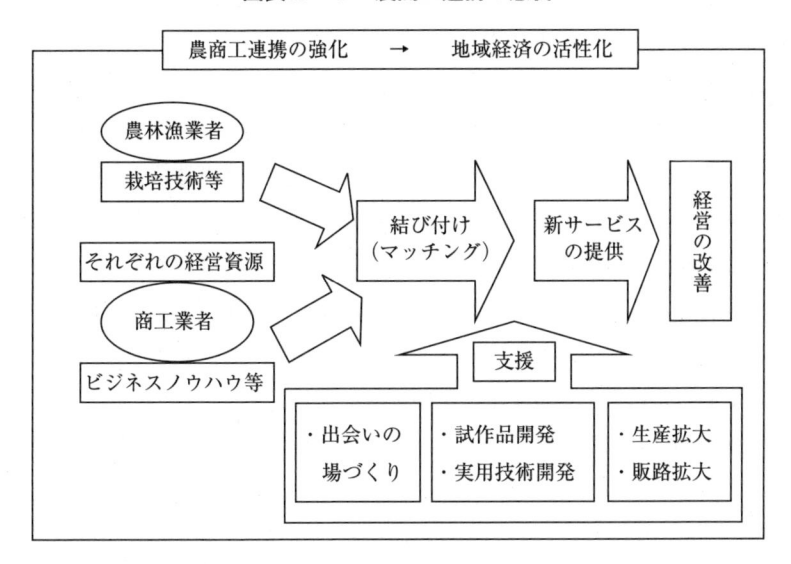

図表10－5　農商工連携の意義

```
┌─────────────────────────────────────────────┐
│      農商工連携の強化  →  地域経済の活性化       │
│                                              │
│   （農林漁業者）                              │
│   ［栽培技術等］ ＼                            │
│                  ＼→ 結び付け → 新サービス → 経営の改善 │
│   ［それぞれの経営資源］ （マッチング）  の提供     │
│                  ／                         │
│   （商工業者） ／        ↑支援              │
│   ［ビジネスノウハウ等］                       │
│                                              │
│     ・出会いの    ・試作品開発   ・生産拡大     │
│      場づくり     ・実用技術開発  ・販路拡大     │
└─────────────────────────────────────────────┘
```

（出所）　農林水産省編［2009］124頁

きな期待を寄せられている。日本の中小企業施策は，世界一ともいわれているため，わが国が培った施策を活用することによって，新たな戦略展開が可能になると思われる。

　農商工連携には，農林水産省・経済産業省が力を入れており，「まるごと食べようニッポンブランド！」，「ニッポンサイコー！キャンペーン」などのPR活動を全国各地で積極的に展開している[25]。

　このような動向を踏まえて，農林水産省・経済産業省では，積極的に法整備を推進している。2008年5月16日には，「中小企業者と農林漁業者の連携による事業活動の促進に関する法律（「農商工等連携促進法」）」，「企業立地の促進等による地域における産業集積の形成及び活性化に関する法律の一部を改正する法律（「企業立地促進法改正法」）」が成立し，いわゆる農商工等連携関連2法が成立した。前者は，同年7月21日，後者は，同年8月22日に施行された[26]。

　農商工連携では，法律の整備に伴い，事業資金の貸付けや債務保証，機械・装置の取得に関する税制優遇などの支援活動が整備されつつある。また，農業

と関連産業の連携は，食品加工，外食や観光等を含めた多種多様な産業との連携も不可欠であるといえよう[27]。

❷ 食料産業クラスターとナレッジマネジメント

　近年，農商工連携を通じた食料産業クラスターの形成が期待されている。食料産業クラスターとは，地域内の資源を有効的に結合し，新たな製品や地域ブランド等を創出することを目的としている集団を指す。食料産業クラスターの形成を推進することによって，地域内に食品産業が集積し，農林水産業との連携効果による生産性の向上やイノベーションが期待でき，新事業の開発による販売額や雇用の拡大を実現することが可能になる。

　斎藤修[2007]は，食料産業クラスターの特徴として，次の8点をあげている[28]。

① 担い手は，地域における小規模企業や農業経営者である場合が多いこと。
② 食料産業クラスターでは，地域資源の配置や経済主体間の近接性が重要視される。
③ クラスターと連動して位置づけられる地域ブランドの形成との関係である。
④ クラスターの核となる担い手は，地域内で農業と食品関連産業がそれぞれにおいて垂直的・水平的ネットワークを形成し，クラスターが成熟すれば，システムとしての関係性が強くなる。
⑤ 食料産業クラスターでは，直売・レストラン・観光業などのサービス業も対象である。
⑥ 小規模企業や農業経営者を担い手とすることから，自前の研究施設を持っていない場合が多い。
⑦ 水や景観などの地域資源は食品企業の工場を誘引する力がある。
⑧ 食料産業クラスターにおける地域食品産業は小規模企業が多いことから，中核企業が少ない。

　また，農商工連携を通じた食料産業クラスターを形成するためには，新商品開発プロセスの解明が極めて重要である。『農業と経済』編集委員会編[2009a]は，技術開発のプロセスの解明に有効な理論として，ナレッジマネジメントをあげ

第10章　アグリビジネスの今日的課題

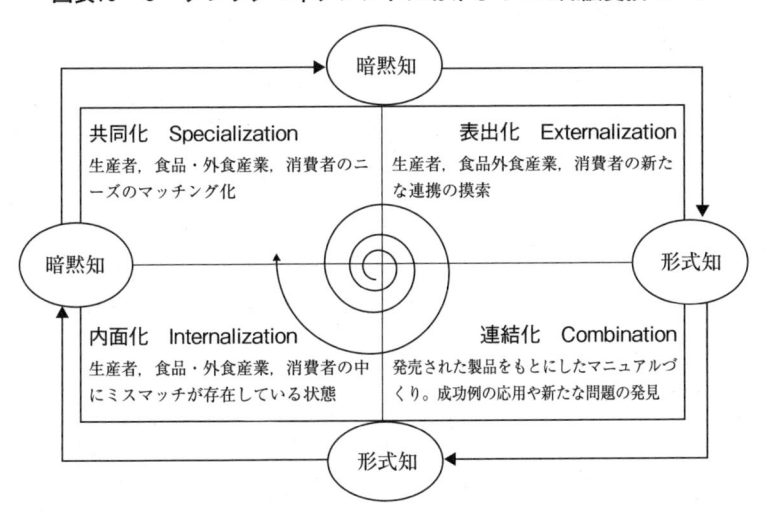

図表10－6　ナレッジマネジメントにおける4つの知識変換モード

	暗黙知	
共同化　Specialization		表出化　Externalization
生産者，食品・外食産業，消費者のニーズのマッチング化		生産者，食品外食産業，消費者の新たな連携の摸索
内面化　Internalization		連結化　Combination
生産者，食品・外食産業，消費者の中にミスマッチが存在している状態		発売された製品をもとにしたマニュアルづくり。成功例の応用や新たな問題の発見
	形式知	

暗黙知（左）　形式知（右）

（出所）『農業と経済』編集委員会編[2009a]27-28頁に基づいて筆者作成

ている。

　企業における新商品開発は，図表10－6に示されるように，主観的・経験的な暗黙知と，理論的かつデジタル化が可能である形式知の変換を繰り返すプロセスによって創出される。

　農商工連携においては，当初，農業，食品・外食企業，消費者などの主体が相互に矛盾するミスマッチを抱えている。そこで，各業界が抱えるミスマッチを共有することによって，暗黙知の共有（共同化）が実現可能となる。その暗黙知を共有し，新連携の方向性を摸索することが，暗黙知を形式知に変換する（表出化）プロセスである。そして，形式知化された方法を，周辺領域に拡散する形式知のプロセス（連結化）をたどるということが想定される[29]。

　具体的に，カゴメにおける養液栽培の植物工場の事例をみてみよう。養液栽培の植物工場は，天候に左右されず，安定的な生産を確保したい生産者，コストを削減したい食品メーカー，安全な食べ物を手に入れたい消費者といった三者の考えを実現させたものである[30]。すなわち，農商工連携による知識創造プロセスがWin-Win関係を構築し，イノベーションの源泉になるといえよう。

❸ 農商工連携とフードバレー

　農商工連携と食料産業クラスターの代表的な事例として，オランダのフードバレーがあげられる。オランダのフードバレーは，「食品・農業・健康をテーマとした専門知識の集積地」であり，約1万人以上の科学者によって，農業技術や品種改良，食品の安全評価に関する研究が盛んに行われている地域として著名である。食品研究の確固たる評価を築いているワーヘンニンゲン大学やワーヘンニンゲン食品科学センターを中心とした大学や研究機関が集まった地域であり，地域活性化を実現している[31]。

　オランダのフードバレーに拠点を置く企業は，ネスレ，ユニリーバに代表される多国籍アグリビジネスが集積しており，地域イノベーションを実現している。オランダのフードバレーの特徴としては，企業，行政，研究機関の三者が緊密な協力体制を確立しており，オランダ政府やEU諸国から補助金を得ることに成功していることがあげられる[32]。また，オランダのフードバレーは，食品研究に強い大学があるという特徴を活かして，食品関連の企業や研究所を誘致している。

　一方，わが国では，静岡県富士宮市の自然環境と豊富な食材を活かした，フードバレー構想が全国的に著名である。富士宮市を中心としたフードバレー構想は，①食の豊富な資源を活かした産業振興，②食のネットワーク化による経済の活性化，③「地食健身」「食育」による健康づくり，④食の環境の調和による安心・安全な食生活，⑤食の情報発信による富士宮ブランドの確立を目標としている[33]。富士宮市のフードバレー構想は，豊富な食材や地元企業を活かした産業創出が目的であり，その土台となる農商工連携は地域活性化の新たな方策となりうるであろう。

第4節　地域活性化手段としてのアグリビジネス

❶ 農村社会の衰退の現状

　元来，わが国の農業を支えてきたのは，いうまでもなく農村社会である。農林水産省編[2009]によると，農村社会とは，「農業生産活動を中心として，家と家とが地縁的につながった農業集落を基礎として維持・形成されている」と定義されている。

　しかし，後継者不足や耕作放棄地の増大などの問題を抱えているわが国の農村社会は，市場メカニズムの進展によって崩壊の危機を迎えつつある。そのため，農村社会が，本来持っている里山・里地の自然環境保全機能を再生する必要性が生じてこよう。2000年以来の10年間で，約5,000もの集落が消滅し，農業集落機能が喪失している。農業集落は，農地や農業施設の維持管理といった生産機能のみに留まらず，生活環境施設の維持管理，住民の相互扶助，伝統文化の継承など，地域社会における非常に大きな役割を担っている[34]。

　高度経済成長期以降，急激な都市化に伴う人口移動や産業就業構造の激変によって，農村集落は，過疎化・高齢化が急速に進展することになった[35]。近年の社会構造の変化によって，農村集落の住民は，将来に不安を募らせており，産地偽装，農薬問題や環境保全問題などの深刻な問題に直面していることが現状である[36]。

　わが国では，図表10-7に示されるように，集落機能の低下や機能不全が顕著なものとなっているため，今後，住居者が存在しない「消滅集落」となる危険性を内包している[37]。そのため，農村社会は，現在，衰退し続けるか，再生し自立の道を進むのかという，新たな局面を迎えている[38]。

　このような状況に際して，地方農家のあいだで，顔の見える農業を推進すべきであるという考えが強まっている。つまり，日本農業を活性化するには，農村社会の存続・発展が重要である。農村社会の発展のためには，農村集落の住

図表10－7　多くの集落で発生している問題や現象　　　　(%)

分類	項目	%
生活基盤	集会所・公民館等の維持が困難	20.1
	道路・農道・橋梁の維持が困難	23.1
	小学校等の維持が困難	37.7
	住宅の荒廃（老朽家屋の増加）	37.8
産業基盤	共同機械・施設等の維持が困難	11.0
	耕作放棄地の増大	63.0
	不在村者有林の増大	35.5
自然環境	森林の荒廃	49.4
	河川・地下水等の流量変化の拡大	8.1
	河川・湖沼・地下水等の水質汚濁	7.7
	里地里山等管理された自然地域における生態系の変化	12.1
災害	土砂災害の発生	27.2
	洪水の発生	9.3
	獣害・病虫害の発生	46.7
地域文化	神社・仏閣等の荒廃	7.2
	伝統的祭事の衰退	39.2
	地域の伝統的生活文化の衰退	33.9
	伝統芸能の衰退	30.7

(出所)　国土交通省ホームページ〈http://www.mlit.go.jp/〉を一部修正

民が望ましい地域を考え，一歩一歩着実に活動し，集落経営を模索する必要性があろう[39]。

　コシヒカリの名産地である新潟県十日町では，農業体験ツアーが組まれるなど，地域密着型農業を基軸とした新たなビジネスが展開されている。具体的には，地元の農家民宿に宿泊し，地元の農産物を食べ，地元農民と交流しながら田植えや稲刈りを体験するイベントがあげられる。こうした新たな形でのアグリビジネスは，全国的に拡大しており，国の支援に依存するのではなく，地域独自の戦略を発信することによって，地域復興・稲作復興を展開しているケー

スが全国的に存在している。

　また，ササニシキの名産地として知られる宮城県でも，顔の見える農業が行われている。丸森町芦沢集落では，6月に田植え祭り，8月には生物調査，10月には稲刈り体験が毎年開催されている。田植えには，地元住民50名に加えて，ドイツ人やイギリス人，他都道府県民も参加し，豊作祈願や田植えに加え，伝統芸能の披露などが行われている。8月には，水田のため池（ビオトープ）に生息するサワガニなどの生物を観察し，水田の生態的な存在意義を知ることができる。10月の稲刈り体験もまた，地元住民だけでなく，全国各地から，様々な年代の人々が参加し，稲刈り後には，地元で捕れた川魚や，収穫したコメを使ったおにぎりを食べ，交流を行っている。

❷ 農村社会の発展とコミュニティ・ビジネス

　近年，地域活性化の手段としてコミュニティ・ビジネスが注目されている。細内信孝[1999]は，コミュニティ・ビジネスとは，「住民主体の地域密着のビジネスであり，利益追求を第一としない適正規模，適正利益のビジネスである」と定義している[40]。また，福井幸男編[2006]は，「ある個人が思いつきで断続的に行う活動ではなく，地域の課題や問題の解決にあたろうとする活動である」と定義している[41]。

　コミュニティ・ビジネスの特徴として，社会問題の解決や文化の継承・創造などがあげられる。地域コミュニティに内在するニーズを掘り起こすと，ソーシャル・エンタープライズへと変貌することになり，スピードの速い現代社会に合致した組織形態にその姿を変えていくのである[42]。

　図表10-8に示されるように，コミュニティ・ビジネスは，停滞した地域コミュニティの問題の洗い出しから始まる。次いで，具体的な課題に対して，様々な働きかけや支援を通じて，事業化を推進する。コミュニティ・ビジネスの事業化を通じて，地域力が向上し，地域コミュニティの活性化が図られる。

　コミュニティ・ビジネスの手法は，衰退しつつある農村集落の活性化に対して有効な手段になりつつある。コミュニティ・ビジネスの手法を取入れた農村集落の活性化として，グリーン・ツーリズムがあげられる。

図表10－8　コミュニティ・ビジネスの事業化フロー

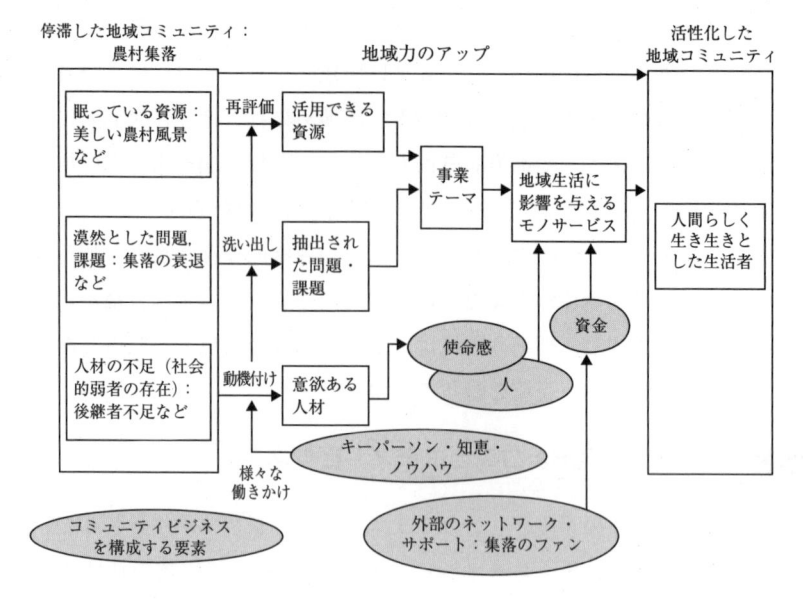

（出所）　細内信孝[1999]18頁に基づいて筆者作成

　グリーン・ツーリズムとは，農村で自然や文化，人々との交流を楽しむ余暇活動であり，都市と農村の共生・対流促進を目的としているものを指す[43]。グリーン・ツーリズム産業は，農産物の産直などの農業本体だけではなく，外食産業やサービス業などの関連産業を巻き込むことによって，新たな産業を発掘しているのである[44]。

　グリーン・ツーリズムは，農業生産基盤の整備，自然環境保全や地域特性に基づいた新しい地域文化の創造などを追求することを目的としている。そのため，行政，関係団体，地域住民が相互連携した一体的な活動が重要となる。グリーン・ツーリズムに効果的かつ効率的に取組むためには，行政，関係団体，地域住民を組織化することから始まる。次いで，グランドデザインを精緻化し，コーディネートする主体を確立することが必要となる[45]。

　つまり，グリーン・ツーリズム産業に代表されるコミュニティ・ビジネスは，農村集落における住民同士の結束を強化し，ステークホルダーとの地域間交流

第10章 アグリビジネスの今日的課題

に結実するため,農村社会の再生に非常に有効なビジネス・モデルであるといえよう。

❸ グリーン・ツーリズムの取組み事例

　グリーン・ツーリズムの成功事例として,京都府南丹市美山町の事例があげられる。特に,かやぶき家屋群が保存されている北集落は,2003年の美山町の訪問見込み客,70万人のほとんどが訪れている地域である[46]。

　美山町は,全国各地の中山間地域と同様に,コア・コンピタンスとなり得る観光資源のない農村であった。しかし,美山町は,村づくり運動・都市と農村の交流などの住民主体型ビジネスに注力することによって,グリーン・ツーリズムを展開していった[47]。

　特に,村づくり運動においては,集落の組織化を推進するために,北集落では"かや屋根保存会"が組織された。また,美山町における環境保全型農業の実現に向けて,農産物加工やファーマーズ・マーケットを展開することによって,農産物の高付加価値化を実現するとともに,グリーン・ツーリズムの土台形成に貢献することになる[48]。

　都市と農村の交流においては,行政主導の町営施設の自然文化村が,大きな役割を果たした。美しい町づくり条例や,美山町伝統的建造物群保存地区保存条例が制定されたのも,この時期である[49]。

　1993年以降,美山町グリーン・ツーリズム構想,山村活性化ビジョンが策定され,地域住民が主体のグリーン・ツーリズムが展開された[50]。2001年には,北集落では住民出資による"かやぶきの里"を設立し,かやぶきの保護や観光産業を行っている[51]。

　上述したように,美山町のグリーン・ツーリズムは,発足当初,行政が主体となって取組む一方で,地域住民がコミュニティ・ビジネスの土台を提供することによって構築された。そして,地域住民は,地域資源をビジネス化に活用し,地域主体のコミュニティ・ビジネスが展開されるようになったのである。コミュニティ・ビジネスが展開されることによって,住民同士に新たな共同意識が生まれ,集落を盛り上げようとする機運がもたらされることになった。美

山町の事例は，コミュニティ・ビジネスによる地域活性化を目指す全国各地の集落にとって，参考となる事例といえよう。

第5節　環境保全機能に注目したアグリビジネス

❶ 農業の多面的機能と環境保全

　農林水産省編[2009]によれば，農業の多面的機能とは，「食料やその他の農産物供給以外の多面的な機能を指し，国土の保全，水源のかん養，自然環境の保全，良好な景観の形成，文化の継承など様々な役割を有しており，その役割による効果は，地域住民をはじめ国民全体が享受しうるものである」と定義している[52]。農業は，図表10－9に示されるように，農山漁村地域の中で林業や水産業と密接な関係性を持っている。

　つまり，農林水産業の重要な基盤となる農地・森林・海域は，相互に関連しながら，水や大気の循環に貢献しつつ，様々な多面的機能を発揮しているといえよう[53]。

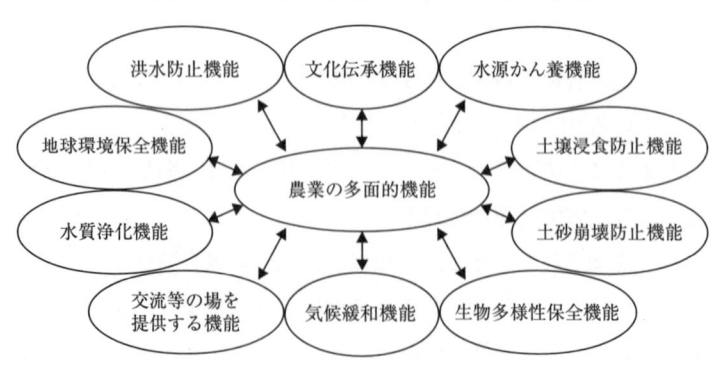

図表10－9　農業，森林，水産業の多面的機能

（出所）　農林水産省編[2009]116頁

第10章　アグリビジネスの今日的課題

　日本学術会議答申[2004]の中で，農業の多面的機能に関する現在価値での貨幣評価を行っている[54]。
① 洪水防止機能：治水ダムを代替財として評価　3兆4,988億円/年
② 水源かん養機能（うち河川流況安定機能）：利水ダムを代替財として評価　1兆4,633億円/年
③ 土壌浸食防止機能：砂防ダムを代替財として評価　3,318億円/年
④ 水源かん養機能（うち地下水かん養機能）：地下水と上水道との利用上の差額によって評価　537億円/年
⑤ 土砂崩壊防止機能：土砂崩壊の被害抑止額によって評価　4,782億円/年

　上述したように，農業の多面的機能を貨幣換算すると，非常に大きな経済効果があることが分かる。しかし，1980年代以降，熱帯林の減少や生物種の絶滅危機といった農業の多面的機能が損なわれる懸念材料が増大し，国際的な関心を呼びはじめた。そのため，わが国では，1993年に環境保全の一環として生物多様性の国際条約である生物多様性条約が締結されることになった。同条約の目的は，次の3点である[55]。
① 生物多様性の保全
② 持続可能な利用
③ 遺伝資源から得られる利益の公正かつ衡平な分配

　わが国では，この条約に基づいて，1995年に生物多様性国家戦略を策定し，その後，2002年4月には，新・生物多様性国家戦略が策定された。新国家戦略では，次の3点が掲げられていることが特徴である[56]。
① 里地里山の保全と持続可能な利用
② 湿原・干潟など湿地の保全
③ 自然の再生・修復

　すなわち，里地里山や生物多様性などの自然的環境の保全が国家レベルで認可・推進されることによって，崩壊の危機を迎えているわが国における生態系の再生を試みようとする動向が顕著なものになった。そのため，環境保全を行いつつ，わが国が本来持っている農業の基本的価値を向上させようという点に本質が内在していると思われる。

❷　環境保全を実践するNPOの動向

　2002年，わが国が策定した新・生物多様性国家戦略において，水田や畑などの里地や里山が，農業の多面的機能として重要な位置づけを占めるようになった。里地里山から構成された農村は，様々な生態系を保有している。

　今日，多国籍アグリビジネスによる企業活動の進展によって，わが国の伝統的農業は，崩壊の危機を迎えている。さらに，伝統的農業の崩壊によって，農民の経済的意義は希薄となったため，農村が持つ多様な生態系は消失しつつある[57]。そのため，近年では，里地里山管理の機運が高まっており，住民主体のNPO（non-profit organization）が積極的な環境保全活動を行っている[58]。

　里地里山の管理は，個人で行うことが難しいため，現代社会においてNPOの存在が必要不可欠といえよう。NPOとは，企業・行政・公的機関ではカバーすることが困難である地域社会の問題に対して，きめ細やかなサービス提供を実践する団体のことを指す[59]。つまり，NPO法人の資格を保有することによって，これまで困難であった環境保全に着目したアグリビジネスに柔軟に取組めるようになるであろう。

❸　行政・NPOによるアグリビジネスと環境保全

　近年，わが国では，行政とNPOが相互連携して，環境保全を目的としたアグリビジネスを推進するケースが顕著にみられる。具体的には，横浜市と舞岡公園の事例が代表的なものとしてあげられる。そこで，本項では，横浜市と舞岡公園の2つのケースを考察する。

　まず，横浜市の行政・NPOが連携して実施しているアグリビジネスについて考察する。横浜市では，2004年に認可された市民利用型農園促進特区を活用し，公益法人やNPO法人に対して，積極的に農地の貸付けを行っている[60]。

　図表10-10に示されるように，横浜市における市街化区域の農地面積は，急速に減少しているものの，市街化調整区域の減少は鈍化していることが分かる。

　これは，農地保護が機能していることを如実に表しており，非営利型のアグリビジネスが先進地で台頭しつつあることを示している[61]。換言すると，"自

第10章　アグリビジネスの今日的課題

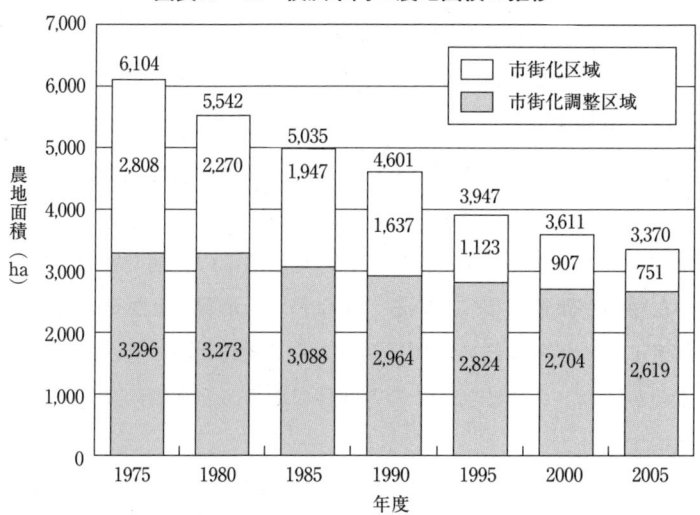

図表10-10　横浜市内の農地面積の推移

年度	市街化区域	市街化調整区域	合計
1975	2,808	3,296	6,104
1980	2,270	3,273	5,542
1985	1,947	3,088	5,035
1990	1,637	2,964	4,601
1995	1,123	2,824	3,947
2000	907	2,704	3,611
2005	751	2,619	3,370

（出所）『農業と経済』編集委員会編[2009b]83頁

然と人間の共生"に焦点を当てた社会的環境の保全が，アグリビジネス分野において注目を集めていることを意味しており，アグリビジネスとコミュニティ・ビジネスとの融合が可能であることを示唆している。

一方，横浜市戸塚区にある舞岡公園は，田園や雑木林が広がる自然公園として多くの観光客を呼び込んでいる[62]。舞岡公園では，横浜市が丘陵や水田が入り組んだ地形を持つ谷戸を所有し，運営・管理を民間組織の舞岡公園田園・小谷戸の里管理運営委員会に委託している。舞岡公園の特徴として，グリーン・ツーリズムに代表されるような稲作体験のみに留まらず，料理教室や古民家宿泊体験などの様々な体験が可能なことがあげられる。現在では，約500ものNPO団体が舞岡公園のアグリビジネス事業に参画しており，行政とNPOが連携して，環境保全に取組んでいる代表的な事例であるといえよう[63]。

上述したように，わが国におけるアグリビジネスは，"地域社会との共生"が今日のキーファクターとなっていることが分かる。そのため，有限である地域資源を多様なステークホルダーとともに活用し，コミュニティにおける相互扶助システムを確立することが不可避の問題となっている。本章の第4節で述

べたように，農村社会における生態系崩壊の危機を迎えている中で，治山治水や生物多様性の保全が喫緊の課題として生じており，わが国における循環持続型農業・農村システムの確立が待たれている。

本書では，地域内発型アグリビジネスの概念を応用化し，農商工連携やグリーン・ツーリズムに代表されるような地域内の事業創造こそが，現代社会で求められているアグリビジネスであると考える[64]。今日では，生産－加工－販売の統合化による価値連鎖が実現され，地産地消の推進や地域ブランドの確立に向けた動向が顕著になっている。すなわち，消費者と生産者を橋渡しするコミュニティ・ビジネスとアグリビジネスの"統合化"こそが，市場経済時代におけるわが国のアグリビジネスの方向性である，と本書の末筆として結論づけることにする。

注）
1) 田村次郎[2006]27-28頁
2) 林良造＝荒木一郎＝日米FTA研究会編[2007] 2 - 5 頁
3) 農林水産省ホームページ〈http://www.maff.go.jp/〉を参照
4) Magdoff, F. = Foster, J. B. = Buttel, F. H. [2000]訳書 4 頁
5) 河合[2006]270頁
6) 農林水産省編[2009]29頁
7) 同上書40頁
8) 同上書55頁
9) 農林水産省編[2009]78頁
10)『日本経済新聞』朝刊　2008年 8 月19日 1 頁「食糧危機と日本農業—下—」を参照
11) 島田克美他編[2006]31-34頁
12)『農業と経済』編集委員会編[2008a]74-77頁
13) Shiva, V. [2006]訳書12頁
14)『農業と経済』編集委員会編[2008b]18頁
15) 岸川[1999]235頁
16)『農業と経済』編集委員会編[2008b]74-76頁
17)『農業と経済』編集委員会編[2008b]16-17頁
18) 大塚＝松原編[2004]307頁
19)『農業と経済』編集委員会編[2004]10頁
20) フェアトレード・ラベル・ジャパンホームページ〈http://www.fairtrade-jp.

org/〉"フェアトレードとは"を参照
21) フェアトレード・ラベル・ジャパンホームページ〈http://www.fairtrade-jp.org/〉"フェアトレード世界の動き"を参照
22) 『農業と経済』編集委員会編［2008b］19-20頁
23) 独立行政法人 中小企業基盤整備機構ホームページ〈http://www.smrj.go.jp/〉を参照
24) 日本立地センター編［2008a］8頁
25) 日本立地センター編［2008b］2頁
26) 同上書10-11頁
27) 農林水産省編［2009］124頁
28) 日本立地センター編［2008a］9-14頁
29) 『農業と経済』編集委員会編［2009a］27-29頁
30) 日本立地センター編［2009］9頁
31) オランダ経済省企業誘致局ホームページ〈http://www.nfia-japan.com/news/itochu.html〉を参照
32) 大阪市海外事務所駐在員レポート〈http://www.ibpcosaka.or.jp/〉を参照
33) 富士山のまち ふじのみや フードバレー推進室ホームページ〈http://www.city.fujinomiya.shizuoka.jp/〉を参照
34) 農林水産省編［2009］112頁
35) 宮崎編［1997］153頁
36) 持田紀治＝小島敏文編［2005］2頁
37) 農林水産省編［2009］112頁
38) 持田＝小島編［2005］67頁
39) 同上書2頁
40) 細内信孝［1999］10頁
41) 福井幸男編［2006］ⅲ頁
42) 細内［1999］13頁
43) 農林水産省編［2009］132頁
44) 井上和衛＝中村功＝宮崎猛＝山崎光博［1999］152頁
45) 同上書59頁
46) 『農業と経済』編集委員会編［2006b］35頁
47) 井上＝中村＝宮崎＝山崎［1999］139-141頁
48) 同上書141-144頁
49) 同上書144-146頁
50) 同上書149頁
51) 『農業と経済』編集委員会編［2006a］36頁
52) 農林水産省ホームページ〈http://www.maff.go.jp/〉を参照
53) 農林水産省編［2009］116頁

54) 日本学術会議答申［2004］25頁。多面的機能の評価法が記載されているので参照
55) 杉山恵一＝中川昭一郎編［2004］42頁
56) 『農業と経済』編集委員会編［2006b］25頁
57) 杉山＝中川編［2004］69頁
58) 同上書74頁
59) 東北産業活性化センター編［2000］12頁
60) 『農業と経済』編集委員会編［2009b］84-85頁
61) 同上書83頁
62) 舞岡公園を歩くホームページ〈http://www.wetwing.com/myhill/guide/guide.html〉を参照
63) 同上
64) 稲本＝河合［2002］220頁

参考文献

＜欧文文献＞

Aaker, D. A. [1991], *Managing Brand Equity*, The Free Press.（陶山計介他訳[1994]『ブランド・エクイティ戦略』ダイヤモンド社）

Aaker, D. A. [1996], *Building Strong Brands*, The Free Press.（陶山計介他訳[1997]『ブランド優位の戦略』ダイヤモンド社）

Abell, D. F. [1980], *Defining the Business : The Starting Point of Strategic Planning*, Prentice-Hall.（石井淳蔵訳[1984]『事業の定義』千倉書房）

Aldrich, H. E. [1999], *Organizations Evolving*, Sage Publications.

Ansoff, H. I. [1965], *Corporate Strategy:An Analytic Approach to Business Policy for Growth and Expansion*, McGraw-hill.（広田寿亮訳[1969]『企業戦略論』産能大学出版部）

Ansoff, H. I. [1990], *Implanting Strategy Management*, 2nd. ed., Prentice-Hall.（中村元一他監訳[1994]『戦略経営の実践原理 ―21世紀企業の経営バイブル―』ダイヤモンド社）

Barnard, C. I. [1938], *The Functions of the Executive*, Harvard University Press.（山本安次郎＝田村競＝飯野春樹訳[1968]『新訳 経営者の役割』ダイヤモンド社）

Barney, J. B. [2002], *Gaining and Sustaining Competitive Advantage*, 2nd. ed., Pearson Education Inc.（岡田正大訳[2003]『企業戦略論【上】【中】【下】』ダイヤモンド社）

Brown, L. R. [2004],*Outgrowing the Earth : The Security Challenge in an Age of Falling Water Tables and Rising Temperatures*, W. W. Norton & Company.（福岡克也監訳[2005]『フード・セキュリティー ―だれが世界を養うのか―』ワールドウォッチジャパン）

Chandler, A. D. Jr. [1962], *Strategy and Structure*, The MIT Press.（有賀裕子訳[2004]『組織は戦略に従う』ダイヤモンド社）

Chandler, A. D. Jr. [1977], *The Visible Hand*, The Belpnap Press of Harvard University Press.（鳥羽欽一郎＝小林袈裟治訳[1979]『経営者の時代』東洋経済新報社）

Christensen, C. M. [1997], *The Innovator's Dilemma*, The President and Fellows of Harvard College.（伊豆原弓訳[2000]『イノベーションのジレンマ』翔栄社）

Collis, D. J. = Montgomery, C. A. [1997], *Corporate Strategy : A Resourse-Based Approach*, Irwin/McGraw-Hill.（根来龍之＝蛭田啓＝久保亮一訳[2004]『資源ベースの経営戦略論』東洋経済新報社）

Collins, J. = Porras, J. [1994], *Built to Last*, Curtis Brown Ltd.（山岡洋一訳[1995]『ビジョナリーカンパニー』日経BP出版センター）

Cyert, R. M. = March, J. G. [1963], *A Behavioral Theory of the Firm*, Prentice-

Hall. (松田武彦=井上恒夫訳[1967]『企業の行動理論』ダイヤモンド社)
Davis, J. H. = Goldberg, R. A. [1964]『アグリビジネスの概念』農林省大臣官房調査課
Drucker, P. F. [1953, 1954], *The Practice of Management*, Harper & Brothers. (野田一夫監修[1965]『現代の経営【上】【下】』ダイヤモンド社)
Drucker, P. F. [1966], *The Age of Discontinuity*, Harper & Row. (上田惇生訳[2007]『断絶の時代』ダイヤモンド社)
Drucker, P. F. [1974], *Management*, Harper & Row. (野田一夫=村上恒夫監訳[1974]『マネジメント【上】【下】』ダイヤモンド社)
Drucker, P. F. [1985], *Innovation and Entrepreneurship*, Harper & Row Publishers. (上田惇夫訳[1985]『イノベーションと企業家精神』ダイヤモンド社)
Drucker, P. F. [1990], *Managing The Nonprofit Organization*, Harper Collins Publishers. (上田惇生=田代正美訳[1991]『非営利組織の経営 ―原理と実践』ダイヤモンド社)
Goodman, D. B. = Kloppenburg, J. R. [1988], *Seeds and Sovereignty : The Use and Control of Plant Genetic Resource*, Duke University Press.
Hamel, G. = Prahalad, C. K. [1994], *Competing for the Future*, Harvard Business School Press. (一條和生訳[1995]『コア・コンピタンス経営』日本経済新聞社)
Hofer, C. W. = Shendel, D. E. [1978], *Strategy Formulation : Analytical Concept*, West Publishing Group. (奥村昭博=榊原清則=野中郁次郎訳[1981]『戦略策定』千倉書房)
Kaplan, R. = Norton, D. [1996], *The Strategy-Focused Organization*, Harvard Business School Press. (吉川武男訳[1997]『バランス・スコアカード』生産性出版)
Kneen, B. [1995], *Invisible Giant : Cargill and Its Transnational Strategies*. Brewster kneen. (中野一新監訳[1997]『カーギル ―アグリビジネスの世界戦略―』大月書店)
Kotler, P. [1980], *Marketing Management*, 4th ed., Prentice-Hall. (村田昭治監修[1983]『マーケティング・マネジメント』プレジデント社)
Kotler, P. [1989], *Principles of Marketing*, 4th ed., Prentice-Hall. (和田充夫=青井倫一訳[1995]『新版マーケティング原理』ダイヤモンド社)
Kotter, J. P. [1996], *Leading Change*, Harvard Business School Press. (梅津祐良訳[2002]『企業変革力』日経BP出版センター)
Lawrence, P. R. = Lorsch, J. W. [1967], *Organization and Environment : Managing Differentiation and Integration*, Harvard University Press. (吉田博訳[1977]『組織の条件適応理論』産能大学出版部)
Lovelock, C. H. = Weinberg, C. B. [1989], *Public and Nonprofit Marketing*, 2nd ed.,Scientific Press. (渡辺好章=梅沢昌太郎監訳[1991]『公共・非営利組織のマーケティング』白桃書房)

Magdoff, F. = Foster, J. B. = Buttel, F. H. [2000], *Hungry For Profit*. Monthly Review Press.（中野一新訳[2004]『利潤への渇望 ―アグリビジネスは農民・食糧農村を脅かす』大月書店）

March, J. G. = Simon, H. A. [1958], *Organizations*, John Wiley & Sons.（土屋守章訳[1977]『オーガニゼーションズ』ダイヤモンド社）

Maslow, A. H. [1954], *Motivation and Personality*, HarperCollins Publishers.（小口忠彦訳[1987]『人間性の心理学 ―モチベーションとパーソナリティ―』産能大出版部）

Mills, D. Q. [2005], *Principals of Management*. Mind Edge Press.（スコフィールド素子訳[2006]『ハーバード流マネジメント入門』ファーストプレス）

Mintzberg, H. [1989], *Mintzberg on Management*, The Free Press.（北野利信訳[1991]『人間感覚のマネジメント ―行き過ぎた合理主義への拡議―』ダイヤモンド社）

Mintzberg, H. = Ahlstrand, B. W. = Lampel, J. [1998], *Strategy Safari : A Guided Tour through the Wilds of Strategic Management*, The Free Press.（齋藤嘉則監訳[1999]『戦略サファリ ―戦略マネジメント・ガイドブック―』東洋経済新報社）

Penrose, E. T. [1959, 1980], *The Theory of the Growth of the Firm*, Basil Glackwell.（末松玄六訳[1980]『企業成長の理論　第2版』ダイヤモンド社）

Peters, T. J. = Waterman, R. H. [1982], *In Search of Excellence*, Harper & Row.（大前研一訳[1983]『エクセレント・カンパニー』講談社）

Porter, M. E. [1980], *Corporate Strategy*, The Free Press.（土岐坤＝中辻萬治＝服部照夫訳[1982]『競争の戦略』ダイヤモンド社）

Porter, M. E. [1985], *Competitive Advantage*, The Free Press.（土岐坤＝中辻萬治＝小野寺武夫訳[1985]『競争優位の戦略』ダイヤモンド社）

Porter, M. E. [1988a], *On Competition*, Harvard Business School Press.（竹内弘高訳[1999]『競争戦略論Ⅰ』ダイヤモンド社）

Porter, M. E. [1988b], *On Competition*, Harvard Business School Press.（竹内弘高訳[1999]『競争戦略論Ⅱ』ダイヤモンド社）

Ritzer, G. [1999], *Enchanting a Disenchanted World : Revolutionizing the Means of Consumption*, Thousand Oaks.

Rogers, E. M. [1982], *Diffusion of Innovations*, 3rd. ed., The Free Press.（青池慎一＝宇野善康監訳[1990]『イノベーションの普及学』産能大学出版部）

Rostow, W. W. [1960], *The Stages of Economic Growth : A Non Communist Manifests*, Cambridge University Press.（木村健康＝久保まち子＝村上泰亮訳[1961]『経済成長の諸段階 ―1つの非共産主義宣言―』ダイヤモンド社）

Rumelt, R. P. [1974], *Strategy, Structure, and Economic Performance*, Harvard University Press.（鳥羽欣一郎＝山田正喜子＝川辺信雄＝熊沢孝訳[1977]『多角

化戦略と経済効果』東洋経済新報社)
Schein, E. H. [1976], *Organizational Culture and Leadership*, Jossey-Bass. (清水紀彦訳[1989]『組織文化とリーダーシップ』ダイヤモンド社)
Schumpeter, J. A. [1912,1926], *Theories Der Wirtschaftlichen Entwicklung*, Duncker & Humblot. (塩野谷祐一＝中山伊知郎＝東畑精一郎訳[1977]『経済発展の理論　上・下』岩波書店)
Shiva, V. [2006], *Stolen Harvest : The Hijacking of the Global Food Supply*. South End Press. (浦本昌紀＝金井塚務訳[2007]『食糧テロリズム：多国籍企業はいかにして第三世界を飢えさせているか』明石書店)
Simon, H. A. [1977], *The New Science of Management Decision*, Revised ed., Prentice-Hall. (松田武彦＝高柳暁＝二村敏子訳[1989]『経営行動』ダイヤモンド社)
Thompson, J. D. [1967], *Organizations in Action : Social Science Bases of Administrative Theory*, McGraw-Hill. (鎌田伸一他訳[1987]『オーガニゼーション・イン・アクション：管理理論の社会科学的基礎』同文館出版)
Williamsons, O. E. [1975], *Market and Hierarchies*, The Free Press. (浅沼萬里＝岩崎晃訳[1980]『市場と企業組織』日本評論社)
Woodward, J. [1970], *Industrial Organization : Behavior and Control*, Oxford University Press. (都築栄＝風間禎三郎＝宮城弘裕訳[1971]『技術と組織行動』日本能率協会)

＜和文文献＞

Agri Next 編集部[1996]『「農」の方位を探る　日本の農業、揺れる羅針盤』ローカル通信舎
青山浩子[2004]『「農」が変える食ビジネス ―生販協業という新たな取り組み―』日本経済新聞社
秋谷重男＝食品流通研究会編[1996]『卸売市場に未来はあるか』日本経済新聞社
浅羽茂＝新田都志子[2004]『ビジネスシステム・レボリューション ―小売業は進化する―』NTT 出版
安部淳[1994]『現代日本資本主義と農業構造問題』農林統計協会
阿部隆夫[2009]『若手エンジニアのための技術経営論入門 ―わかりやすい MOT の考え方』森北出版
阿保栄司＝矢澤秀雄[2000]『サプライチェーン・コストダウン』中央経済社
天笠啓祐[2000]『増補改訂　遺伝子組み換え食品』緑風出版
アミタ持続可能経済研究所[2006]『自然産業の世紀』創森社
有坪民雄[2003]『農業のしくみ』日本実業出版社
安藤光義[2003]『構造政策の理念と現実』農林統計協会
家串哲生＝岩崎幸弘＝大崎秀樹＝中川聡七郎[2005]『農業 ISO14001導入マニュア

ル ―農業環境経営の最前線―』農林統計協会

池戸重信[2007]『明日を目指す日本農業 ―JAPANブランドと共生』幸書房

石井淳蔵＝加護野忠男＝奥村昭博＝野中郁次郎[1996]『経営戦略論』有斐閣

石川寛子＝江原絢子[2002]『近現代の食文化』弘学出版

石毛直道＝鄭大聲編[1995]『食文化入門』講談社

石田秀輝[2009]『自然に学ぶ粋なテクノロジー ―なぜカタツムリの殻は汚れないのか―』化学同人

石田浩[2005]『中国農村の構造変動と「三農問題」―上海近郊農村実態調査分析―』晃洋書房

磯田宏[2001]『アメリカのアグリフードビジネス』日本経済評論社

磯辺俊彦＝常盤政治＝保志恂[1986]『日本農業論』有斐閣

伊丹敬之[1984]『新・経営戦略の論理』日本経済新聞社

伊丹敬之＝加護野忠男[1989]『ゼミナール経営学入門』日本経済新聞社

伊丹敬之[1999]『場のマネジメント』NTT出版

伊丹敬之＝西口敏弘＝野中郁次郎編[2000]『場のダイナミズムと企業』東洋経済新報社

伊丹敬之[2003]『経営戦略の論理　第3版』日本経済新聞社

伊藤房雄＝金山紀久＝廣政幸生＝長谷部正[2001]『戦略的情報活用による農産物マーケティング』農林統計協会

糸原義人[1992]『農業経営主体論』大明堂

伊野隆一＝重富健一＝暉峻衆三＝宮村光重編著[1995]『現代資本主義と食糧・農業　上・下』大月書店

稲本志良[1996]『新しい担い手・ファームサービス事業体の展開』農林統計協会

稲本志良＝辻井博他[2000]『農業経済発展と投資・資金問題』富民協会

稲本志良＝斎藤修他[2002]『農と食とフードシステム』農林統計協会

稲本志良＝河合明宣[2002]『アグリビジネス』放送大学教育振興会

稲本志良＝桂瑛一＝河合明宣[2006]『アグリビジネスと農業・農村』放送大学教育振興会

井上和衛＝中村功＝宮崎猛＝山崎光博[1999]『地域経営型グリーン・ツーリズム』都市文化社

井上和衛[2003]『高度成長期以後の日本農業・農村　下』筑波書房

井上和衛[2004]『都市農村交流ビジネス ―現状と課題―』筑波書房

今井賢一編[1986]『イノベーションと組織』東洋経済新報社

今井賢一＝金子郁容[1988]『ネットワーク組織論』岩波書店

今中勲[2002]『化学物質　環境・安全管理用語辞典　改訂第2版』化学工業日報社

今村奈良臣＝服部信司＝矢口芳生＝菅沼圭輔＝加賀爪優[1997]『WTO体制下の食糧農業戦略』農山漁村文化協会

今村奈良臣＝荏開津典生[1999]『先進型アグリビジネスの創造 ―新しい成長分野

「農業」への企業参画―』ソフトサイエンス社
「飲・食・店」新聞フードリンクニュース編[2003]『図解食の流通を変える食品トレーサビリティのすべて』日本能率協会マネジメントセンター
宇佐美繁[1997]『日本農業 ―その構造変動―』農林統計協会
内田多喜生[2002]『農林金融 2月号 ―農家以外の農地所有世帯にみる日本農業の構造変化―』農林中金総合研究所
生方幸夫[1990]『ボーダレス・カンパニー』PHP研究所
梅沢昌太郎[1996]『ミクロ農業マーケティング』白桃書房
梅沢昌太郎＝長尾精一[2004]『食商品学』日本食糧新聞社
荏開津典生＝樋口貞三編[1995]『アグリビジネスの産業組織』東京大学出版会
荏開津典生[2003]『農業経済学 第2版』岩波書店
荏開津典生＝時子山ひろみ[2003]『世界の食糧問題とフードシステム』放送大学教育振興会
荏開津典生[2008]『農業経済学（岩波テキストブックス）』岩波書店
エコビジネスネットワーク編[2007]『新・地球環境ビジネス 2007-2008』産学社
大内力＝佐伯尚美[1996]『日本の米を考える 1・2・3・4』家の光協会
大澤信一[2000]『新・アグリビジネス』東洋経済新報社
大月博司＝高橋正泰[2003]『経営組織（21世紀経営学シリーズ）』学文社
小川修司[1992]『土地問題と国土政策』創造書房
小口忠彦[1992]『人間のこころを探る ―パーソナリティの心理学』産能大学出版部
小田紘一郎[1999]『新 データブック 世界の米 ―1960年代から98年まで―』農山漁村文化協会
大塚茂＝松原豊彦編[2004]『現代の食とアグリビジネス』有斐閣
大辻一晃＝伴武澄[1995]『コメビジネス戦争 ―日本経済を動かす4兆円市場―』PHP研究所
大西敏夫[2000]『農地動態からみた農地所有と利用構造の変容』筑波書房
大原興太郎編[2008]『有機的循環技術と持続的農業』コモンズ
甲斐武至[1991]『農業経営を見直す』家の光協会
甲斐道太郎＝見上崇洋編[2000]『新農基法と21世紀の農地・農村』法律文化社
甲斐荘正晃[2005]『インナーブランディング ―成功企業の社員意識はいかにして作られるか』中央経済社
加護野忠男[1980]『経営組織の環境適応』白桃書房
加護野忠男[1988a]『組織認識論』千倉書房
加護野忠男[1988b]『企業のパラダイム革命』講談社
加護野忠男[1999]『＜競争優位＞のシステム』PHP研究所
梶井功[2003a]『WTO時代の食料・農業問題』家の光協会
梶井功[2003b]『日本農業 分析と提言 前編・後編』筑波書房
樫原正澄＝江尻彰[2006]『現代の食と農をむすぶ』大月書店

風早正宏[2004]『ゼミナール経営管理入門』日本経済新聞社
角井亮一[2005]『トコトンやさしい戦略物流の本』日刊工業新聞社
加藤弘之編[1995]『中国の農村発展と市場化』世界思想社
加藤義忠＝齋藤雅道＝佐々木保幸[2007]『現代流通入門』有斐閣
門間敏幸[2009]『日本の新しい農業経営の展望』農林統計出版
金沢尚基[2005]『現代流通概論』慶応義塾大学出版会
神山安雄[2006]『農業起業の仕組み』日本実業出版社
河合明宣[2006]『環ヒマラヤ広域圏における社会と生態資源変容の地域間比較研究』京都大学ヒマラヤ研究会
河合省三[1997]『明日の地球を考える国際農業開発』農林統計協会
河相一成編[1994]『米の市場再編と食管制度』農林統計協会
河野直践[1998]『産消金剛型協同組合』日本経済評論社
暉峻衆三[2003]『日本の農業150年 ―1850～2000年』有斐閣
岸川善光[1990]『ロジスティクス戦略と情報システム』産能大学
岸川善光[1999]『経営管理入門』同文舘出版
岸川善光他[2003]『環境問題と経営診断』同友館
岸川善光編[2004a]『ベンチャー・ビジネス要論』同文舘出版
岸川善光編[2004b]『イノベーション要論』同文舘出版
岸川善光[2006]『経営戦略要論』同文舘出版
岸川善光[2007a]『経営診断要論』同文舘出版
岸川善光編[2007b]『ケースブック　経営診断要論』同文舘出版
岸川善光[2009a]『図説経営学演習　改訂版』同文舘出版
岸川善光編[2009b]『ケースブック　経営管理要論』同文舘出版
北出俊昭[1995]『新食糧法と農協の米戦略』日本経済評論社
北出俊昭[2001]『日本農政の50年 ―食料政策の検証』日本経済評論社
北出俊昭[2009]『食料・農薬の崩壊と再生』筑波書房
木村伸男[1994]『成長農業の経営管理』日本経済評論社
木村伸男[2004]『現代農業経営の成長理論』農林統計協会
木村伸男[2008]『現代農業のマネジメント』日本経済評論社
久野秀二[2002]『アグリビジネスと遺伝子組み換え作物 ―政治経済学アプローチ』日本経済評論社
久保田義喜[2007]『アジア農村発展の課題』筑波書房
久間一剛[2005]『土とは何だろうか』京都大学学術出版会
グロービス編[1995]『MBAマネジメント・ブック』ダイヤモンド社
グロービス編[1997]『MBAマーケティング』ダイヤモンド社
グロービス編[1999]『MBA経営戦略』ダイヤモンド社
黒川宣之[1994]『日本型農業の活路 ―市場開放時代の食と農を考える―』日本評論社

黒柳俊雄[1991]『農業構造政策』農林統計協会
小池恒男[1997]『激変する米の市場構造と新戦略』家の光協会
国政情報センター出版局[2001]『一目でわかる農地法改正＜Q&A編＞』国政情報センター出版局
国連開発計画編[1997]『人間開発報告書』国際協力出版
後久博[2007]『農業ブランドはこうして創る』ぎょうせい
小林喜一郎[1999]『経営戦略の理論と応用』白桃書房
小林弘明＝廣政幸生[2007]『環境資源経済学』泉文堂
駒井亨[1998]『アグリビジネス論』養賢堂
五味仙衛武＝津谷好人＝大泉一貫＝岡理＝捧弘賢＝鈴木哲朗＝中村常雄[2000]『基礎シリーズ　農業経営入門』実教出版
小山周三＝梅沢昌太郎＝高橋正郎[2004]『食品流通の構造変動とフードシステム』農林統計協会
斉藤修[2001]『食品産業と農業の提携条件 ―フードシステム論の新方向―』農林統計協会
斉藤修[2007]『食産業クラスターと地域ブランド』農文協
齋藤実編[2005]『3PLビジネスとロジスティクス戦略』白桃書房
坂井正康＝中川仁[2002]『21世紀をになうバイオマス新液体燃料 ―エネルギー革命』化学工業日報社
財部誠一[2008]『農業が日本を救う』PHP研究所
佐伯尚美[2005a]『米政策改革Ⅰ』農林統計協会
佐伯尚美[2005b]『米政策改革Ⅱ』農林統計協会
榊原英資[2006]『食がわかれば世界経済がわかる』文藝春秋
榊原清則[1992]『企業ドメインの戦略論』中央公論社
榊原清則＝大滝精一＝沼上幹[1989]『事業創造のダイナミクス』白桃書房
佐藤昂[2003]『いつからファーストフードを食べてきたか』日経PB社
佐藤千鶴子[2009]『南アフリカの土地改革』日本経済評論社
塩光輝[2001]『農業IT革命』農村漁村文化協会
芝崎希美夫＝田村馨[2007]『よくわかる食品業界』日本実業出版社
柴田明夫＝榎本裕洋＝安部直樹[2008]『絵でみる　食糧ビジネスの仕組み』日本能率協会マネジメントセンター
柴田栄彦[1987]『アグリビジネス戦略』講談社
柴田裕通[2002]『管理職・ホワイトカラーにおける報酬制度の日米比較』横浜国立大学
渋沢栄[2006]『精密農業』朝倉書店
渋谷往男[2009]『戦略的農業経営』日本経済新聞出版社
島田克美＝下渡敏治＝小田勝己＝清水みゆき編[2006]『食と商社』日本経済評論社
島田晴雄＝NTTデータ経営研究所[2006]『成功する！「地方発ビジネス」の進

め方』かんき出版
食糧制度研究会編[1996]『よくわかる新食糧制度』地球社
昭和農業技術研究会＝西尾敏彦編[2006]『昭和農業技術史への証言　第五集』農山漁村文化協会
新宮和裕＝吉田俊子編[2006]『食品トレーサビリティシステム』日本規格協会
新QC七つ道具研究会編[1984]『やさしい新QC 7つ道具』日科技連
杉山和彦[2004]『アフリカ農民の経済 ―組織原理の地域比較―』世界思想社
杉山恵一＝中川昭一郎編[2004]『農村自然環境の保全・復元』朝倉書店
杉山道雄編[1996]『農産物貿易とアグリビジネス』筑波書房
鈴木邦成[2006]『トコトンやさしい流通の本』日刊工業新聞社
住谷宏編[2008]『流通論の基礎』中央経済社
炭本昌哉[2002]『市場経済の中の日本農業 ―縄文時代からデフレ・自由化時代まで―』農林統計協会
諏訪春雄[2000]『日本人と米』勉誠出版
関英二[1993]『日本農業 ―21世紀への課題―』農林統計協会
関満博＝遠山浩[2007]『「食」の地域ブランド戦略』新評論
関満博＝足利亮太郎編[2007]『村が地域ブランドになる時代』新評論
全国中小企業団体中央編[2009]『農商工連携等人材育成事業研修テキスト　農業分野・林業分野・マーケティング・IT分野』全国中小企業団体中央会
千田正作[1991]『食料経済 ―生産と流通・加工と消費の経済学』中央法規出版
総合観光学会編[2006]『競争時代における観光からの地域づくり戦略』同文舘出版
祖田修＝八木宏彦[2005]『人間と自然 ―食・農・環境の展望』放送大学教育振興会
祖田修＝太田猛彦編[2006]『農林水産業の技術者倫理』農山漁村文化協会
多方一成＝田渕幸親＝成沢広幸[2000]『グリーン・ツーリズムの潮流』東海大学出版会
高橋輝男編[2005]『ロジスティクス・イノベーション』白桃書房
高橋正郎[1991]『食料経済 ―フードシステムからみた食料問題―』理工学社
高橋正郎[1992]『フードシステムと食品流通』農林統計協会
高橋正郎[2001]『フードシステムと食品加工・流通技術の革新』農林統計協会
高橋正郎[2004]『食品流通の構造変動とフードシステム』農林統計協会
滝澤昭義＝甲斐諭＝細川允史＝早川治編[2003]『食料・農産物の流通と市場』筑波書房
滝澤昭義[2007]『毀された「日本の食」を取り戻す』筑波書房
武内哲夫＝太田原高昭[1986]『明日の農協 ―理念と事業をつなぐもの―』農山漁村文化協会
竹中久二雄＝二木季男[1997]『どっこい生きてる都市農業』農林統計協会
武部隆＝高橋正郎編[2006]『地域マネジメントの革新と戦略的手法』農林統計協会
田坂広志[1997]『複雑系の経営』東洋経済新報社

田代洋一[1998]『食糧主権 —21世紀の農政課題—』日本経済評論社
田代洋一[2003a]『[新版] 農業問題入門』大月書店
田代洋一[2003b]『農政「改革」の構図』筑波書房
田代洋一[2004]『日本農村の主体形成』筑波書房
舘斎一郎[1998]『日本農業のマクロ分析』信山社出版
田村次郎[2006]『第2版 WTOガイドブック』弘文堂
多門院和夫＝時子山ひろみ[1998]『フードシステムの経済学』医歯薬出版
多門院和夫[1994]『組織の時代 —地域社会の変貌と組織間交流—』農林統計協会
俵信彦＝野口英雄[2001]『低温物流とSCMがロジ・ビジネスの未来を拓く —鮮度管理システムで顧客サービス競争に勝つ—』プロスパー企画
地球環境産業技術研究機構編[2008]『図解 バイオリファイナリー最前線』工業調査会
筑波君枝[2006]『最新農業の動向とカラクリがよくわかる本』秀和システム
月泉博[2004]『よくわかる流通業界』日本実業出版社
蔦谷栄一[2004]『日本農業のグランドデザイン』農山漁村文化協会
土田志郎[1996]『水田作経営の展開と経営管理』農林統計協会
土田志郎＝朝日泰蔵[2007]『農業におけるコミュニケーション・マーケティング』農林統計協会
土屋圭造編[1987]『農業構造の変容と展望』九州大学出版会
東京穀物商品取引所編[2002]『農業リスクマネジメント』東京穀物商品取引所
東北産業活性化センター編[2000]『コミュニティ・ビジネスの実践 —NPOによる地域密着事業の展開』日本地域社会研究所
時子山ひろみ＝荏開津典生[2005]『フードシステムの経済学 第4版』医歯薬出版
頼平編[1992]『国際化時代の農業経済学』富民協会
土門剛[1997]『コメと農協 —「農業ビッグバン」が始まった—』日本経済新聞社
豊田隆[2001]『アグリビジネスの国際開発 —農産物貿易と多国籍企業—』農山漁村文化協会
中川聰七郎[1997]『農政改革の課題 —農業，農村活性化への道—』農林統計協会
永木正和＝茂野隆一編[2007]『消費行動とフードシステムの新展開』農林統計協会
中野一新編[1998]『アグリビジネス論』有斐閣
中原准一[2005]『WTO交渉と日本の農政』筑波書房
中村靖彦[1998]『コンビニ・ファミレス・回転寿司』文藝春秋
長安六[2002]『地域農業再生の論理 —佐賀農業における実証的研究—』九州大学出版会
中山定子[1998]『論争・近未来の日本農業』農山漁村協会
新山陽子[2005]『解説 食品トレーサビリティ —ガイドラインの考え方／コード体系，ユビキタス，国際動向／導入事例—』昭和堂
日経ビジネス編[2002]『売れない時代に売る』日経BP社

西尾敏彦[2003]『農業技術を創った人たちⅡ』家の光協会
西尾敏彦[2004]『昭和農業技術史への証言　第三集』農山漁村文化協会
西尾敏彦[2006]『昭和農業技術史への証言　第五集』農山漁村文化協会
日本学術会議答申[2004]『地球環境・人間生活にかかわる水産業及び漁村の多面的な機能の内容及び評価について』日本学術会議
日本産業新聞編[1996]『「農」を変える企業 ―「ビジネス化」が拓く100兆円市場―』日本経済新聞社
日本農業経営学会[2003]『新時代の農業経営への招待 ―新たな農業経営の展開と経営の考え方―』農林統計協会
日本農業研究所[2000]『食糧法システムと農協』農林統計協会
日本農業市場学会編[1995]『食料流通再編と問われる共同組合』筑波書房
日本農業市場学会編[1997]『激変する食糧法下の米市場』筑波書房
日本農業市場学会編[2008]『食料・農産物の流通と市場Ⅱ』筑波書房
日本の土地百年研究会[2003]『日本の土地百年』大成出版社
日本立地センター編[2008a]『産業立地　2008年度版　Vol.47 No.1』財団法人　日本立地センター
日本立地センター編[2008b]『産業立地　2008年度版　Vol.47 No.5』財団法人　日本立地センター
日本立地センター編[2009]『産業立地　2009年度版　Vol.48 No.5』財団法人　日本立地センター
根元重之[1995]『プライベート・ブランド：NBとPBの競争戦略』中央経済社
『農業と経済』編集委員会編[2004]『農業と経済　第70巻4号』昭和堂
『農業と経済』編集委員会編[2006a]『農業と経済　2006年5月号　第72巻6号』昭和堂
『農業と経済』編集委員会編[2006b]『農業と経済　2006年11月　臨時増刊号　第72巻14号』昭和堂
『農業と経済』編集委員会編[2008a]『農業と経済　第74巻1号』昭和堂
『農業と経済』編集委員会編[2008b]『農業と経済　第74巻8号』昭和堂
『農業と経済』編集委員会編[2009a]『農業と経済　第75巻1号』昭和堂
『農業と経済』編集委員会編[2009b]『農業と経済　2009年5月号　第75巻5号』昭和堂
農政ジャーナリストの会[1995]『日本農業の動き No.114 ―農業についての将来像―』農林統計協会
農政ジャーナリストの会[2000]『日本農業の動き No.134 ―進展するIT革命と農業―』農林統計協会
農政ジャーナリストの会[2001a]『進展するIT革命と農業』農林統計協会
農政ジャーナリストの会[2001b]『日本農業の動き No.137 ―WTO農業交渉の諸相―』農林統計協会

農政ジャーナリストの会［2008］『日本農業の動き No.162 ―農へ帰る団塊世代―』農林統計協会
農林漁業金融公庫［2004］『平成16年度版　食品産業動向調査』農林水産省
農林省大臣官房調査課　［1964］『アグリビジネスの概念』農林省大臣官房調査課
農林水産省図書館［2003］『IT化の現状と食料・農業・農村』農林統計協会
農林水産省編［2005］『平成17年版　食料・農業・農村白書』佐伯印刷
農林水産省編［2009］『平成21年版　食料・農業・農村白書』佐伯印刷
野中郁次郎［1980］『経営学入門シリーズ　経営管理』日本経済新聞社
野中郁次郎＝竹内弘高［1996］『知識創造企業』東洋経済新報社
野中郁次郎［2002］『企業進化論』日本経済新聞社
野中郁次郎＝紺野登［2003］『知識創造の方法論』東洋経済新報社
橋詰登＝千葉修編［2003］『日本農業の構造変化と展開方向 ―2000年センサスによる農業・農村構造の分析―』農山漁村文化協会
橋本卓爾＝大西利夫＝藤田武弘＝内藤重之編［2004］『食と農の経済学 ―現代の食料・農業・農村を考える―』ミネルヴァ書房
長谷山俊郎［1988］『地域農業展開の論理』明文書房
長谷山俊郎［1998］『農村マーケット化とは何か』農林統計協会
長谷川豊［2005］『最新食品業界の動向とカラクリがよ～くわかる本』秀和システム
服部信司＝小沢健二［1986］『アメリカ農業の政治力』富民協会
服部信司［1988］『日米経済摩擦と日本農業』富民協会
服部信司［1997］『大転換するアメリカ農業政策 ―1996年農業法と国際需給，経営・農業構造』農林統計協会
服部信司［2004］『WTO農業交渉2004 ―主要国・日本の農政改革とWTO改革―』農林統計協会
初谷誠一［2005］『フードロジスティックス2005 ―食品物流における高度物流システムの活用―』㈱流通システム研究センター
初谷誠一編［2006］『農産物流通技術年報　2006年度版』㈱流通システム研究センター
林良造＝荒木一郎＝日米FTA研究会編［2007］『日米FTA戦略 ―自由貿易協定で築く新たな経済連携』ダイヤモンド社
林良博他［2005］『ふるさと資源の再発見』家の光協会
平尾正之＝河野恵伸＝大浦祐二編［2002］『農産物マーケティングリサーチの方法』農林統計協会
一橋大学イノベーション研究センター編［2001］『イノベーション・マネジメント入門』日本経済新聞社
フードリンクニュース編［2003］『食品トレーサビリティのすべて』日本能率協会マネジメントセンター
笛木昭［1994］『日本農業の担い手と土地』富民協会

参考文献

福井幸男編［2006］『新時代のコミュニティ・ビジネス』御茶の水書房
福田慎一＝照山博司［2005］『マクロ経済学・入門』有斐閣
藤岡幹恭＝古泉貞彦［2007］『農業と食料のしくみ』日本実業出版社
藤澤研二＝高崎善人［1991］『コメビジネス』実業之日本社
藤澤研二［2005］『この手があった！　農産物マーケティング』家の光協会
藤谷築次［1998a］『現代農業の経営と経済』富民協会
藤谷築次［1998b］『日本農業の現代的課題』家の光協会
藤谷築次［2008］『日本農業と農政の新しい展開方向』昭和堂
二神恭一［2000a］『現代経営学講座1　企業と経営』八千代出版
二神恭一［2000b］『現代経営学講座8　企業と人材・人的資源管理』八千代出版
二木季男［1997］『地域農業の振興とアグリマーケティングに関する実証研究　—中山間地域の事例を中心として—』農林統計協会
二木季男［2002］『ファーマーズマーケットの戦略的展開』家の光協会
二木季男［2006］『農家が儲かる地産地消時代の新・農作物流通チャネル』家の光協会
二木季男［2008］『先進優良事例に学ぶ地産地消と地域再生』家の光協会
冬木勝仁［2003］『グローバリゼーション下のコメ・ビジネス　—流通の再編方向を探る—』日本経済評論社
保志恂［1981］『日本農業構造の課題』御茶の水書房
細内信孝［1999］『コミュニティ・ビジネス』中央大学出版部
細内信孝編［2008］『がんばる地域のコミュニティ・ビジネス　—起業ワークショップのすすめ』学陽書房
本間峰一＝中村実＝佐藤知一＝坂田健司［1998］『サプライチェーン・マネジメントがわかる本』日本能率協会マネジメントセンター
舛重正一［2005］『食と科学技術』ドメス出版
増田萬考［1996］『国際農業開発論』農林統計協会
松島正博編［1993］『世界の食糧と農業』家の光協会
松本懿他［2006］『コミュニティ・ビジネスと建設帰農　—北海道の事例に日本の先端を学ぶ』公人の友社
松田友義＝田中好雄編［2004］『食の安全とトレーサビリティ　—農場から食卓までの安全・安心システム作り』幸書房
松原豊彦［1996］『カナダ農業とアグリビジネス』法律文化社
三国英実［2000］『地域づくりと農協改革　—新たな協同の世紀を求めて—』農山漁村文化協会
三井物産業務部「ニューふぁ〜む21」チーム編［2000］『「町おこし」の経営学』東洋経済新報社
三石誠司［2007］『アグリビジネスにおける集中と環境　—種子および食品加工産業における集中と競争力—』アサヒビール株式会社
三橋規宏［2006］『サステナビリティ経営』講談社

宮本憲一＝遠藤宏一[1998]『地域経営と内発的発展 ―農村と都市の共生をもとめて―』農山漁村文化協会
宮崎猛編[1997]『グリーンツーリズムと日本の農村 ―環境保全による村づくり―』農林統計協会
宮崎猛編[2000]『環境保全と交流の地域づくり ―中山間地域の自然資源管理システム―』昭和堂
宮崎猛編[2006]『日本とアジアの農業・農村とグリーン・ツーリズム ―地域経営／体験重視／都市農村交流―』昭和堂
宮崎俊之[2001]『農業は「株式会社」に適するか』慶應義塾大学出版会
持田恵三[1990]『日本の米 ―風土・歴史・生活―』筑摩書房
持田紀治[2002]『グリーン・ツーリズムとむらまち交流の新展開』家の光協会
持田紀治＝小島敏文編[2005]『地域新生のフロンティア ―元気な定住地域確立への道―』大学教育出版
守田志郎[1994]『農業にとって技術とはなにか』農山漁村文化協会
李在鎬[2005]『ロジスティクス管理』中央経済社
八木宏典[2004]『現代日本の農業ビジネス ―現代を先導する経営―』農林統計協会
矢口芳生[2002]『WTO 体制下の日本農業 ―「環境と貿易」の在り方を探る―』日本経済評論社
八巻正[1997]『現代稲作の担い手と技術革新』農林統計協会
山口三十四[1982]『日本経済の成長会計分析 ―人口・農業・経済発展』有斐閣
山口三十四[1994a]『産業構造と変化と農業 ―人口と農業と経済発展』有斐閣
山口三十四[1994b]『新しい農業経済論』有斐閣
山口貴久男[1983]『戦後にみる食の文化史』三嶺書房
山倉健嗣[1993]『組織間関係 ―企業間ネットワークの変革に向けて―』有斐閣
山下一仁[2009]『フードセキュリティ ―コメづくりが日本を救う！―』日本評論社
山下義通編[2002]『日本再生の産業戦略 ―3大科学技術の発展と日本が再び世界をリードする道―』ダイヤモンド社
山地憲治[2000]『バイオエネルギー』ミオシン出版
山本譲治[2003]『実践農作物トレーサビリティ ―流通システムの「安心」の作り方―農と食と安心のために』誠文堂新光社
山本譲治[2006]『実践農産物トレーサビリティ2 ―トレーサビリティの先に見えるもの―農産物流通の未来』誠文堂新光社
山本雅之[2004]『勝ち残るファーマーズマーケット』家の光協会
湯浅和夫[2000]『eビジネス時代のロジスティックス戦略』日刊工業新聞社
湯浅和夫＝内田明美子＝芝田捻子[2000]『手に取るようにIT物流がわかる本』かんき出版
唯是康彦＝三浦洋子[1997]『食料システムの経済分析』税務経理協会
横山伸也＝芋生憲司[2009]『バイオマスエネルギー』森北出版

米倉誠一郎[2003]『企業家の条件』ダイヤモンド社
和田充夫[1998]『関係性マーケティングの構図 ―マーケティング・アズ・コミュニケーション―』有斐閣
和田充夫＝三浦俊彦＝恩蔵直人[2000]『マーケティング戦略』有斐閣
和田充夫＝菅野佐織＝遠山美津恵＝長尾雅信＝若林宏保＝電通 abic project 編[2009]『地域ブランド・マネジメント』有斐閣
渡辺雄二[1997]『遺伝子組み換え食品 Q&A』青木書店
和辻哲郎[1963]『風土 ―人間的考察―』岩波文庫

＜雑誌・論文＞

News-Draft，2004年3月22日
OECD-FAO,『Agricultural Outlook 2008-2017』（2008年5月）
『朝日新聞』2001年6月30日朝刊，朝日新聞社
『財界』2004年12月7日，財界研究所
『酒類食品統計月報』2003年8月
『日本経済新聞』2008年8月19日朝刊，日本経済新聞社
『日経グローカル』No. 37，2005年10月3日，日本経済新聞社産業地域研究所
『日経デザイン』2003年4月25日
『日経ネットビジネス』2002年1月9日
『日経ビジネス』2009年6月1日

永木正和[2004]「『循環型農業』を支える畜産経営の新しいビジネス・モデル」筑波大学大学院生命環境科学研究科
日本国際フォーラム政策委員会[2009]『グローバル化の中での日本農業の総合戦略』日本国際フォーラム
農林水産省[2000a]『農林業センサス　2000年度版』農林水産省
農林水産省[2000b]『農林水産省告示　第517号　附則』農林水産省
農林水産省[2002]『農林金融2月号』農林水産省
農林水産省[2005]『農林業センサス　2005年度版』農林水産省
農林水産省[2006]『農林金融7月号』農林水産省
農林水産省[2007]『農林業センサス　2007年度版』農林水産省
農林水産省[2008]『バイオマス利活用の推進　11月発刊』農林水産省
農林水産省[2009]『2018年における世界の食料需給の見通しについて』農林水産省
矢坂雅充[2002]『環境問題と農業 ―農業の自然・社会環境との関わり方―』東京大学大学院経済学研究科〈http://www.maff.go.jp/hakusho/nou/h11/html/SB1.3.6.html〉

＜URL 等＞

JAcom（農業協同組合新聞）ホームページ〈http://www.jacom.or.jp/〉
JA 新潟ホームページ〈http://www.jan-tis.com/〉
NHK オンラインホームページ〈http://www.nhk.or.jp〉
OECD ホームページ〈http://www.oecd.org/〉
伊藤園ホームページ〈http://www.itoen.co.jp/〉
大阪市海外事務所ホームページ〈http://www.ibpcosaka.or.jp/〉
大阪府産業デザインセンターホームページ〈http://www.pref.osaka.jp/oidc〉
オランダ経済省ホームページ〈http://www.nfia-japan.com/news/itochu.html〉
キリンアグリバイオ株式会社ホームページ〈http://www.kirin-agribio.co.jp/index.html〉
キリンビールホームページ〈http://www.kirin.co.jp/〉
経済産業省ホームページ〈http://www.meti.go.jp/〉
国土交通省ホームページ〈http://www.mlit.go.jp/〉
全国新規就農相談センターホームページ〈http://www.nca.or.jp/Be-farmer/〉
全国農業会議所ホームページ〈http://www.nca.or.jp〉
大臣官房ホームページ〈http://www.moj.go.jp/KANBOU/index.html〉
筑波大学ホームページ〈http://www.tsukuba.ac.jp/〉
独立行政法人　中小企業基盤整備機構ホームページ〈http://www.smrj.go.jp/〉
日本国際フォーラムホームページ〈http://www.jfir.or.jp/j/index.htm〉
日本サブウェイホームページ〈http://www.subway.co.jp/〉
日本政策金融公庫ホームページ〈http://www.jfc.go.jp/〉
日本政策投資銀行ホームページ〈http://www.dbj.jp/〉
日本総合研究所ホームページ〈http://www.jri.co.jp/〉
ネスレホームページ〈http://www.nestle.co.jp/〉
農林水産省　外食産業総合調査センター（2005年）〈http://www.gaishokusoken.jp/〉
農林水産省　農林業センサス（2005年）〈http://www.maff.go.jp/j/tokei/census/afc/index.html〉
農林水産省ホームページ〈http://www.maff.go.jp/〉
農林水産省　農林水産技術ホームページ〈http://www.kanbou.maff.go.jp/www/gichou/〉
農林中央金庫ホームページ〈http://www.nochubank.or.jp/〉
ファーマーズクラブ赤とんぼホームページ〈http://akatonbo.cside5.jp/〉
フェアトレード・ラベル・ジャパンホームページ〈http://www.fairtrade-jp.org/〉
富士山のまち　ふじのみや　フードバレー推進室〈http://www.city.fujinomiya.shizuoka.jp/〉

船井総合研究所ホームページ〈http://www.funaisoken.co.jp/〉
舞岡公園を歩く〈http://www.wetwing.com/myhill/guide/guide.html〉
三井物産ホームページ〈http://www.mitsui.co.jp/〉
三菱総合研究所ホームページ〈http://www.mri.co.jp/〉
ユニクロホームページ〈http://www.uniqlo.com/jp/〉
米沢郷牧場ホームページ〈http://www.farmersnet.net/user/yonezawa〉

索　引

あ　行

アーカー，D. A.　91
IT　95, 122
IT 技術　95
アグリビジネス
　　アフリカの――　224
　　――産業　65
　　――市場　38
　　地域内発型――　90
　　中国の――　215
　　――の定義　6
　　――の特性　7
　　――の領域　2
　　米国の――　210
アグリビジネス論　27
アグリポイント制度　114
アグリマーケティング　140
安全性　11, 17
アンゾフ，H. I.　80
暗黙知　247
e コマース　123
ECARP（環境保全面積留保プログラム）
　214
いえ　158
伊丹敬之　84
遺伝子組換え（GM）　50, 134
伊藤園　125
稲の作付規模　23
イノベーション　73, 97
医療　17
インターネット　123
インド農業　241
エーベル，D. F.　80
NPO　114, 256
エネルギー問題　74
M&A　210
大手総合商社　198
オープン化　70

か　行

外食産業　2
外部化　55, 67
加工食品　71
加工部門　69
カゴメ　83
ガット・ウルグアイ・ラウンド
　45, 194, 211
川上産業　3
川下産業　3
川中産業　3
環境保全　24, 254
環境保全型農業　22
環境保全型農業システム　22
環境保全型農業開発　218
関係性マーケティング　180
簡便化　7
関連型多角化　82
企業参入　112, 157
企業ドメイン　80
技術開発　133
技術革新　47
　　――の課題　49
技術環境　11
技術資源　86
技術戦略　85
規模の経済　88
GAP　61, 122
旧基本法　28
旧食糧法　189
旧食管法　189
供給構造　41
供給連鎖（サプライ・チェーン）　146
共生　88
競争環境　11
競争優位　84
キリンビール　202
空間のギャップ　71, 136
グリーン・ツーリズム　24, 252
グローバル化　238
グローバル・マーケット戦略　229
経営管理　106
経営資源　14, 109
経営者　106

経営戦略　80
経済環境　11
経済的要因　8
形式知　247
減反政策　185
現地生産＝現地販売　62
高級化　7
耕作放棄地　160
高収量種子（HYV）　132
効率性　31
高齢化　38
国際的要因　10
国内総生産（GDP）　64
国民総生産（GNP）　64
コストダウン　56
コミュニティ・ビジネス　251
コメ　184
コメビジネス　185
コンビニエンスストア　58

さ　行

財務管理　115
サービス化　67
サスティナビリティ　19
サプライ・チェーン・マネジメント　147
産学官連携　92
産・官・農の関係性　13
産業革命　55
三種の神器　40,68
産地マーケティング　137
GHQ（総司令部）　47
CSR（企業の社会的責任）　88,99,101,242
CSA（地域で支える農業）　94
JA　59,184
JA改革　59
時間のギャップ　71,136
自給自足的農業　4
自給自足メカニズム　216
事業ドメイン　80
市場開発戦略　81
市場環境　11
市場浸透戦略　81
自然環境　11
持続的な食糧供給　16
社会環境　11

就農支援資金　113
需要構造　39
シュンペーター，J. A.　95
少子化　55
省庁・独立行政法人　60
消費者志向　147
情報管理　120
情報管理システム　120
情報処理技術　86
食習慣　67
食と農の距離　65
食の安全性　19
食の外部化　57
食品卸売業　71
食品加工業　5
食品製造業　62
食文化　8,10,57
食糧管理制度　189
食糧産業クラスター　246
食料自給率　21,175
食料・農業・農村基本法　29
所得補償交付金　118
新規事業戦略　95
人材育成　112
新食糧法　69,191
人的資源管理　111
ステークホルダー　87
政策的干渉　72
政治環境　11
成長ベクトル　81
制度的規制　72
製品開発戦略　81
政府食管　189
生物多様性条約　255
世代間トレードオフ　20
創造的破壊　95

た　行

多角化戦略　82
多国籍アグリビジネス企業　62,230
WTO（世界貿易機関）　43,236
多面性　17
多様化　40
地域活性化　24,249
地域再生　74

索　引

地域資源　246
地域振興　93
地域ブランド　92,166
地域マネジメント法人　118
地球環境　171
チャンドラー，A.D.Jr.　80
中山間地域　166
デービス＝ゴールドバーグ　2
デザイン・マネジメント　101
伝統的農業　54,158
ドイモイ政策　219
土地の制約　72
ドメインの再定義　82
トヨタ　74
トレーサビリティ　18,87
トレーサビリティ・システム
　18,86,152,154,173
トレード・オフ（trade-off）　20

な 行

中食　40,186
ナレッジ・マネジメント　112,246
二重構造問題　227
日米貿易摩擦　42
担い手の育成・確保　161
ネスレ　229
農業基本法　28
農協食管　191
農業所得　32
農業生産法人　34,164
農業の位置づけ　3
農業の外部化　55
農業の多面的機能　202,254
農業部門　68
農山漁村　24
農産物マーケティング　138
農商工連携　96,244
農地政策　34
農地法　33
農地問題　159
農地リース方式　35,164
農林水産省　61

は 行

バイオテクノロジー　135

バイオマス（biomass）　169
HACCP（危害分析重要管理点）
　11,122,173
BMWシステム　151
B to C　123
B to B　123
非関連型多角化　82
品種改良　13
ファーマーズ・マーケット　94
ファイトマス（phytomass）　169
ファストフード　10
フード・セーフティ・チェーン　149
フードバレー　248
フェアトレード　242
付加価値　9
物流部門　71
プラザ合意　44
ブランド・エクイティ　91
ブランド戦略　90
プロジェクトマネジメント　96
文化的要因　7
米国農業法　212
ペティ＝クラークの法則　112

ま 行

マーケティング　136
マーケティングミックス（marketing mix）
　137
マーケティングリサーチ　137
マクドナルド化　57
マズロー，A.H.　39
マネジリアル・マーケティング　180
見えざる資産　84
三井物産　98
緑の革命　171,221,223
ミニマム・アクセス（MA）　189
むら　59
モノカルチャー　158,222,225,228

や 行

有機栽培　7
ユニクロ　32,177
洋風化　7,107
米沢郷牧場　150
4P　137

ら行

RICE戦略　198
LISA（低投入持続可能農業）　202

6次産業化　174, 188
ロジスティクス　141

＜編著者略歴＞

岸川善光（KISHIKAWA, Zenko）
・学　　歴：東京大学大学院工学系研究科博士課程（先端学際工学専攻）修了。博士（学術）。
・職　　歴：産業能率大学経営コンサルティングセンター主幹研究員、日本総合研究所経営システム研究部長、同理事、東亜大学大学院教授、久留米大学教授（商学部・大学院ビジネス研究科）を経て、現在、横浜市立大学教授（国際総合科学部・大学院国際マネジメント研究科）。その間、通産省（現経済産業省）監修『情報サービス産業白書』白書部会長を歴任。1981年、経営コンサルタント・オブ・ザ・イヤーとして「通産大臣賞」受賞。
・主要著書：『ロジスティクス戦略と情報システム』産業能率大学、『ゼロベース計画と予算編成』（共訳）産能大学出版部、『経営管理入門』同文舘出版、『図説経営学演習（改訂版）』同文舘出版、『環境問題と経営診断』（共著）同友館（日本経営診断学会・学会賞受賞）、『ベンチャー・ビジネス要論』（編著）同文舘出版、『イノベーション要論』（編著）同文舘出版、『ビジネス研究のニューフロンティア』（共著）五弦社、『経営戦略要論』同文舘出版、『経営診断要論』同文舘出版（日本経営診断学会・学会賞（優秀賞）受賞）、『ケースブック経営診断要論』（編著）同文舘出版、『ケースブック経営管理要論』（編著）同文舘出版、『エコビジネス特論』（編著）学文社など多数。

朴慶心（PARK, Kyeong Sim）
・学　　歴：久留米大学大学院ビジネス研究科博士前期課程修了。修士（経営学）。現在、横浜市立大学大学院国際マネジメント研究科博士後期課程在学中。
・主要著書・論文：『エコビジネス特論』（共編著）学文社、「半導体市場における韓国企業の競争優位戦略の枠組みと特徴に関する一考察―三星・東芝・インテルの比較分析の視点から―」久留米大学大学院ビジネス研究科。

アグリビジネス特論

2010年4月30日　第一版第一刷発行

編著者　岸　川　善　光
発行所　株式会社　学　文　社
発行者　田　中　千津子

〒153-0064　東京都目黒区下目黒3－6－1
電話(03)3715-1501(代表)　振替 00130-9-98842
http://www.gakubunsha.com

落丁，乱丁本は，本社にてお取り替え致します。　　印刷／東光整版印刷㈱
定価は，売上カード，カバーに表示してあります。　　＜検印省略＞

ISBN 978-4-7620-2077-3
© 2010 KISHIKAWA Zenko　Printed in Japan

―よい理論とは、ソリューションにおいてパワフルでなければならない―

従来のビジネス論、マネジメント（経営管理）理論を超える5つのテーマに着眼。数百冊におよぶ内外の先行研究を網羅し、体系的な総論に基づいた各論とケーススタディにより今日的課題を検証。豊富な図表と併せた立体的な記述スタイルで「理論と実践の融合」をめざす全5冊。

エコビジネス特論
岸川 善光 編著／朴 慶心 編著補
既刊・本体 3000 円
ISBN978-4-7620-2076-6

アグリビジネス特論
岸川 善光 編著／朴 慶心 編著補
既刊・本体 3000 円
ISBN978-4-7620-2077-3

コンテンツビジネス特論
岸川 善光 編著
近刊
ISBN978-4-7620-2078-0

サービス・ビジネス特論
岸川 善光 編著
近刊
ISBN978-4-7620-2079-7

スポーツビジネス特論
岸川 善光 編著
近刊
ISBN978-4-7620-2080-3

近刊につきましては内容が一部変更されることがございます。ご了承ください。